高职高专物联网应用技术专业系列教材

传感器技术及应用

主　编　王来志　王万刚
副主编　汤　平　刘显文
主　审　曹　毅　彭　勇

西安电子科技大学出版社

内容简介

本书共8个项目，包含20个学习任务，其中9个任务为传感器基本知识学习，11个为完整制作任务，各项目(除项目一外)又大体包括“项目学习引导”、“原理图分析”、“电路仿真”、“PCB图绘制”、“电路制作”、“电路调试”等环节。除此之外，书中还提供了元器件清单、元器件实物照片、电路制作技巧及制作注意事项等内容。

本书可作为高职院校相关专业的教材，也可作为传感器技术制作爱好者的参考书。

图书在版编目(CIP)数据

传感器技术及应用/王来志，王万刚主编. 一西安：西安电子科技大学出版社，2015.2(2021.9重印)

ISBN 978-7-5606-3533-0

Ⅰ. ① 传… Ⅱ. ① 王… ② 王… Ⅲ. ① 传感器—高等职业教育—教材
Ⅳ. ① TP212

中国版本图书馆CIP数据核字(2015)第022255号

责任编辑 雷鸿俊 刘玉芳
出版发行 西安电子科技大学出版社(西安市太白南路2号)
电　　话 (029)88202421 88201467　邮　　编 710071
网　　址 www.xduph.com　电子邮箱 xdupfxb001@163.com
经　　销 新华书店
印刷单位 广东虎彩云印刷有限公司
版　　次 2015年2月第1版 2021年9月第2次印刷
开　　本 787毫米×1092毫米 1/16 印张 12.25
字　　数 286千字
印　　数 3001～3500册
定　　价 32.00元
ISBN 978-7-5606-3533-0/
XDUP 3825001-2

高职高专物联网应用技术专业系列教材编委会

前　言

信息科学是众多领域中发展最快的一门科学，也是最具有发展活力的学科之一。信息科学四大环节(信息捕获、提取、传输、处理)的技术是人们最关心的，对社会发展和进步也有十分重要的作用。其最前端的“阵地”或手段是信息捕获，而捕获的主要工具就是传感器。传感器作为测控系统中对象信息的入口，在现代化工业生产中的重要性已被人们充分认识。

“传感器技术及应用”是理工科类高职高专院校物联网技术、电子技术、电子信息工程、计算机控制、机电一体化等专业的基础课程。本书是教育部人文社会科学研究项目(12YJA880005)的研究成果之一。在编写过程中，编者坚持“做中教、做中学”的原则，打破学科体系对知识内容的固化概念，以能力培养为主线，依据技术领域和企业岗位的需求，根据课程教学目标，将“传感器技术”、“自动控制技术”、“单片机技术”、“电子技能实训”综合起来，在多年教学讲义的基础上，对原来课程内容重新构思、优化，最终形成了本书。

本书共8个项目，包含20个学习任务，这些项目涵盖了各种常见传感器及其应用领域的相关知识，采用“项目引导学习—设计要求分析—制作(原理图、仿真图、PCB图)—安装调试”的工作流程，以此增强学生的动手能力，实现学校与企业的零对接，同时也凸显课程的职业特色。本书与国内现有教材相比具有以下特色：

(1) 本书将传感器与检测技术有机地结合起来，使学生能够更全面地学习和掌握信号传感、信号采集、信号转换、信号处理及信号传输的整个过程。

(2) 符合高职教育的特点。以实际应用为目的，以必须、够用为度，以强化应用为教学重点，强调专业技术应用能力的训练，增加了实训操作环节。

(3) 坚持“做中教、做中学”的原则，实现学校与企业的零对接。其中11个制作任务每个都可制作一个完整的产品，实用性强。

(4) 书中选用的制作任务具有很强的拓展性，在原有电路上只要稍加扩展就能实现其他应用。

此外，本书还配备了电子教案、习题答案、PCB文件以及部分项目的演示视频等资源，需要的读者可登录西安电子科技大学出版社网站(http://www.xduph.com)进行下载。

本书由重庆城市管理职业学院王来志、王万刚教授担任主编，由重庆航天航空职业技术学院汤平、重庆艾申特电子科技有限公司刘显文高级工程师担任副主编。其中项目二的任务二、项目四和项目八的任务二由王万刚编写，其余部分由王来志编写，全书由重庆城市管理职业学院曹毅、彭勇完成统稿并担任主审。王小平、王建勇、杨埙、姚进、蔡川、张建碧参与了部分书稿的资料整理、插图绘制等工作。本书相关内容引用了互联网上的资讯以及报刊中的报道，在此一并向原作者和刊发机构致谢，因篇幅所限而不能一一注明引用来源，对此深表歉意。

由于编者水平有限，书中难免会有不足，恳请广大读者批评指正。

编　者

2014 年 9 月

目　录

项目一　检测技术及传感器的基本概念

知识学习目标

➤ 掌握传感器的概念、组成及特点；
➤ 了解传感器的地位与作用；
➤ 掌握测量及误差的基本知识；
➤ 掌握传感器接口电路及其原理、调试方法。

实践训练目标

➤ 能根据误差选择合适(精度)的测量仪表；
➤ 会制作与调试基本的接口电路。

本项目主要学习传感器的概念、测量、误差及传感器接口电路等知识。通过本项目的学习，应明白传感器在现代测控系统中的地位、作用，知道传感器的定义，了解其发展趋势；掌握与测量有关的名词、测量的分类、误差的表示形式及能根据测量精度要求选择仪表；由于传感器是现代测控系统的感知元件，一般情况下，要通过接口电路实现传感器与控制电路的连接，所以接口电路也非常重要，尤其作为专科毕业生，应理解并熟练掌握接口电路的形式、原理及作用，在工作中，应能根据现象判断故障的位置。

在学习本项目之前，应复习一下电路基本理论、电子技术相关的知识，通过学习能制作一些简单的接口电路，以锻炼自己的动手能力和解决问题的能力。

任务一　检测及误差的基本概念

测量和检测问题广泛存在于各行各业，存在于生产、生活等领域，而且随着生产力水平与人类生活水平的不断提高，对测量和检测问题提出了越来越高的要求。一方面要求检测系统具有更高的速度、精度、可靠性和自动化水平，以便尽量减少人力，提高工作效率；另一方面要求检测系统具有更大的灵活性和适应性，并向多功能化、智能化方向发展。传感器的广泛使用使这些要求成为可能。传感器处于研究对象与测控系统的接口位置，是感知、获取检测信息的窗口，一切科学实验和生产过程，特别是自动检测和自动控制系统要获取的信息，都要通过传感器将其转换成容易传输与处理的电信号。

在工程实践和科学实验中提出的检测任务是指正确及时地掌握各种信息，大多数情况下是要获取被检测对象信息的大小，即被测量的大小，所以信息采集的主要含义就是测量和取得测量数据。为了有效地完成检测任务，必须掌握测量的基本概念、测量误差和数据处理等方面的理论及工程方法。

内容一　测量方法及检测系统的基本概念

一、测量的基本概念

在科学实验和工业生产中，为了及时了解实验进展情况、生产过程情况以及它们的结果，人们需要经常对一些物理量，如电流、电压、温度、压力、流量、液位等参数进行测量，这时人们就要选择合适的测量装置，采用一定的检测方法进行测量。

测量是人们借助于专门的设备，通过一定的方法，对被测对象收集信息、取得数据的过程。为了确定某一物理量的大小，就要进行比较，因此有时也把测量定义为“将被测量与同种性质的标准量进行比较，确定被测量对标准量倍数的过程”。如用 X 表示被测量，$\{X\}$ 表示被测量的数值即比值(含测量误差)，$[X]$表示标准量，即测量单位，则上述定义用数学公式表示为

$$X=\{X\}[X] \tag{1-1}$$

测量的结果可以表现为数值，也可以表现为一条曲线或某种图形等。但不管以什么形式表现，测量结果总包含为数值(大小和符号)和单位两部分。例如，测得某一电流为20 A，表明该被测量的数值为 20，单位为 A(安培)。

随着科学技术和生产力的发展，测量过程除了传统的比较过程外，还必须进行变换，把不容易直接测量的量变换为容易测量的量，把静态测量变为动态测量，因此，人们常把前面提到的简单的比较过程称为狭义的测量，而把能完成对被测量进行检出、变换、分析、处理、存储、控制和显示等功能的综合过程称为广义测量。

二、测量方法

测量方法是指实现测量过程所采用的具体方法。在测量过程中，由于测量对象、测量环境、测量参数的不同，因而会采用各种各样的测量仪表和测量方法。针对不同的测量任务进行具体分析，以找出切实可行的测量方法，这对测量工作是十分重要的。

对于测量方法，从不同的角度有不同的分类方法。根据获得测量值的方法可分为直接测量、间接测量和组合测量；根据测量的精度情况可分为等精度测量和非等精度测量；根据测量方式可分为偏差式测量、零位式测量和微差式测量；根据被测量变化快慢可分为静态测量和动态测量；根据测量敏感元件是否与被测介质接触可分为接触测量和非接触测量；根据测量系统是否向被测对象施加能量可分为主动式测量和被动式测量；等等。

1. 直接测量、间接测量和组合测量

(1) 直接测量。用事先分度或标定好的测量仪表，直接读取被测量值的方法称为直接测量。例如，用磁电式电流表测量电路的某一支路电流、用电压表测量电压、用温度计测量温度等，都属于直接测量。直接测量是工程技术中大量采用的方法，其优点是测量过程简单而又迅速，但不易达到很高的测量精度。

(2) 间接测量。首先对与被测量有确定函数关系的几个量进行测量，然后再将测量值代入函数关系式，经过计算得到所需结果，这种测量方法称为间接测量。例如，在测量直流功率时，根据 $P=UI$，先对 U 和 I 进行直接测量，再计算出功率 P。间接测量测量手续

多，花费时间较长，一般用在直接测量不方便或没有相应直接测量仪表的场合。

(3) 组合测量。若被测量必须经过求解联立方程组才能得到最后结果，则这种测量方法称为组合测量。组合测量是一种特殊的精密测量方法，操作手续复杂，花费时间长，多用于科学实验等特殊场合。

2. 等精度测量和非等精度测量

用相同仪表与测量方法对同一被测量进行多次重复测量，称为等精度测量。用不同精度的仪表或不同的测量方法，或在环境条件相差很大时对同一被测量进行多次重复测量称为非等精度测量。

3. 偏差式测量、零位式测量和微差式测量

(1) 偏差式测量。在测量过程中，用仪表指针的位移(即偏差)决定被测量值，这种测量方法称为偏差式测量。仪表上有经过标准量具校准过的标尺或刻度盘。在测量时，利用仪表指针在标尺上的示值，读取被测量的数值。偏差式测量简单、迅速，但精度不高，这种测量方法广泛应用于工程测量中。

(2) 零位式测量。用已知的标准量去平衡或抵消被测量的作用，并用指零式仪表来检测测量系统的平衡状态，从而判定被测量值等于已知标准量的方法称为零位式测量。用天平测量物体的质量、用电位差计测量未知电压都属于零位式测量。在零位式测量中，标准量是一个可连续调节的量，被测量能够直接与标准量相比较，测量误差主要取决于标准量具的误差，因此可获得较高的测量精度。另外，指零机构愈灵敏，平衡的判断愈准确，愈有利于提高测量精度。但这种方法需要平衡操作，测量过程复杂，花费时间长，因此不适用于测量迅速变化的信号。

(3) 微差式测量。微差式测量综合了偏差式测量和零位式测量的优点。它将被测量 X 大部分作用先与已知的标准量 N 相比较，取得差值 Δ 后，再用偏差法测得此差值，则 $X=N+\Delta$。由于 $\Delta \ll N$，因此可选用高灵敏度的偏差式仪表测量 Δ，即使测量 Δ 的精度较低，但因 $\Delta \ll X$，故总的测量精度仍很高。例如，测量稳压电源输出电压随负载电阻变化的情况时，可采用如图 1-1 所示的微差式测量方法。

图 1-1 中，R_r和 E 分别表示稳压电源的内阻和电动势，R_L为稳压电源的负载，E_1、R_1和 R_W表示电位差计的参数。在测量前先调整 R_1，使电位差计工作电流 I_1为标准值，然后使稳压电源负载电阻 R_L为额定值。调整 R_P的活动触点，使毫伏表指示为零，这相当于事先用零位式测量出额定输出电压 U_o。然后，增加或减少负载电阻 R_L的值，负载变化所引起的稳压电源输出电压的微小波动值 ΔU 即可由毫伏表指示出来。根据稳压电源的输出电压 $U_o = U + \Delta U$，稳压电源在各种负载下的输出值都可准确地测量出来。

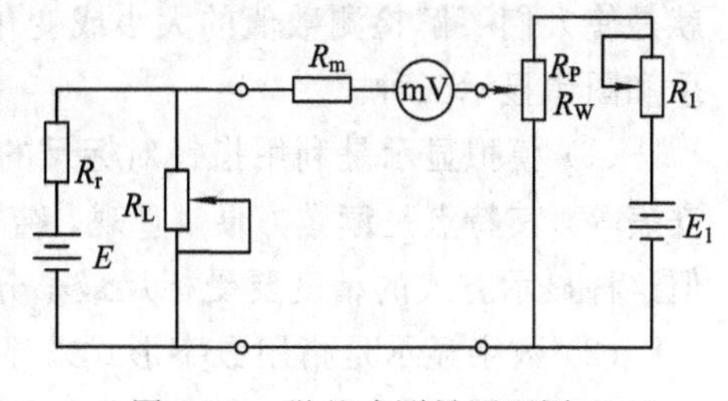

图 1-1　微差式测量原理图

微差式测量的反应速度快，测量精度高，特别适合于在线控制参数的测量。

三、检测系统的组成

在自动检测系统中，各个组成部分是以信息流的过程来划分的。检测时，首先获取被测量的信息，并通过信息的转换把获得的信息变换为电量，然后进行一系列的处理，再用指示仪或显示仪将信息输出，或由计算机对数据进行处理，最后把信息输送给执行机构。所以一个检测系统主要分为信息的获得、信息的转换、信息的处理和信息的输出等几个部分。要完成这些功能主要依靠传感器、信号处理电路、显示装置、数据处理装置和执行机构等。其具体组成框图如图 1-2 所示。

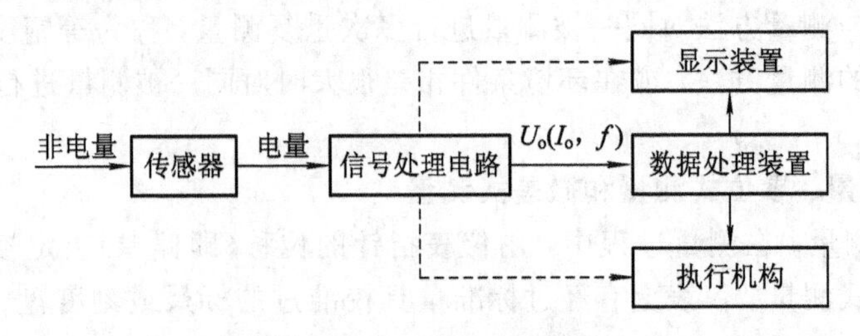

图 1-2　自动检测系统的组成

1. 传感器

传感器是把被测量的非电量(如物理量、化学量、生物量等)变换为另一种与之有确定对应关系并且容易测量的量(通常为电学量)的装置。它是一种获得信息的重要手段，它所获得信息的正确与否，关系到整个检测系统的精度，因而在非电量检测系统中占有重要的地位。

2. 信号处理电路

通常传感器输出信号是微弱的，需要由信号处理电路加以放大、调制、解调、滤波、运算以及进行数字化处理等。信号处理电路的主要作用就是把传感器输出的电学量变成具有一定功率的模拟电压(或电流)信号或数字信号，以推动后级的输出显示或记录设备、数据处理装置及执行机构。

根据测量对象和显示方法的不同，信号处理电路可以是简单的传输电缆，也可以是由许多电子元件组成的数据采集卡，甚至是包括计算机在内的装置。

3. 显示装置

测量的目的是使人们了解被测量的数值，所以必须有显示装置。显示装置的主要作用就是使人们了解检测数值的大小或变化的过程。目前常用的显示方式有模拟显示、数字显示和图像显示三种。

(1) 模拟显示是利用指针对标尺的相对位置来表示被测量数值的大小，如毫伏表、毫安表等，其特点是读数方便、直观，结构简单，价格低廉，在检测系统中一直被大量使用。但这种显示方式的精度要受标尺最小分度的限制，而且读数时易引入主观误差。

(2) 数字显示是指用数字形式来显示测量值，目前大多采用 LED 发光数码管或液晶显示屏等，如数字电压表。这类检测仪器还可附加打印机，打印记录测量数值，并易于计算机联机，使数据处理更加方便。

(3) 图像显示是指用屏幕显示(CRT)读数或被测参数变化的曲线，主要用于计算机自动检测系统中。如果被测量处于动态变化中，用一般的显示仪表读数就十分困难，这时可将输出信号送给计算机进行图像显示或送至记录仪，从而描绘出被测量随时间变化的曲线，并以之作为检测结果，供分析使用。常用的自动记录仪器有笔式记录仪、光线示波器、磁带记录仪和计算机等。

4. 数据处理装置和执行机构

数据处理装置就是利用微机技术，对被测结果进行处理、运算、分析，对动态测试结果进行频谱、幅值和能量谱分析等。

在自动测控系统中，经信号处理电路输出的与被测量对应的电压或电流信号还可以驱动某些执行机构动作，为自动控制系统提供控制信号。

随着计算机技术的飞跃发展，微机在自动检测系统中已得到了非常广泛的应用。微机在检测技术分支领域中的应用主要有自动测试仪器及系统、智能仪器仪表和虚拟仪器等。微机自动测控系统的典型结构如图 1-3 所示，它主要由微机基本子系统(包括 CPU、RAM、ROM、EPROM 等)、数据采集子系统及其接口、数据通信子系统及其接口、数据分配子系统及其接口和基本 I/O 子系统及其接口组成。

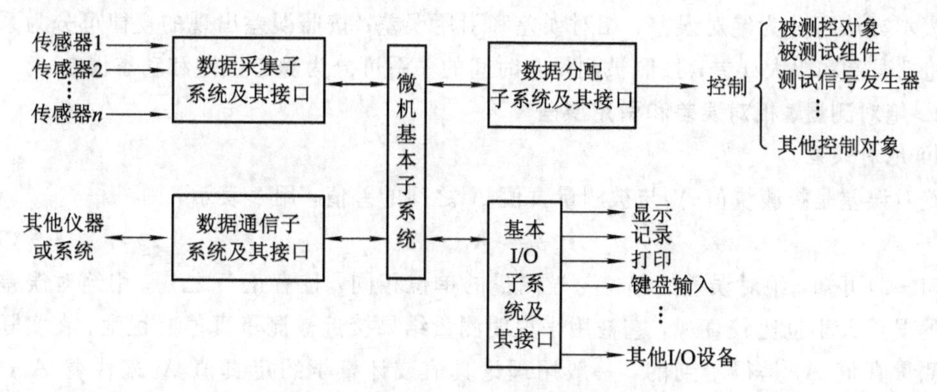

图 1-3　微机自动检测系统的典型结构

被检测的各种参数(例如温度、流量、压力、位移、速度等)由传感器变换成易于后续处理的电信号。如果传感器输出信号太弱或信号质量不高，则应经过前端预处理电路进行放大、滤波等，然后经过数据采集子系统转换成数字量，并通过接口送入微机子系统，经过微机运算、变换处理后，由数据分配子系统和接口输出到执行机构，以实现要求的自动控制；或由基本 I/O 子系统及其接口输出(显示、记录、打印或绘制成各种图表、曲线等)。另外，基本 I/O 子系统还可完成状态、参数的设置和人—机联系。此外，其他仪器仪表或系统通过通信子系统及其接口完成相互之间的信息交换和互连。所以也常把微机自动检测系统称为计算机数据采集系统，或简称为数据采集系统。

微机自动检测技术不仅能解决传统的检测技术不能或不易解决的问题，而且能简化电路、增加功能、提高精度和可靠性等，还能实现人脑的部分功能，使自动检测系统具有智能化，实现代替人工的自动检测目的。随着微机自动检测技术的不断发展，自动检测系统会变得更加智能化和多功能化。

内容二　误差的基本概念

一、测量误差

在检测过程中，不论采用什么样的测量方式和方法，也不论采用什么样的测量仪表，由于测量仪表本身不够准确，测量方法不够完善，以及测量者本人经验不足，人的感觉器官受到局限等原因，都会使测量结果与被测量的真值之间存在着差异，这个差值就称为测量误差。测量误差的主要来源可以概括为工具误差(又称仪器误差)、环境误差、方法误差和人员误差等。

测量的目的就是为了求得与被测量真值最接近的测量值，在合理的前提下，这个值越逼近真值越好。但不管怎么样，测量误差不可能为零。在实际测量中，只需达到相应的精确度就可以了，并不是精确度越高越好。必须清楚地知道，提高测量精确度要付出人力、物力，是以牺牲测量可靠性为代价的。那种不计工本，不顾场合，一味追求越准越好的做法是不可取的，要有技术与经济兼顾的意识，应追求最高的性价比。

为了便于对误差进行分析和处理，人们通常把测量误差从不同角度进行分类。按照误差的表示方法可分为绝对误差、相对误差和引用误差；按照误差出现的规律可分为系统误差、随机误差和粗大误差；按照被测量与时间的关系可分为静态误差和动态误差。

1. 绝对测量、相对误差和引用误差

1) 绝对误差

绝对误差是指测量值 A_X 与被测量真值 A_0 之间的差值，用 δ 表示，即

$$\delta = A_X - A_0 \tag{1-2}$$

由式(1-2)可知，绝对误差的单位与被测量的单位相同，且有正负之分。用绝对误差表示仪表的误差大小也比较直观，它被用来说明测量结果接近被测量真值的程度。在实际使用中被测量真值 A_0 是得不到的，一般用理论真值或计量学约定真值 X_0 来代替 A_0，则式(1-2)可写成

$$\delta = A_X - X_0 \tag{1-3}$$

绝对误差不能作为衡量测量精确度的标准，例如用一个电压表测量 200 V 电压，绝对误差为 +1 V，而用另一个电压表测量 10 V 电压，绝对误差为 +0.5 V，前者的绝对误差虽然大于后者，但误差值相对于被测量值却是后者大于前者，即两者的测量精确度相差较大，为此人们引入了相对误差。

2) 相对误差

所谓相对误差(用 γ 表示)，是指绝对误差 δ 与被测量真值 X_0 的百分比，即

$$\gamma = \frac{\delta}{X_0} \times 100\% \tag{1-4}$$

在上面的例子中，

$$\gamma_1 = \frac{1}{200} \times 100\% = 0.5\% \quad \gamma_2 = \frac{0.5}{10} \times 100\% = 5\%$$

$\gamma_1 < \gamma_2$，所以相对误差比绝对误差能更好地说明测量的精确程度。

在实际测量中，由于被测量真值是未知的，而指示值又很接近真值，因此也可以用指示值 A_X 代替真值 X_0 来计算相对误差。

一般情况下，使用相对误差来说明不同测量结果的准确程度，即用来评定某一测量值的精确度，但不适用于衡量测量仪表本身的质量。因为同一台仪表可以用来测量许多不同真值的被测量，在整个测量范围内的相对误差不是一个定值。随着被测量的减小，相对误差变大。为了更合理地评价仪表质量，采用了引用误差的概念。

3）引用误差

引用误差是绝对误差 δ 与仪表量程 L 的比值，通常以百分数表示，即

$$\gamma_0=\frac{\delta}{L}\times 100\% \tag{1-5}$$

如果以测量仪表整个量程中可能出现的绝对误差最大值 δ_m 代替 δ，则可得到最大引用误差 γ_{0m}，即

$$\gamma_{0m}=\frac{\delta_m}{L}\times 100\% \tag{1-6}$$

对一台确定的仪表或检测系统，出现的绝对误差最大值是一个定值，所以其最大引用误差就是一个定值，由仪表本身性能所决定。一般用最大引用误差来确定测量仪表的精度等级。工业仪表常见的精度等级有 0.1 级、0.2 级、0.5 级、1.0 级、1.5 级、2.0 级、2.5 级、5.0 级等。

在具体测量某一个值时，其相对误差可以根据仪表允许的最大绝对误差和仪表指示值进行计算。例如，2.0 级的仪表，量程为 100，在使用时它的最大引用误差不超过±2.0%，也就是说，在整个量程内，它的绝对误差最大值不会超过其量程的±2.0%，即为±2.0。用它测量真值为 80 的测量值时，其相对误差最大为±2.0/80×100%＝±2.5%。测量真值为 10 的测量值时，其相对误差最大为±2.0/10×100%＝±20%。由此可见，精度等级已知的测量仪表只有在被测量值接近满量程时，才能发挥它的测量精度。因此选用测量仪表时，应当根据被测量的大小和测量精度要求，合理地选择仪表量程和精度等级，只有这样才能提高测量精度，达到最好的性价比。

2. 系统误差、随机误差和粗大误差

1）系统误差

在相同条件下，多次重复测量同一量时，保持恒定或遵循某种规律变化的误差称为系统误差。其误差的数值和符号不变的称为恒值系统误差，按照一定规律变化的称为变值系统误差。变值系统误差又可分为累进性的、周期性的和按复杂规律变化的等多种类型。

检测装置本身性能不完善、测量方法不当、对仪器的使用不当、环境条件的变化等原因都可能产生系统误差。如果能设法消除这些原因，则系统误差也就被消除了。例如，由于仪表刻度起始位不对产生的误差，只要在测量前校正指针零位即可消除。

系统误差的大小表明测量结果的准确度。系统误差越小，则测量结果越准确。系统误差的大小说明了测量结果偏离被测量真值的程度。系统误差是有规律的，因此可通过实验或分析的方法，查明其变化规律和产生原因，通过对测量值的修正，或者采用一定的预防措施，就能够消除或减小它对测量结果的影响。

2）随机误差

在相同条件下，多次测量同一量时，其误差的大小和符号以不可预见的方式变化，这种误差称为随机误差。

随机误差是由很多复杂因素的微小变化的总和所引起的，其分析起来比较困难。但是，随机误差具有随机变量的一切特点，在一定条件下服从统计规律，因此通过多次测量后，对其总和可以用统计规律来描述，从而在理论上估计出其对测量结果的影响。随机误差的大小表明测量结果重复一致的程度，即测量结果的分散性。通常，用精密度表示随机

误差的大小。随机误差大，测量结果分散，精密度低；反之，测量结果的重复性好，精密度高。

3）粗大误差

明显歪曲测量结果的误差称为粗大误差，又称过失误差。含有粗大误差的测量值称为坏值或异常值。在实际测量中，由于粗大误差的误差数值特别大，容易从测量结果中发现，一经发现粗大误差，可以认为该次测量无效，坏值应从测量结果中剔除，从而消除它对测量结果的影响。

粗大误差主要是人为因素造成的。例如，测量人员工作时的疏忽大意，出现了读数错误、记录错误、计算错误或操作不当等。另外，测量方法不恰当，测量条件意外地突然变化，也可能造成粗大误差。在分析测量结果时，就应先分析有没有粗大误差，先把坏值从测量值中剔除，然后再进行系统误差和随机误差的分析。

3. 静态误差和动态误差

静态误差是指在测量过程中，被测量随时间变化很缓慢或基本上不变化的测量误差。以上所介绍的测量误差均属于静态误差。

在被测量随时间变化时进行测量所产生的附加误差称为动态误差。由于检测系统(或仪表)对动态信号的响应需要一定时间，输出信号来不及立即反映输入信号的量值，加上传感器对不同频率的输入信号的增益和时间延迟不同，因此输出信号与输入信号的波形将不完全一致而造成动态误差。在实际应用中，应尽量选用动态特性好的仪表，以减小动态误差。

二、误差的处理及消除方法

从工程实践可知，测量数据中含有系统误差和随机误差，有时还含有粗大误差。它们的性质不同，对测量结果的影响及处理方法也不同。在测量中，对测量数据进行处理时，首先判断测量数据中是否含有粗大误差，如有，则必须加以剔除。再看数据中是否存在系统误差，对系统误差可设法消除或加以修正。对排除了系统误差和粗大误差的测量数据，则利用随机误差性质进行处理。总之，对于不同情况的测量数据，首先要加以分析研究，判断情况，再经综合整理，得出合乎科学的结果。

1. 随机误差的处理

在相同条件下，对某个量重复进行多次测量，排除系统误差和粗大误差后，如果测量数据仍出现不稳定现象，则存在随机误差。

在等精度测量情况下，得到 n 个测量值 x_1、x_2、…、x_n，设只含有随机误差 δ_1、δ_2、…、δ_n，这组测量值或随机误差都是随机事件，可以用概率数理统计的方法来处理。随机误差的处理目的就是从这些随机数据中求出最接近真值的值，对数据精密度(或可信度)的高低进行评定并给出测量结果。

测量实践表明，多数测量的随机误差具有以下特征：

(1) 绝对值小的随机误差出现的概率大于绝对值大的随机误差出现的概率。

(2) 随机误差的绝对值不会超出一定界限。

(3) 测量次数 n 很大时，绝对值相等、符号相反的随机误差出现的概率相等，当 $n\to\infty$ 时，随机误差的代数和趋近于零。

随机误差的上述特征，说明其分布是单一峰值的和有界的，且当测量次数无穷大时，这类误差还具有对称性(即抵偿性)，所以测量过程中产生的随机误差服从正态分布规律。其分布密度函数为

$$f(\delta)=\frac{1}{\sigma\sqrt{2\pi}}e^{-\frac{\delta^2}{2\sigma^2}} \tag{1-7}$$

式中：δ是随机误差，$\delta=x-x_0$(x为测量值，x_0为测量值的真值)；σ是方均根误差，或称标准误差。式(1-7)称为高斯误差方程。标准误差σ可由下式求得：

$$\sigma=\lim_{n\to\infty}\sqrt{\frac{1}{n}\sum_{i=1}^{n}(x_i-x_0)^2}=\lim_{n\to\infty}\sqrt{\frac{1}{n}\sum_{i=1}^{n}\delta_i^2} \tag{1-8}$$

计算σ时，必须已知真值x_0，并且需要进行无限多次等精度重复测量。这显然是很难做到的。

根据长期的实践经验，人们公认，一组等精度的重复测量值的算术平均值最接近被测量的真值，而算术平均值很容易根据测量结果求得，即

$$\overline{x}=\frac{1}{n}\sum_{i=1}^{n}x_i=\frac{x_1+x_2+A+x_n}{n} \tag{1-9}$$

因此，可以利用算术平均值x代替真值x_0来计算式(1-8)中的δ_i。此时，式(1-8)中的$\delta_i=x_i-x_0$就可改换成$v_i=x_i-x$，v_i称为剩余误差。不论n为何值，总有：

$$\sum_{i=1}^{n}v_i=\sum_{i=1}^{n}(x_i-\overline{x})=\sum_{i=1}^{n}x_i-\sum_{i=1}^{n}x=n\overline{x}-n\overline{x}=0 \tag{1-10}$$

由此可以看出，虽然可求得n个剩余误差，但实际上它们之中只有$n-1$个是独立的。考虑到这一点，测量次数n为有限值时，标准误差的估计值σ_s可由下式计算：

$$\sigma_s\sqrt{\frac{1}{n-1}\sum_{i=1}^{n}(x_i-\overline{x})^2}=\sqrt{\frac{1}{n-1}\sum_{i=1}^{n}v_i^2} \tag{1-11}$$

式(1-11)为贝塞尔公式。在一般情况下，我们对σ和σ_s并不加以严格区分，统称为标准误差。

标准误差σ的大小可以表示测量结果的分散程度。图1-4为不同σ下的正态分布曲线。由图可见：σ愈小，分布曲线愈陡峭，说明随机变量的分散性小，测量精度高；反之，σ愈大，分布曲线愈平坦，随机变量的分散性也大，则精度也低。

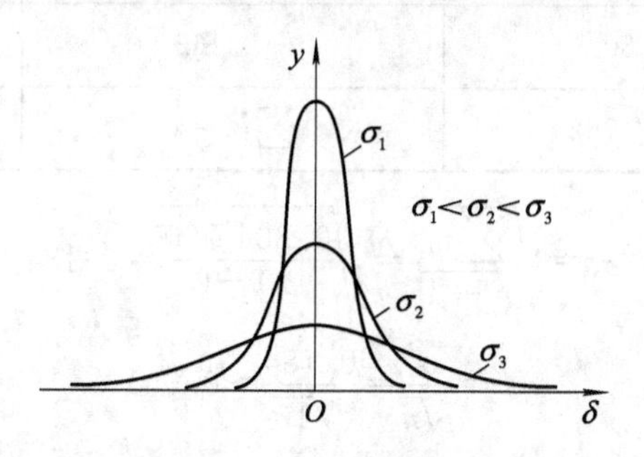

图1-4　不同σ下的正态分布曲线

对被测量进行m组的“多次测量”后(每组测量n次)，各组所得的算术平均值$\overline{x_1}$，$\overline{x_2}$，…，$\overline{x_m}$围绕真值L有一定的分散性，也是随机变量。算术平均值的精度可由算术平均值的

均值的偏差 $\sigma_{\overline{x}}$ 来评定。它与 σ_s 的关系如下：

$$\sigma_{\overline{x}}=\frac{\sigma_s}{\sqrt{n}} \tag{1-12}$$

所以，当对被测量进行 m 组“多次测量”后，在无系统误差和粗大误差的情况下，根据概率分析(具体分析请读者查阅有关著作)它的测量结果 x_0 可表示为

$$x_0=\overline{x}\pm\sigma_{\overline{x}} \qquad (\text{概率 } P=0.628\ 27)$$

或

$$x_0=\overline{x}\pm 3\sigma_{\overline{x}} \qquad (\text{概率 } P=0.9973) \tag{1-13}$$

例 1.1　等精度测量某电阻 10 次，得到的测量值为 167.95 Ω、167.60 Ω、167.87 Ω、168.00 Ω、167.82 Ω、167.45 Ω、167.60 Ω、167.88 Ω、167.85 Ω、167.60 Ω，求测量结果。

解　将测量值列于表 1-1 中。

表 1-1　测量值列表

序　号	测量值 x_i	剩余误差 v_i	v_i^2
1	167.95	0.188	0.035 344
2	167.60	−0.162	0.026 244
3	167.87	0.108	0.011 664
4	168.00	0.238	0.056 644
5	167.82	0.058	0.003 364
6	167.45	−0.312	0.097 344
7	167.60	−0.162	0.026 244
8	167.88	0.118	0.013 924
9	167.85	0.088	0.007 744
10	167.60	−0.162	0.026 244
	$\overline{x}=167.762$	$\sum v_i=0$	$\sum v_i^2=0.304\ 760$

$$\sigma_s=\sqrt{\frac{\sum v_i^2}{n-1}}=\sqrt{\frac{0.304\ 760}{10-1}}=0.184$$

$$\sigma_{\overline{x}}=\frac{\sigma_s}{\sqrt{n}}=\frac{0.184}{\sqrt{10}}\approx 0.051$$

测量结构为

$$x=167.762\pm 0.051 \qquad (\text{概率 } P=0.6827)$$

或

$$x=167.762\pm 3\times 0.051=167.762\pm 0.153 \qquad (\text{概率 } P=0.997)$$

2. 粗大误差的判别与坏值的舍弃

在重复测量得到的一系列测量值中，首先应将含有粗大误差的坏值剔除后，才可进行有关的数据处理。但是也应当防止无根据地随意丢掉一些误差大的测量值。对怀疑为坏值的数据，应当加以分析，尽可能找出产生坏值的明确原因，然后再决定取舍。实在找不出产生坏值的原因，或不能确定哪个测量值是坏值时，可以按照统计学的异常数据处理法则，判别坏值并加以舍弃。统计判别法的准则很多，在这里只介绍拉依达准则（3σ 准则）。

在等精度测量情况下，得到 n 个测量值 x_1，x_2，…，x_n，先算出其算术平均值 $\overline{x}$ 及剩余误差 $v_i=x_i-\overline{x}(i=1, 2, \cdots, n)$，并按贝赛尔公式 $\sigma=\sqrt{\dfrac{1}{n-1}\sum\limits_{i=1}^{n}v_i^2}$ 算出标准误差σ，若某个测量值 x_a的剩余误差 v_a满足下式：

$$|v_a|=|x_a-\overline{x}|>3\sigma \tag{1-14}$$

则认为 x_a是含有粗大误差的坏值，应予剔除。这就是拉依达准则（3σ 准则）。

使用拉依达准则时应当注意，在计算 $\overline{x}$、v_i 和 σ 时，应当使用包含坏值在内的所有测量值。按照公式(1-14)剔除后，应重新计算 $\overline{x}$、v_i 和 σ，再用拉依达准则检验现有的测量值，看有无新的坏值出现。重复进行，直到检查不出新的坏值为止，此时所有测量值的剩余误差均在 $\pm3\sigma$ 范围之内。

拉依达准则简便，易于使用，因此得到了广泛应用。但它是以重复测量次数 $n\to\infty$ 时数据按正态分布为前提的，当偏离正态分布，特别是测量次数 n 较小时，此准则并不可靠。因此，可采用其他统计判别准则，这里不再一一介绍。另外，除对粗大误差用剔除准则外，更重要的是提高工作人员的技术水平和工作责任心，保证测量条件稳定，防止因环境条件剧烈变化而产生的突变影响。

3. 系统误差的消除

在测量结果中，一般都含有系统误差、随机误差和粗大误差。我们可以采用 3σ 准则，剔除含有粗大误差的坏值，从而消除粗大误差对测量结果的影响。虽然随机误差是不可能消除的，但我们可以通过多次重复测量，利用统计分析的方法估算出随机误差的取值范围，也能减小随机误差对测量结果的影响。

尽管系统误差的值固定或按一定规律变化，但往往不易从测量结果中发现，也不容易找到其变化规律，又不能像对待随机误差那样，用统计分析的方法确定它的存在和影响，而只能针对具体情况采取不同的处理措施，对此没有普遍适用的处理方法。

有效地找出系统误差的根源并减小或消除的关键是如何查找误差根源，这就需要对测量设备、测量对象和测量系统进行全面分析，了解其中有无产生明显系统误差的因素，并采取相应措施予以修正或消除。由于具体条件不同，在分析查找误差根源时并无一成不变的方法，这与测量者的经验和测量技术的发展密切相关，但我们可以从以下几个方面进行分析考虑：

(1) 所用传感器、测量仪表或组成元件是否准确可靠。例如，传感器或仪表灵敏度不高，仪表刻度不准确，变换器、放大器等性能不太优良，这些都可能引起常见的系统误差。

(2) 测量方法是否完善。例如，我们可以利用电位差计和标准电阻，采用对称测量法来测量未知电阻，如图 1-5(a)所示。图中，R_N 是已知电阻，R_X 是待测电阻。一般测量步

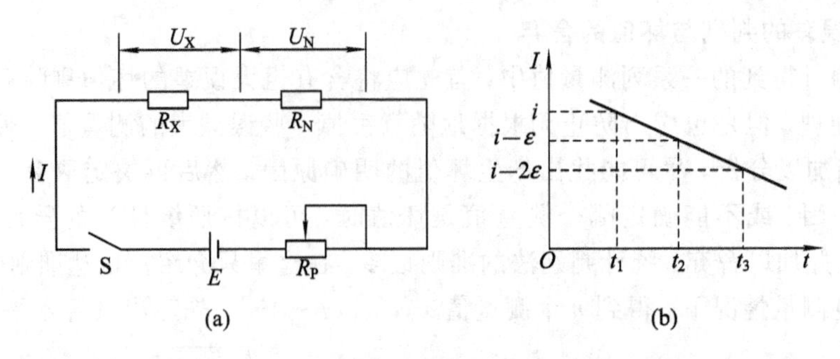

图 1-5　对称测量法应用

骤是先测出 R_N 和 R_X 上的电压 U_N 和 U_X，然后按下式计算出 R_X 的值：

$$R_X = \frac{U_X}{U_N} R_N \tag{1-15}$$

但 U_N 和 U_X 的值不是在同一时刻测量的，而电流 I 随时间有较缓慢的变化，这个变化将给测量带来系统误差。假设电流 I 随时间的缓慢变化与时间成线性关系（如图 1-5(b)所示），如果在 t_1、t_2 和 t_3 三个等间隔的时刻，按照 U_X、U_N、U_X 的顺序测量，相应的电流变化量是 ε，则有：

在 t_1 时刻，R_X 上的电压为

$$U_1 = IR_X$$

在 t_2 时刻，R_N 上的电压为

$$U_2 = (I - \varepsilon) R_N$$

在 t_3 时刻，R_X 上的电压为

$$U_3 = (I - 2\varepsilon) R_N$$

联立上面三式解方程组可得：

$$R_X = \left(\frac{U_1 + U_3}{2U_2}\right) R_N \tag{1-16}$$

采用这种方法测得的 R_X 就可消除因电流 I 在测量过程中的缓慢变化而引入的线性系统误差。

(3) 传感器或仪表安装、调整或放置是否合理。例如，安装时没有调好仪表水平位置，仪表指针偏心等都会引起系统误差。

(4) 传感器或仪表工作场所的环境条件是否符合规定条件。例如，环境温度、湿度、气压等的变化也会引起系统误差。

(5) 测量者的操作是否正确。

分析查找了系统误差的产生根源后，应采取有效的措施予以修正或消除。消除系统误差的常用方法有：

(1) 在测量结果中进行修正。对于已知的系统误差，可以用修正值对测量结果进行修正；对于变值系统误差，设法找出误差的变化规律，用修正公式或修正曲线对测量结果进行修正；对于未知系统误差，则按随机误差进行处理。

(2) 消除产生系统误差的根源。在测量之前，仔细检查仪表，正确调整和安装；防止外界干扰影响；选择环境条件比较稳定时进行读数等。

(3) 在测量系统中采用补偿措施。找出系统误差的规律，在测量系统中采取补偿措施，自动消除系统误差。如用热电偶测量温度时，热电偶参考端温度变化会引起系统误差，消除此误差的方法之一是在热电偶回路中加一个冷端补偿器，进行自动补偿。

(4) 实时反馈修正。由于微机自动测检技术的发展，可用实时反馈修正的方法来消除复杂变化的系统误差。当查明某种误差因素的变化对测量结果有明显的复杂影响时，应尽可能找出其影响测量结果的函数关系或近似的函数关系。在测量过程中，用传感器将这些误差因素的变化转换成某种物理量形式(一般为电量)，及时按照其函数关系，通过计算机算出影响测量结果的误差值，对测量结果进行实时的自动修正。

任务二　传感器的基本概念

内容一　传感器的定义与组成

测量仪器一般由信号检出器件和信号处理两部分组成。信号检出器件的任务是检测出测量环境下的被测信号。例如，在测量面包烤箱(测量环境)的温度(被测信号)时，将热敏电阻(信号检出器件)插入烤箱中，热敏电阻的阻值便随着温度的变化而变化。这种能感应被测量的变化并将其转换为其他物理量变化的器件，就是狭义的传感(Transducer 或 Sensor)。也就是说信号检出器就是传感器。

对于各种各类的被测量，有各种各样的传感器与之相对应，其输出信号有如下特点：

(1) 传感器输出信号的形式多样化，有电阻、电感、电荷、电压等；

(2) 传感器输出信号微弱，不易于检测；

(3) 传感器的输入阻抗较高，会产生较大的信号衰减；

(4) 传感器输出信号动态范围宽，输出信号会受到环境因素的影响，影响到测量的精度。

但大多数检测仪器最终所需输出的信号一般为电流、电压、电容和数字信号等标准形式，所以，需将各种传感器的不同输出信号形式转换成所希望的信号形式，然后用于检测仪器的输出或送至控制器以调节控制，或送至计算机做进一步的信息处理。从广义的角度来说，传感器应是信号检出器件和信号处理部分的总称。

广义的传感器一般由敏感元件、转换元件和信号调理与转换电路组成。其中，敏感元件是指传感器中能直接感受或响应被测量的部分；转换元件是指传感器中将敏感元件感受或响应的被测量转换成适用于传输或测量的电信号部分。由于传感器的输出信号一般都很微弱，因此需要由信号调理与转换电路对其进行放大、运算调制等。随着半导体器件与集成技术在传感器中的应用，传感器的信号调理与转换电路可安装在传感器的壳体里或与敏感元件一起集成在同一芯片上，构成集成传感器(如美国 ADI 公司生产的 AD22100 型模拟集成温度传感器)。此外，信号调理与转换电路以及传感器工作时必须有辅助电源。传感器的组成如图 1-6 所示。

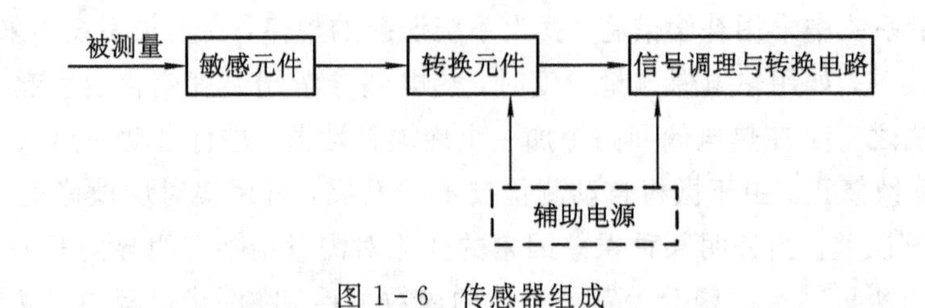

图 1-6　传感器组成

内容二　传感器的分类

传感器技术是一门知识密集型技术，它与许多学科有关。传感器的原理各种各样，其种类十分繁多，分类方法也很多。按被测量的性质不同而划分，主要分为位移传感器、压力传感器、温度传感器等。按传感器的工作原理划分，主要分为电阻应变式、电感式、电容式、压电式、磁电式传感器等。习惯上常把两者结合起来命名传感器，比如电阻应变式压力传感器、电感式位移传感器等。

按被测量的转换特征划分，传感器又可分为结构型传感器和物性型传感器。结构型传感器是通过传感器结构参数的变化而实现信号转换的。如电容式传感器依靠极板间距离变化引起电容量的变化。物性型传感器是利用某些材料本身的物理性质随被测量变化的特性而实现参数的直接转换。这种类型的传感器具有灵敏度高、响应速度快、结构简单、便于集成等特点，是传感器的发展方向之一。

按能量传递的方式划分还可分为能量控制型传感器和能量转换型传感器两大类。能量控制型传感器的输出能量由外部供给，但受被测输入量的控制，如电阻应变式传感器、电感式传感器、电容式传感器等。能量转换型传感器的输出量直接由被测量能量转换而得，如压电式传感器、热电式传感器等。

内容三　传感器的基本特性

在测试过程中，要求传感器能感受到被测量的变化并将其不失真地转换成容易测量的量。被测量一般有两种形式：一种是稳定的，即不随时间变化或变化极其缓慢，称为静态信号；另一种是随时间变化而变化，称为动态信号。由于输入量的状态不同，传感器所呈现出来的输入—输出特性也不同，因此，传感器的基本特性一般为静态特性。

一、传感器的静态特性

传感器的静态特性是指被测量的值处于稳定状态时的输出—输入关系。衡量静态特性的重要指标是线性度、灵敏度、迟滞、重复性、分辨率和漂移等。

1. 线性度

传感器的线性度是指其输出量与输入量之间的实际关系曲线(即静特性曲线)偏离直线的程度，又称非线性误差。静特性曲线可通过实际测试获得。在实际使用中，大多数传感器为非线性的，为了得到线性关系，常引入各种非线性补偿环节。如采用非线性补偿电路或计算机软件进行线性化处理。但如果传感器非线性的次方不高，输入量变化范围较小，可用一条直线(切线或割线)近似地代表实际曲线的一段，如图 1-7 所示，使传感器输出—输入线性化。所采用的直线称为拟合直线。实际特性曲线与拟合直线之间的偏差称为传感器的非线性误差(或线性度)，通常用相对误差 γ_L 表示，即

$$\gamma_L = \pm \frac{\Delta L_{max}}{Y_{FS}} \times 100\% \tag{1-17}$$

式中：ΔL_{max}是最大非线性绝对误差，Y_{FS}是满量程输出。

从图 1-7 中可见，即使是同类传感器，拟合直线不同，其线性度也是不同的。选取拟合直线的方法很多，常用的有理论直线法、端点法、割线法、切线法、最小二乘法和计算机程序法等，用最小二乘法求取的拟合直线的拟合精度最高。

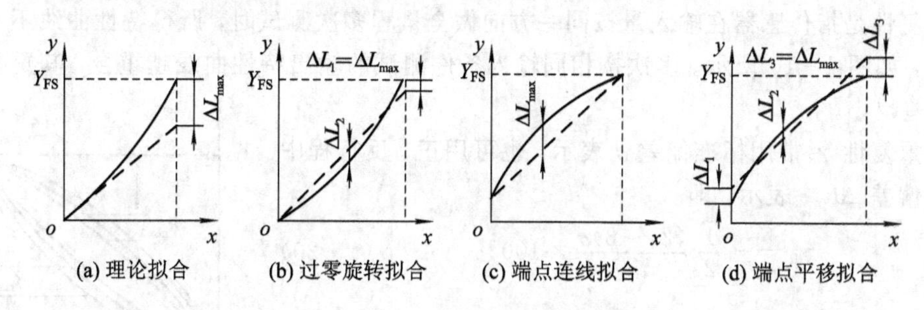

图 1-7　几种直线拟合方法

2. 灵敏度

灵敏度 S 是指传感器的输出量增量 Δy 与引起输出量增量 Δy 的输入量 Δx 的比值，即

$$S = \frac{dy}{dx} \tag{1-18}$$

对于线性传感器，它的灵敏度就是它的静态特性的斜率，即 S 为常数；而非线性传感器的灵敏度为一变量，用 $S = dy/dx$ 表示。传感器的灵敏度如图 1-8 所示。

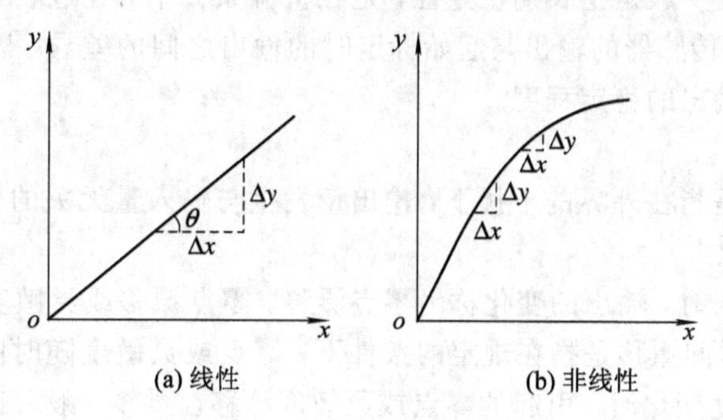

图 1-8　传感器的灵敏度

另外，有时用输出灵敏度这个性能指标来表示某些传感器的灵敏度，如应变片式压力传感器。输出灵敏度是指传感器在额定载荷作用下，测量电桥供电电压为 1 V 时的输出电压。

3. 迟滞(回差滞现象)

传感器的正向(输入量增大)行程和反向(输入量减小)行程期间，输出—输入特性曲线不重合的现象称为迟滞，如图1-9所示。也就是说，对于同一大小的输入信号，传感器的正、反行程输出信号大小不等。产生这种现象的主要原因是由于传感器敏感元件材料的物

理性质和机械零部件的缺陷所造成的。例如，弹性敏感元件的弹性滞后、运动部件摩擦、传动机构的间隙、紧固件松动等，具有一定的随机性。

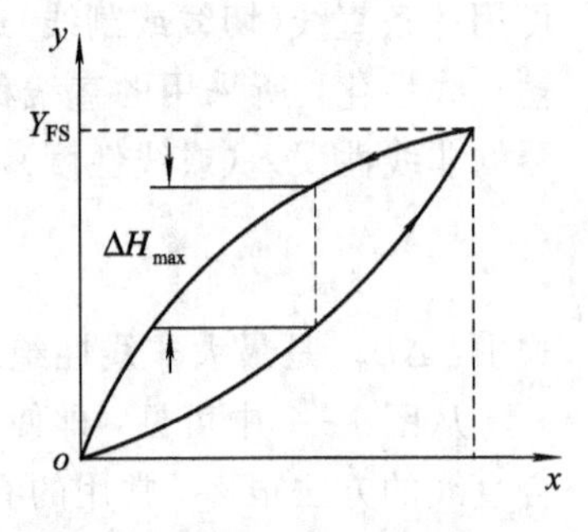

图 1－9　传感器的迟滞特性

迟滞大小通常由实验确定。迟滞误差 γ_H 可由下式计算：

$$\gamma_H = \pm \frac{1}{2} \frac{\Delta H_{max}}{Y_{FS}} \times 100\% \tag{1-19}$$

式中：ΔH_{max}是正、反行程输出值间的最大差值。

4. 重复性

重复性是指传感器在输入量按同一方向做全量程多次测试时，所得特性曲线不一致性的程度，如图 1－10 所示。多次按相同输入条件测试的输出特性曲线越重合，其重复性越好，误差越小。

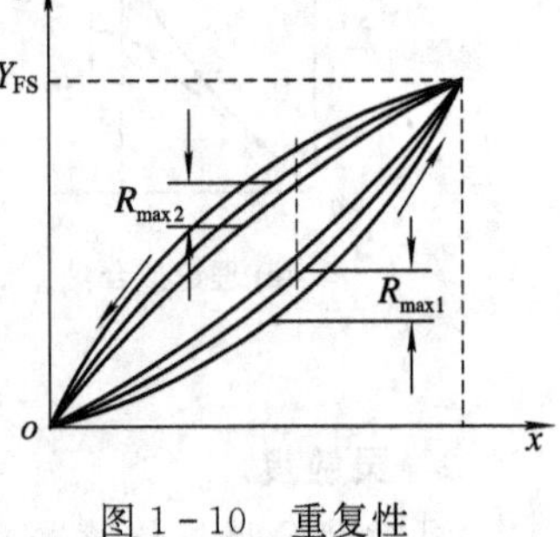

图 1－10　重复性

不重复性 γ_R常用标准偏差 σ 表示，也可用正、反行程中的最大偏差 ΔR_{max}表示，即

$$\gamma_R = \pm \frac{1}{2} \frac{(2 \sim 3)\sigma}{Y_{FS}} \times 100\% \tag{1-20}$$

或

$$\gamma_R = \pm \frac{1}{2} \frac{\Delta R_{max}}{Y_{FS}} \times 100\% \tag{1-21}$$

5. 分辨率

传感器的分辨率是指在规定测量范围内所能检测输入量的最小变化量 Δx_{min}。有时也用该值相对满量程输入值的百分数（$\Delta x_{min}/x_{FS} \times 100\%$）表示。

6. 稳定性

传感器的稳定性一般是指长期稳定性，是在室温条件下，经过相当长的时间间隔，如一天、一月或一年，传感器的输出与起始标定时的输出之间的差异，因此通常又用其不稳定度来表征传感器输出的稳定程度。

7. 漂移

传感器的漂移是指在外界的干扰下，输出量发生与输入量无关的变化，包括零点漂移和灵敏度漂移等。

传感器在零输入时，输出的变化称为零点漂移。零点漂移或灵敏度漂移又可分为时间漂移和温度漂移。时间漂移是指在规定的条件下，零点或灵敏度随时间的缓慢变化。温度漂移是指当环境温度变化时，引起的零点或灵敏度漂移。漂移一般可通过串联或并联可调电阻来消除。

二、传感器的动态特性

传感器的动态特性是指其输出对随时间变化的输入量的响应特性。一个动态特性好的传感器，其输出将再现输入量的变化规律，即具有相同的时间函数。在动态的输入信号情况下，输出信号一般来说不会与输入信号具有完全相同的时间函数，这种输出与输入间的差异就是所谓的动态误差。

影响传感器的动态特性主要是传感器的固有因素，如温度传感器的热惯性等，不同的传感器，其固有因素的表现形式和作用程度不同。另外，动态特性还与传感器输入量的变化形式有关。也就是说，我们在研究传感器动态特性时，通常是根据不同输入变化规律来考察传感器的动态响应的。传感器的输入量随时间变化的规律是各种各样的，下面对传感器动态特性的分析同自动控制系统分析一样，通常从时域和频域两方面采用瞬态响应法和频率响应法。

1. 瞬态响应法

研究传感器的动态特性时，在时域中对传感器的响应和过渡过程进行分析的方法为时域分析法，这时传感器对所加激励信号的响应称为瞬态响应。常用激励信号有阶跃函数、斜坡函数、脉冲函数等。下面以最典型、最简单、最易实现的阶跃信号作为标准输入信号来分析评价传感器的动态性能指标。

当给静止的传感器输入一个单位阶跃函数信号

$$u(t)=\begin{cases}0 & t\leqslant 0\\ 1 & t>0\end{cases} \tag{1-22}$$

时，其输出特性称为阶跃响应或瞬态响应特性。瞬态响应特性曲线如图 1-11 所示。

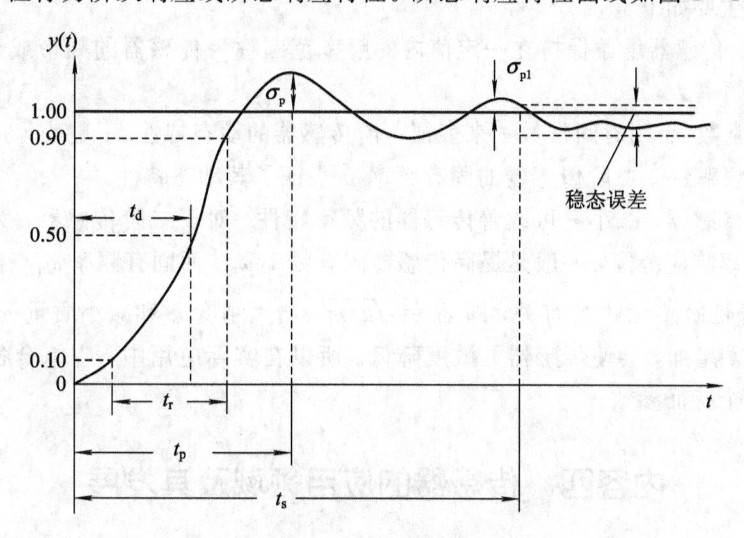

图 1-11　阶跃响应特性

(1) 最大超调量 σ_p：响应曲线偏离阶跃曲线的最大值，常用百分数表示。

当稳态值为 1 时，则最大百分比超调量为

$$\sigma_p=\frac{y(t_p)-y(\infty)}{y(\infty)}\times 100\%$$

最大超调量反映传感器的相对稳定性。

(2) 延滞时间 t_d：阶跃响应达到稳态值 50%所需要的时间。

(3) 上升时间 t_r：根据控制理论，它有以下几种定义。

① 响应曲线从稳态值的 10%上升到 90%所需的时间。

② 从稳态值的 5%上升到 95%所需的时间。

③ 从零上升到第一次到达稳态值所需的时间。

对于上升时间 t_r，对有振荡的传感器常用 c 描述，对无振荡的传感器常用 a 描述。

(4) 峰值时间 t_p：响应曲线从零到第一个峰值时所需的时间。

(5) 响应时间 t_s：响应曲线衰减到稳态值之差不超过±5%或±2%时所需的时间，有时又称为过渡过程时间。

2. 频率响应法

频率响应法是从传感器的频率特性出发研究传感器的动态特性。传感器对正弦输入信号的响应特性称为频率响应特性。对传感器动态特性的理论研究，通常是先建立传感器的数学模型，通过拉氏变换找出传递函数表达式，再根据输入条件得到相应的频率特性。大部分传感器可简化为单自由度一阶或二阶系统，其传递函数可分别简化为

$$H(j\omega)=\frac{1}{\tau(j\omega)+1} \tag{1-23}$$

$$H(j\omega)=\frac{1}{1-\left(\dfrac{\omega}{\omega_n}\right)+2j\xi\dfrac{\omega}{\omega_n}} \tag{1-24}$$

因此，我们可以方便地应用自动控制原理中的分析方法和结论。有关这些内容读者可参考相关书籍，这里不再赘述。研究传感器的频域特性时，主要用幅频特性。传感器频率响应特性指标主要如下：

(1) 频带。传感器增益保持在一定值内的频率范围称为传感器的频带或通频带，对应有上、下截止频率。

(2) 时间常数 τ。用时间常数 τ 来表征一阶传感器的动态特性。τ 越小，频带越宽。

(3) 固有频率 ω_n。二阶传感器的固有频率 ω_n 表征了其动态特性。

对于一阶传感器，减小 τ 可改善传感器的频率特性。对于二阶传感器，为了减小动态误差和扩大频率响应范围，一般是提高传感器固有频率 ω_n。而固有频率 ω_n 与传感器运动部件质量 m 和弹性敏感元件 k 有关，即 $\omega_n=\sqrt{k/m}$。增大刚度 k 和减小质量 m 可提高固有频率，但刚度 k 增加，会使传感器灵敏度降低。所以在实际应用中，应综合各种因素来确定传感器的各个特征参数。

内容四　传感器的应用领域及其发展

现代信息技术的三大基础是信息采集(传感器技术)、信息传输(通信技术)和信息处理(计算机技术)，它们在信息系统中分别起到了“感官”、“神经”和“大脑”的作用。传感器属于信息技术的前沿尖端产品，其重要作用如同人体的五官。传感器是信息采集系统的首要部件，是实现现代化测量和自动控制(包括遥感、遥测、遥控)的主要环节。

一、传感器的应用领域

(1) 生产过程的测量与控制。在生产过程中，传感器可对温度、压力、流量、位移、液位和气体成分等参量进行检测，从而实现对工作状态的控制。

(2) 安全报警与环境保护。利用传感器可对高温、放射性污染以及粉尘弥漫等恶劣工作条件下的过程参量进行远距离测量与控制，并可实现安全生产。传感器还可用于温控、防灾、防盗等方面的报警系统。在环境保护方面，传感器可用于对大气与水质污染的监测、放射性和噪声的测量等。

(3) 自动化设备和机器人。传感器可提供各种反馈信息，尤其是传感器与计算机的结合，使自动化设备的自动化程度有了很大提高。在现代机器人中大量使用了传感器，其中包括力、扭矩、位移、超声波、转速和射线等许多传感器。

(4) 交通运输和资源探测。传感器可用于对交通工具、道路和桥梁的管理，以保证提高运输的效率与防止事故的发生。传感器还可用于陆地与海底资源探测以及空间环境、气象等方面的测量。

(5) 医疗卫生和家用电器。利用传感器可实现对病患者的自动监测与监护，可用于微量元素的测定、食品卫生检疫等，尤其是作为离子敏感器件的各种生物电极，已成为生物工程理论研究的重要测试装置。

近年来，由于科学技术和经济的发展及生态平衡的需要，传感器的应用领域还在不断扩大。

二、传感器的发展

在当前信息时代，对于传感器的需求量日益增多，同时对其性能要求也越来越高。随着计算机辅助设计技术(CAD)、微机电系统(MEMS)技术、光纤技术、信息理论以及数据分析算法不断迈上新的台阶，传感器系统正朝着微型化、智能化和多功能化的方向发展。

1. 微型传感器(Micro Sensor)

为了能够与信息时代信息量激增、要求捕获和处理信息的能力日益增强的技术发展趋势保持一致，对于传感器的性能指标(包括精确性、可靠性、灵敏性等)的要求越来越严格。与此同时，传感器系统的操作友好性亦被提上了议事日程，因此还要求传感器必须配有标准的输出模式。而传统的大体积弱功能传感器往往很难满足上述要求，所以它们已逐步被各种不同类型的高性能微型传感器所取代。

一方面，计算机辅助设计技术和微机电系统技术的发展，促进了传感器的微型化。在当前技术水平下，微切削加工技术已经可以生产出具有不同层次的3D微型结构，从而可以生产出体积非常微小的微型传感器敏感元件，像毒气传感器、离子传感器、光电探测器这样的以硅为主要构成材料的传感/探测器都装有极好的敏感元件。目前，这一类元器件已作为微型传感器的主要敏感元件被广泛应用于不同的研究领域中。

另一方面，敏感光纤技术的发展也促进了传感器的微型化。当前，敏感光纤技术日益成为微型传感器技术的另一新的发展方向。预计随着插入技术的日趋成熟，敏感光纤技术的发展还会进一步加快。光纤传感器的工作原理是将光作为信号载体，并通过光纤来传送信号。由于光纤具有良好的传光性能，对光的损耗极低，加之光纤传输光信号的频带非常宽，且光纤本身就是一种敏感元件，所以光纤传感器所具有的许多优良特征为其他所有传统的传感器所不及。概括来讲，光纤传感器的优良特征主要包括重量轻、体积小、敏感性高、动态测量范围大、传输频带宽、易于转向作业以及它的波形特征能够与客观情况相适应等诸多优点，因此能够较好地实现实时操作、联机检测和自动控制。光纤传感器还可以应用于3D表面的无触点测量。近年来，随着半导体激光LD、CCD、CMOS图形传感器、方位探测装置PSD等新一代探测设备的问世，光纤无触点测量技术得到了空前迅速的发展。

就当前技术发展现状来看，微型传感器已经应用于许多领域，对航空、远距离探测、医疗及工业自动化等领域的信号探测系统产生了深远影响。目前开发并进入实用阶段的微型传感器已可以用来测量各种物理量、化学量和生物量，如位移、速度/加速度、压力、应力、应变、声、光、电、磁、热、pH 值、离子浓度及生物分子浓度等。

2. 智能化传感器(Smart Sensor)

智能化传感器是 20 世纪 80 年代末出现的另外一种涉及多种学科的新型传感器系统，主要是指那些装有微处理器，不但能够执行信息处理和信息存储，而且还能够进行逻辑思考和结论判断的传感器系统。这一类传感器就相当于是微机与传感器的综合体一样，其主要组成部分包括主传感器、辅助传感器及微机的硬件设备。如智能化压力传感器，主传感器为压力传感器，用来探测压力参数，辅助传感器通常为温度传感器和环境压力传感器。采用这种技术时可以方便地调节和校正由于温度的变化而导致的测量误差，环境压力传感器测量工作环境的压力变化并对测定结果进行校正。而硬件系统除了能够对传感器的弱输出信号进行放大、处理和存储外，还执行与计算机之间的通信联络。通常情况下，一个通用的检测仪器只能用来探测一种物理量，其信号调节是由那些与主探测部件相连接的模拟电路来完成的。但智能化传感器却能够实现所有的功能，而且其精度更高，价格更便宜，处理质量也更好。

目前，智能化传感器技术正处于蓬勃发展时期，具有代表意义的典型产品是美国霍尼韦尔公司的 ST－3000 系列智能变送器和德国斯特曼公司的二维加速度传感器，以及另外一些含有微处理器(MCU)的单片集成压力传感器、具有多维检测能力的智能传感器和固体图像传感器(SSIS)等。与此同时，基于模糊理论的新型智能传感器和神经网络技术在智能化传感器系统的研究与发展中的重要作用也日益受到了相关研究人员的极大重视。

智能化传感器多用于压力、力、振动冲击加速度、流量、温度和湿度的测量。另外，智能化传感器在空间技术研究领域亦有比较成功的应用实例。在今后的发展中，智能化传感器无疑将会进一步扩展到化学、电磁、光学和核物理等研究领域。可以预见，新兴的智能化传感器将会在关系到全人类国民生计的各个领域发挥越来越大的作用。

3. 多功能传感器(Multifunction Sensor)

通常情况下，一个传感器只能用来测量一种物理量，但在许多应用领域中，为了能够完美而准确地反映客观事物和环境，往往需要同时测量大量的物理量。由若干种各不相同的敏感元件组成或借助于同一个传感器的不同效应或利用在不同的激励条件下同一个敏感元件表现的不同特征构成的多功能传感器系统，可以用来同时测量多种参数。例如，可以将一个温度探测器和一个湿度探测器配置在一起(即将热敏元件和湿敏元件分别配置在同一个传感器承载体上)制造成一种新的传感器，这种新的传感器就能够同时测量温度和湿度。

随着传感器技术和微机技术的飞速发展，目前已经可以生产出将若干种敏感元件总装在同一种材料或单独一块芯片上的一体化多功能传感器。多功能传感器无疑是当前传感器技术发展中一个全新的研究方向。如将某些类型的传感器进行适当组合而使之成为新的传感器。又如，为了能够以较高的灵敏度和较小的粒度同时探测多种信号，微型数字式三端口传感器可以同时采用热敏元件、光敏元件和磁敏元件，这种组配方式的传感器不但能够输出模拟信号，而且还能够输出频率信号和数字信号。

从当前的发展现状来看，最热门的研究领域也许是各种类型的仿生传感器了，在感触、刺激以及视听辨别等方面已有最新研究成果问世。从实用的角度考虑，多功能传感器中应用较多的是各种类型的多功能触觉传感器。例如，人造皮肤触觉传感器就是其中之一，这种传感器系统由 PVDF 材料、无触点皮肤敏感系统以及具有压力敏感传导功能的橡胶触觉传感器等组成。据悉，美国 MERRITT 公司研制开发的无触点皮肤敏感系统获得了较大的成功，其无触点超声波传感器、红外辐射引导传感器、薄膜式电容传感器以及温度、气体传感器等在美国本土应用甚广。

总之，传感器系统正向着微小型化、智能化和多功能化的方向发展。今后，随着 CAD 技术、MEMS 技术、信息理论及数据分析算法的发展，未来的传感器系统必将变得更加微型化、综合化、多功能化、智能化和系统化。在各种新兴科学技术呈辐射状广泛渗透的当今社会，作为现代科学耳目的传感器系统，作为人们快速获取、分析和利用有效信息的基础，必将进一步得到社会各界的普遍关注。

内容五　传感器的正确选用

现代工业生产与自动控制系统是以计算机为核心，以传感器为基础组成的。传感器是实现自动检测和控制的首要环节，没有精确可靠的传感器，就没有精确可靠的自动测控系统。近年来，随着科学技术的发展，各种类型的传感器已应用到工业生产与控制的各个领域。要利用传感器设计开发高性能的测量或控制系统，必须了解传感器的性能，根据系统要求，选择合适的传感器，并设计精确可靠的信号处理电路。

如何正确选择和使用各种传感器，要考虑的事项很多，但不必都要一一考虑。根据传感器实现使用的目的、指标、环境条件和成本等限制条件，从不同的侧重点，优先考虑几个重要的条件就可以了。例如，测量某一对象的温度时，要求测量范围为 0～100℃，测量精度为±1℃，且要多点测量，那么选用何种传感器呢？满足这些要求的传感器有各种热电偶、热敏电阻、半导体 PN 结温度传感器、智能化温度传感器等。在这种情况下，我们侧重考虑成本低，测量电路、配置设备是否简单等因素进行取舍，相比之下选择半导体温度传感器。若测量范围变为 0～800℃，其他要求不变，那么就应考虑选用热电偶了。总之，选择使用传感器时，应根据几项基本标准，具体情况具体分析，选择性价比高的传感器。选择传感器应从如下几个方面进行考虑：

(1) 与测量条件有关的因素。随着传感器技术的发展，被测对象涉及各个领域，除了传统的力学领域、电磁学领域、工业领域外，还有人体心电、脑波等体表电位的测量，光泽、触觉等品质测量等。所以在选择传感器时，首先就应了解与测量条件有关的因素，如测量的目的、被测试量的选择、测量范围、输入信号的幅值和频带宽度、精度要求、测量所需时间等。

(2) 与使用环境条件有关的因素。在了解被测量要求后，还应考虑使用环境，如安装现场条件及情况、环境条件(湿度、温度、振动等)、信号传输距离和所需现场提供的功率容量等因素。

(3) 与传感器有关的技术指标。根据测量要求选择确定传感器的技术指标，如精度、稳定性、响应特性、模拟量与数字量、输出幅值、对被测物体产生的负载效应、校正周期、超标准过大的输入信号保护等。另外，为了提高测量精度，应注意通常使用的显示值应在满量程的 80%左右来选择测量范围或刻度范围。

此外，还应考虑与购买和维修有关的因素，如价格、零配件的储备、服务与维修、交货日期等。精度很高的传感器一定要精心使用，注意安装方法，了解传感器的安装尺寸和重量等。

内容六　传感器接口电路

一、常见的接口电路

根据传感器输出信号的不同特点，要采用不同的处理方法。传感器输出信号的处理主要由接口电路来完成，典型的接口电路主要有以下几种。

1. 放大电路

传感器输出信号一般比较微弱，因此在大多数情况下需要使用放大电路。放大电路主要将传感器输出的微弱的直流信号或交流信号放大到适合的程度。放大电路一般采用运算放大器构成。

(1) 反相放大器。图 1-12 是反相放大器的基本电路。输入电压加到运算放大器的反相输入端，输出电压经 R_F 反馈到反相输入端。输出电压为

$$U_o = -U_1 \times \frac{R_F}{R_1}$$

反相放大器的放大倍数取决于 R_F 与 R_1 的比值，负号表示输出电压与输入电压反相。该放大电路应用广泛。

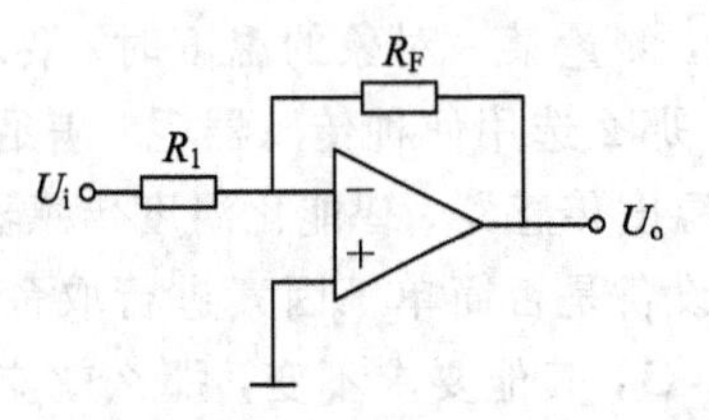

图 1-12　反相放大器基本电路

(2) 同相放大器。图 1-13 是同相放大器的基本电路。输入电压加到运算放大器的同相输入端，输出电压经 R_F 反馈到反相输入端。输出电压为

$$U_o = \left(1 + \frac{R_F}{R_1}\right) \times U_1$$

同相放大器的放大倍数取决于 R_F 与 R_1 的比值，输出电压与输入电压同相。

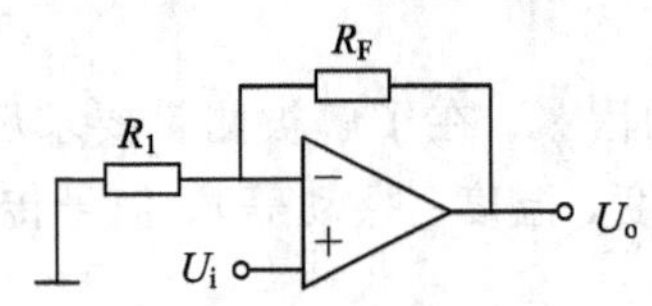

图 1-13　同相放大器基本电路

(3) 差动放大器。图 1-14 为差动放大器的基本电路。两个输入信号分别加到运算放大器的同相输入端和反相输入端，输入电压经 R_F 反馈到反相输入端。若 $R_1 = R_2$，$R_3 = R_F$，则输出电压为

$$U_o = \frac{R_F}{R_1} \times (U_2 - U_1)$$

差动放大器的优点是抑制共模信号的能力和抗干扰能力强。

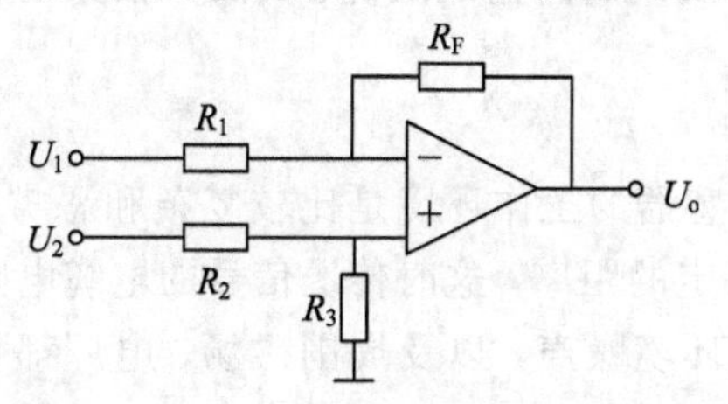

图 1-14　差动放大器基本电路

2. 阻抗匹配器

传感器输出阻抗都比较高，比一般电压放大电路的输入阻抗要大得多，若将传感器直接与放大电路进行连接，则信号衰减很大，甚至不能正常工作。常常使用高输入阻抗低输出阻抗的阻抗匹配器解决这一问题。常用的阻抗匹配器是半导体阻抗匹配器、场效应管阻抗匹配器及集成电路阻抗匹配器等。

半导体阻抗匹配器实际上是共集电极放大电路，又称为射级输出。射级输出器的输出相位与输入相位相同，放大倍数略小于1，输入阻抗高，输出阻抗低。

场效应管阻抗匹配器的输入阻抗高达 $10^{12}\ \Omega$ 以上，而且其结构简单、体积小，得到了广泛的应用。

3. 电桥电路

电桥电路是传感器系统中经常使用的转换电路，主要用来把电阻、电容、电感的变化转换为电压或电流。根据其供电电源性质的不同，可分为直流电桥和交流电桥。直流电桥主要用于电阻式传感器，交流电桥可用于电阻、电容及电感式传感器。

电桥的基本电路如图 1-15 所示，阻抗 Z 构成电桥电路的桥臂，桥路的一对角线接工作电源，另一对角线是输出端。

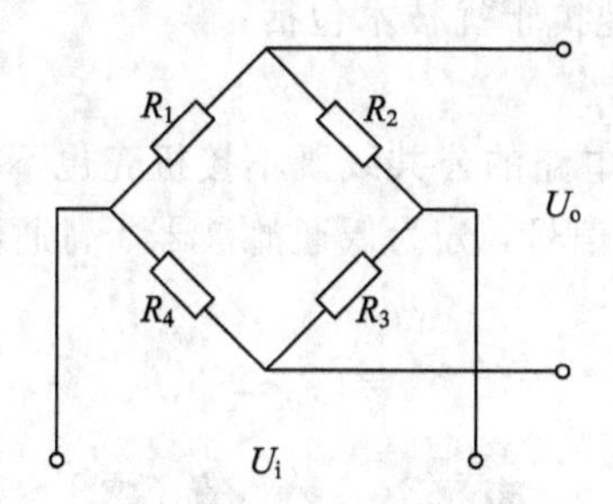

图 1-15　电桥基本电路

电桥的输出电压为

$$U_o = \frac{R_2 R_4 - R_1 R_3}{(R_1 + R_2)(R_3 + R_4)} U_i \tag{1-25}$$

当电桥的输出电压为 0 时，电桥平衡，由此可知电桥的平衡条件为 $R_1 R_3 = R_2 R_4$。

当电桥的四个桥臂的阻抗由于被测量引起变化时，电桥平衡被打破，此时电桥的输出与被测量有直接对应关系。

4. 电荷放大器

有些传感器输出的信号是电荷的变化，要将其转换成电压信号，可采用电荷放大器。电荷放大器是一种带电容负反馈的高输入阻抗、高放大倍数的运算放大器。

二、抗干扰技术

在实际检测系统中，传感器的工作环境是比较复杂和恶劣的，它的输出信号微弱，并且与电路之间的连接具有一定的距离，这时传送信号的电缆电阻和传感器的内阻以及放大电路等产生的干扰，再加上环境噪声，以及周围磁场、电厂都会对电路造成干扰，影响其正常工作。

1. 干扰的根源

干扰又称噪声，是传感器系统中混入的无用信号，主要分为内部噪声和外部噪声。内部噪声是由传感器内部元件所产生的；外部噪声是由外部人为因素或自然干扰产生的。而把消除或削弱各种干扰的方法称为抗干扰技术。

2. 抗干扰方法

为了保证传感器电路能最精确地工作，必须削弱或防止干扰的影响，下面介绍几种常见的抗干扰技术。

(1) 屏蔽技术。屏蔽技术是指利用低电阻材料制成容器装置，将需要防护的部分包起来，割断电场、磁场的耦合通道，防止静电或电磁的相互感应。屏蔽主要有静电屏蔽、电磁屏蔽、磁屏蔽、驱动屏蔽等。

(2) 接地技术。接地是保证安全的一种方法，接地技术通常是与屏蔽相关联的，如果接地不当，可能引起更大的干扰。

接地主要有信号接地和负载接地两种。在强电技术中，一般将设备外壳和电网零线接大地；在弱电技术中，把电信号的基准电位点称为“地”，依据“一点接地”原则，将电路中不同的地线接入同一点。

(3) 其他抗干扰技术。其他抗干扰技术包括：

① 选用质量好的元器件。

② 浮置：又称浮空，是指电路的公共线既不接机壳也不接大地的一种抗干扰技术。

③ 滤波：滤除无用的频率信号，分为低通滤波器、高通滤波器、带通滤波器和带阻滤波器。

思考与练习

1. 什么是测量值的绝对误差、相对误差和引用误差？

2. 什么是测量误差？测量误差有几种表示方法？它们通常适用于什么场合？

3. 什么是随机误差？产生随机误差的原因是什么？如何减小随机误差对测量结果的影响？

4. 什么是系统误差？系统误差可分为哪几类？系统误差有哪些检验方法？如何减小和消除系统误差？

5. 什么是粗大误差？如何判断测量数据中存在的粗大误差？

6. 什么是间接测量、直接测量和组合测量？

7. 什么叫传感器？它由哪几部分组成？它们的相互作用及相互关系如何？

8. 什么是传感器的静态特性？它有哪些性能指标？分别说明这些指标的含义。

项目二　力传感器

知识学习目标

- 掌握测力传感器的类型；
- 掌握传感器称重工作原理。

实践训练目标

- 掌握常用测力传感器的工作原理；
- 能根据设计要求安装、调试测力传感器；
- 能根据要求选择精度符合要求的测力仪器。

在工业生产、科学研究及日常生活等各个领域中，压力是需要检测的重要参数之一，它直接影响产品的质量，又是生产过程中一个重要的安全指标。传统的测量力的方法是利用弹性元件的形变和位移来表示的，其特点是成本低、不需要电源，但体积大、笨重、输出为非电量。后来发现了应变计，特别是随着微电子技术发展，利用半导体材料的压阻效益和弹性与集成电路工艺，研制出了半导体力传感器，使这类传感器有了长足的进步。力传感器主要有电阻式、电容式和电感式等。因为不同类型的力学量传感器所涉及的原理、材料、特性及工艺也各不相同，本项目只介绍几种应用比较广泛、典型力学传感器的基本知识以及应用电路的调试和注意事项等。

任务一　项目学习引导

压力是垂直地作用在单位面积上的力。它的大小由受力面积和垂直作用力的大小两个因素决定。其表达式为

$$p=\frac{F}{S}$$

式中，p 为压力，F 为作用力，S 为作用面积。

国际单位制(SI)中定义压力的单位是：1 N 的力垂直作用在 1 m^2 面积上所形成的压力，称为 1 个“帕斯卡”，简称为“帕”，单位符号为 Pa。

目前，工程技术界广泛使用的其他压力计量单位有工程大气压、标准大气压、约定毫米汞柱和约定毫米水柱。

内容一　应变式传感器

一、电阻式传感器

电阻式传感器是将被测量转变为电阻变化的一种传感器。由于其结构简单，易于制造，价格便宜，性能稳定，输出功率大，因此在检测系统中得到了广泛的应用。

金属体都有一定的电阻，电阻值因金属的种类而异。同样的材料，越细或越薄，则电阻值越大。当加有外力时，金属若变细变长，则阻值增加；若变粗变短，则阻值减小。如果发生应变的物体上安装有(通常是粘贴)金属电阻，则当物体伸缩时，金属体也按某一比例发生伸缩，因而电阻值会发生相应的变化。

设有一根长度为 l，截面积为 A，电阻率为 ρ 的金属丝，则它的电阻值 R 可用下式表示：

$$R=\rho\frac{l}{A} \tag{2-1}$$

从上式可见，若导体的三个参数(电阻率、长度或截面积)中的一个或数个发生变化，则电阻值随着变化，因此可利用此原理来构成传感器。例如，若改变长度，则可形成电位器式传感器；改变 l 、A 和 ρ ，则可做成电阻应变片；改变 ρ，则可形成热敏电阻、光导性光检测器等。下面介绍两种最常用的电阻式传感器：电位器式传感器和电阻应变式传感器。

二、电位器式传感器

电位器式传感器通过滑动触点把位移转换为电阻丝的长度变化，从而改变电阻值大小，进而再将这种变化值转换成电压或电流的变化值。

电位器式传感器分为直线位移型、角位移型和非线性型等，如图 2-1 所示。不管是哪种类型的传感器，都由线圈、骨架和滑动触头等组成。线圈绕于骨架上，触头可在绕线上滑动，当滑动触头在绕线上的位置改变时，即实现了将位移变化转换为电阻变化。

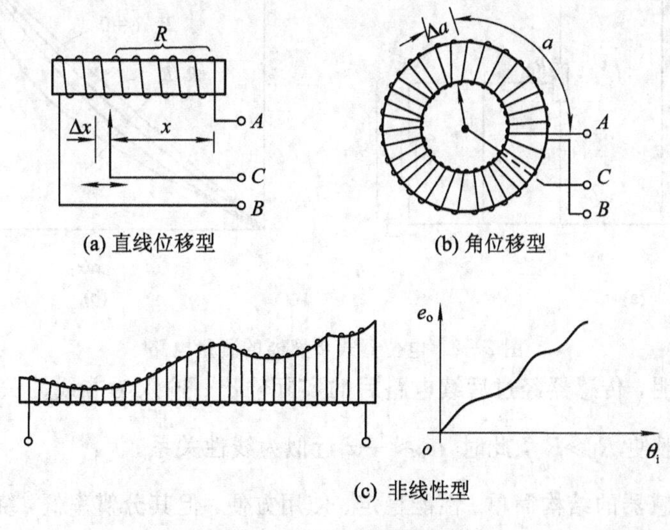

(a) 直线位移型　(b) 角位移型

(c) 非线性型

图 2-1　电位器式传感器

图 2-1(a)为直线位移型电位器式传感器的原理示意图，其中触点 C 的滑动触头沿变阻器表面移动的距离 x 与 A、C 两点间的电阻值 R 之间有如下关系：

$$R = k_t x \tag{2-2}$$

式中，k_t为单位长度的电阻值。当导线分布均匀时其阻值为一常数，此时传感器的输出(电阻)与输入(位移)间为线性关系，传感器的灵敏度相应为

$$s = \frac{\Delta R}{\Delta x} = k_t \tag{2-3}$$

图 2-1(b)为角位移型电位器式传感器的原理示意图，其电阻值随转角位移而变化，该传感器的灵敏度为

$$s = \frac{\Delta R}{\Delta a} = k_\tau \tag{2-4}$$

式中，a 为转角，k_τ为单位弧度对应的电阻值。

图 2-1(c)为非线性型电位器式传感器的原理示意图，当输入位移呈非线性变化规律时，为了保证输入、输出的线性关系，利于后续仪表的设计，可以根据输入的函数规律来确定这种传感器的骨架形状。例如，若输入量为 $f(x)=Rx^2$，则为了得到输出的电阻值 $R(x)$ 与输入量 $f(x)$的线性关系，电位器的骨架应采用三角形；若输入量为 $f(x)=Rx^3$，则电位器的骨架应采用抛物线形。

电位器式传感器一般采用电阻分压电路，将电参量 R 转换为电压输出送给后续电路，如图 2-2 所示。当触头移动 x_i时，输出电压 e_o 为

$$e_o = \frac{e_s}{\dfrac{x_1}{x_2} + \dfrac{R_t}{R_l}\left(1 - \dfrac{x_i}{x_t}\right)} \tag{2-5}$$

式中，R_t为电位器总电阻，x_t为电位器的总长度，R_l为负载电阻，e_s 为电源电压。

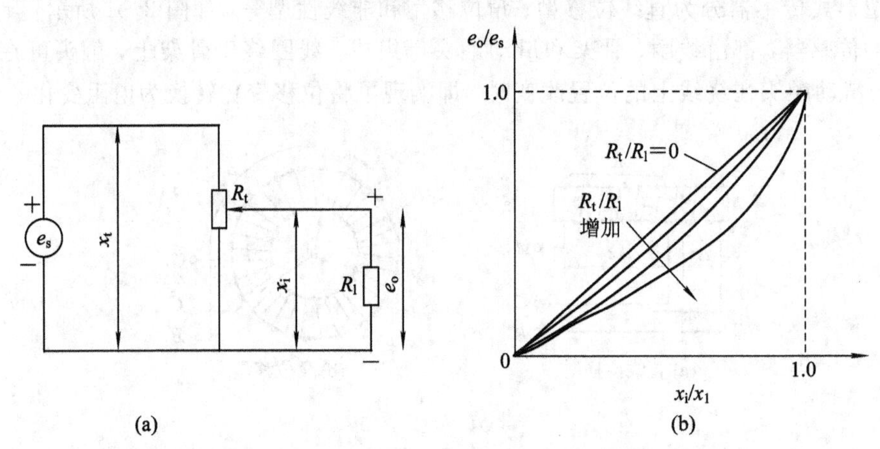

图 2-2　电位器式传感器的测量电路

式(2-5)表明，传感器经过后续电路后的实际输出、输入为非线性关系，为减小后续电路的影响，一般使 $R_l \gg R_t$，此时，$e_o \approx \dfrac{e_s}{x_t} x_i$ 近似为线性关系。

电位器式传感器的结构简单、性能稳定、使用方便，但其分辨率低，绕线困难。它常被用于线位移和角位移的测量，在测量仪器中用于伺服记录仪或电子电位差计等。

三、电阻应变式传感器

电阻应变式传感器是利用电阻应变片将应变转换为电阻变化即应变效应而设计制作的传感器。任何非电量，只要能设法转换为应变片的应变，都可以利用此种传感器进行测量。因此电阻应变式传感器可以用来测量应变、力、扭矩、位移和加速度等多种参数。

1. 电阻应变效应

导体或半导体材料在外力作用下产生机械变形时，其电阻值也相应发生变化的物理现象，称为电阻应变效应。

设金属丝在外力作用下沿轴线伸长，伸长量设为 Δl，并因此截面积变化 ΔA，电阻率的变化为 $\Delta\rho$，这时电阻相对变化可表示为

$$\frac{\Delta R}{R}=\frac{\Delta l}{l}-\frac{\Delta A}{A}+\frac{\Delta\rho}{\rho} \tag{2-6}$$

对于直径为 d 的圆形截面的电阻丝，因为 $A=\pi d_2/4$，所以有：

$$\frac{\Delta A}{A}=2\frac{\Delta d}{d} \tag{2-7}$$

由力学知识可知横向收缩和轴向伸长的关系可用泊松比 μ 表示，即

$$\mu=-\frac{\Delta d/d}{\Delta l/l} \tag{2-8}$$

若 $\varepsilon=\frac{\Delta l}{l}$（$\varepsilon$ 为轴向应变），则有：

$$\frac{\Delta A}{A}=-2\mu\frac{\Delta l}{l}=-2\mu\varepsilon \tag{2-9}$$

把式(2-8)和式(2-9)代入式(2-6)可得：

$$\frac{\Delta R}{R}=\frac{\Delta l}{l}(1+2\mu)+\frac{\Delta\rho}{\rho}=\left(1+2\mu+\frac{\Delta\rho/\rho}{\Delta l/l}\right)\frac{\Delta l}{l}=K_0\varepsilon \tag{2-10}$$

式中，K_0为金属电阻丝的应变灵敏度系数，它表示单位应变所引起的电阻值的相对变化。

式(2-10)表明，K_0的大小由两个因素影响：$1+2\mu$ 表示由几何尺寸的改变所引起；$\frac{\Delta\rho/\rho}{\Delta l/l}$表示应变引起材料的电阻率的变化。对于金属材料而言，以前者为主；而对于半导体材料，K_0值主要由后者即电阻率相对变化所决定。另外，式(2-10)还表明电阻值的相对变化与应变成正比，因此通过测量电阻的变化，便可测量出应变 ε。

2. 电阻应变片的结构

电阻应变片的结构如图 2-3 所示，它一般由敏感栅（金属丝或箔）、基底、覆盖层、黏合剂和引出线等组成。基底用来将弹性体的表面应变准确地传送到敏感栅上，并使敏感栅与弹性体之间相互绝缘；覆盖层用来保护敏感栅；敏感栅是转换元件，把它与感受到的应基底粘贴在一起；引出线作为连接测量导线之用。常用的电阻应变片有两大类：金属电阻应变片和半导体应变片。

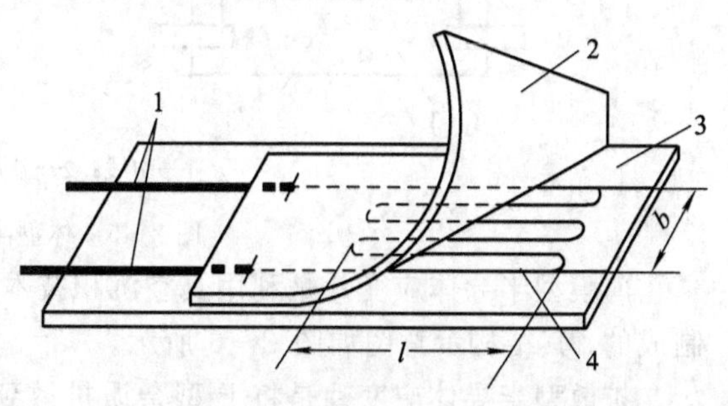

1—引线；2—覆盖层；3—基片；4—敏感栅

图 2-3　电阻应变片

1）金属电阻应变片

金属电阻应变片有丝式、箔式及薄膜式等结构形式。

丝式应变片如图 2-4(a)所示，它是将金属丝按图 2-3 电阻应变片图示形状弯曲后用黏合剂粘贴在基底上而制成的。基底可分为纸基、胶基和纸浸胶基等。电阻丝两端焊有引出线，使用时只要将应变片贴于弹性体上就可构成应变式传感器。

箔式应变片如图 2-4(b)所示，它的敏感栅是通过光刻、腐蚀等工艺制成的。箔栅厚度一般为 0.003～0.01 mm。与丝式应变片相比其表面积大，散热性好，允许通过较大的电流。由于它的厚度薄，因此具有较好的可挠性，灵敏度系数较高。箔式应变片还可以根据需要制成任意形状，适合批量生产。

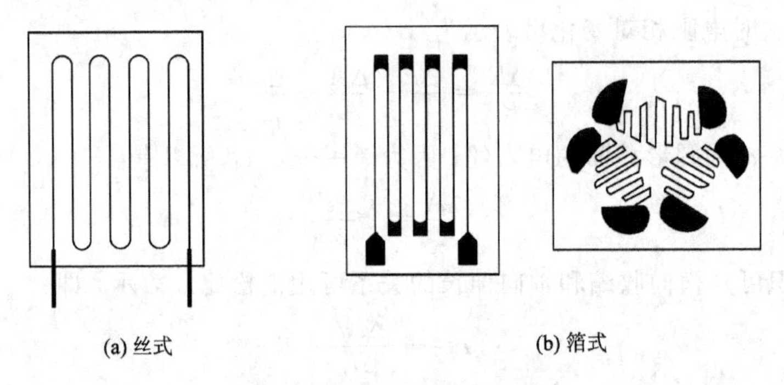

图 2-4　金属电阻应变片结构

金属薄膜应变片是采用真空蒸镀或溅射式阴极扩散等方法，在薄的基底材料上制成一层金属电阻材料薄膜以形成应变片。这种应变片有较高的灵敏度系数，允许电流密度大，工作温度范围较广。

2）半导体应变片

半导体应变片是利用半导体材料的压阻效应制成的一种纯电阻性元件。对半导体材料的某一轴向施加一定的载荷而产生应力时，它的电阻率会发生变化，这种物理现象称为压阻效应。半导体应变片主要有体型、薄膜型和扩散型三种。

体型半导体应变片是将半导体材料硅或锗晶体按一定方向切割成的片状小条，经腐蚀压焊粘贴在基片上而制成的应变片，其结构如图 2-5 所示。

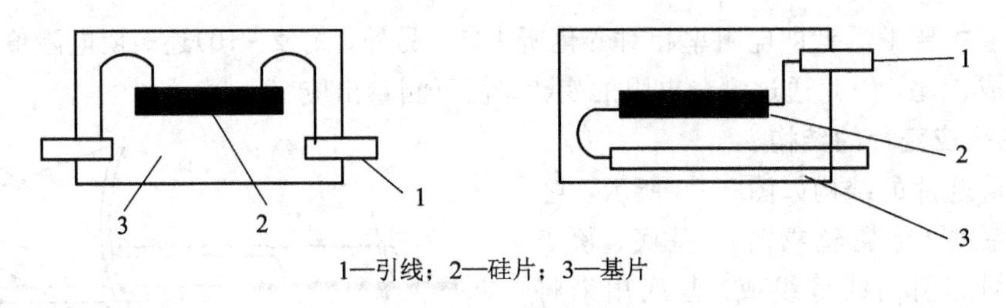

图 2-5　体型半导体应变片

薄膜型半导体应变片是利用真空沉积技术将半导体材料沉积在带有绝缘层的基底上而制成的，其结构示意图如图 2-6 所示。

扩散型半导体应变片是将 P 型杂质扩散到 N 型硅单晶基底上，形成一层极薄的 P 型导电层，再通过超声波和热压焊法接上引出线而制成的。图 2-7 为其结构示意图。

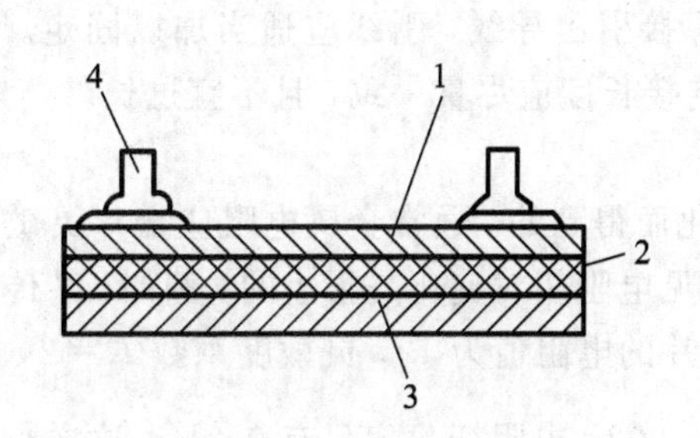

1—锗膜；2—绝缘层；3—金属箔基底；4—引线

图 2-6　薄膜型半导体应变片

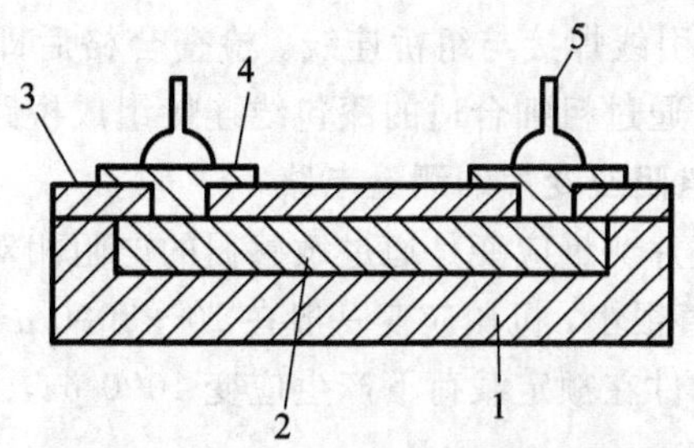

1—N型硅；2—P型硅扩散层；3—二氧化硅绝缘层；4—铝电极；5—引线

图 2-7　扩散型半导体应变片

半导体应变片与金属电阻应变片相比其灵敏度高 50～70 倍，另外，其横向效应和机械滞后小。但它的温度稳定性差，在较大应变下，灵敏度的非线性误差大。

3. 电阻应变片的粘贴技术

应变片在使用时通常是用黏合剂粘贴在弹性体上的，粘贴技术对传感器的质量起着重要的作用。

应变片的黏合剂必须适合应变片基底材料和被测材料，另外还要根据应变片的工作条件、工作温度和湿度、有无腐蚀、加温加压固化的可能性、粘贴时间长短等因素来进行选择。常用的黏合剂有硝化纤维素黏合剂、酚醛树脂胶、环氧树脂胶、502 胶水等。

应变片在粘贴时，必须遵循正确的粘贴工艺，保证粘贴质量，这些都与最终的测量精度有关。应变片的粘贴步骤如下：

(1) 应变片的检查与选择。首先应对采用的应变片进行外观检查，观察应变片的敏感栅是否整齐、均匀，是否有锈斑以及断路、短路或折弯等现象。其次要对选用的应变片的阻值进行测量，确定是否选用了正确阻值的应变片。

(2) 试件的表面处理。为了获得良好的黏合强度，必须对试件表面进行处理，清除试件表面杂质、油污及疏松层等。一般的处理方法可采用砂纸打磨，较好的处理方法是采用无油喷砂法，这样不但能得到比抛光更大的表面积，而且可以获得质量均匀的效果。为了表面的清洁，可用化学清洗剂如四氯化碳、甲苯等进行反复清洗，也可采用超声波清洗。为了避免氧化，应变片的粘贴应尽快进行。如果不立刻贴片，可涂上一层凡士林暂做保护层。

(3) 底层处理。为了保证应变片能牢固地粘贴在试件上，并具有足够的绝缘电阻，改善胶接性能，可在粘贴位置涂上一层底胶。

(4) 贴片。将应变片底面用清洁剂清洗干净，然后在试件表面和应变片底面各涂上一层薄而均匀的黏合剂，待稍干后，将应变片对准划线位置迅速贴上，再盖一层玻璃纸，用手指或胶辊加压，挤出气泡及多余的胶水，保证胶层尽可能薄而均匀。

(5) 固化。黏合剂的固化是否完全，直接影响到胶的物理机械性能。关键是要掌握好温度、时间和循环周期。无论是自然干燥还是加热固化都要严格按照工艺规范进行。为了防止强度降低、绝缘破坏以及电化腐蚀，在固化后的应变片上应涂上防潮保护层，防潮层一般可采用稀释的黏合剂。

(6) 粘贴质量检查。首先从外观上检查粘贴位置是否正确，黏合层是否有气泡、漏粘、破损等，然后测量应变片敏感栅是否有断路或短路现象以及测量敏感栅的绝缘电阻。

(7) 引线焊接与组桥连线。检查合格后即可焊接引出导线，引线应适当加以固定。应变片之间通过粗细合适的漆包线连接组成桥路，连接长度应尽量一致，且不宜过长。

4. 电阻应变片的测量电路

应变片测量应变是通过敏感栅的电阻相对变化而得到的。通常金属电阻应变片灵敏度系数 K 值很小，机械应变一般在 10～3000 $\mu\varepsilon$，可见电阻相对变化是很小的。例如，某传感器弹性元件在额定载荷下产生应变 1000 $\mu\varepsilon$，应变片的电阻值为 12，灵敏度系数 $K=2$，则电阻的相对变化量为 $\frac{\Delta R}{R}=K\varepsilon=2\times1000\times10^{-6}=0.002$，电阻变化率只有 0.2%。这样小的电阻变化，用一般测量电阻的仪表很难直接测出来，必须用专门的电路来测量这种微弱的电阻变化，最常用的电路为电桥电路。

1) 直流电桥

如图 2-8 所示，电桥各个桥臂的电阻分别为 R_1、R_2、R_3、R_4，U 为电桥的直流电源电压。当四臂电阻 $R_1=R_2=R_3=R_4=R$ 时，称为等臂电桥；当 $R_1=R_2=R$，$R_3=R_4=R'$ $(R\neq R')$时，称为输出对称电桥；当 $R_1=R_4=R$，$R_2=R_3=R'(R\neq R')$时，称为电源对称电桥。

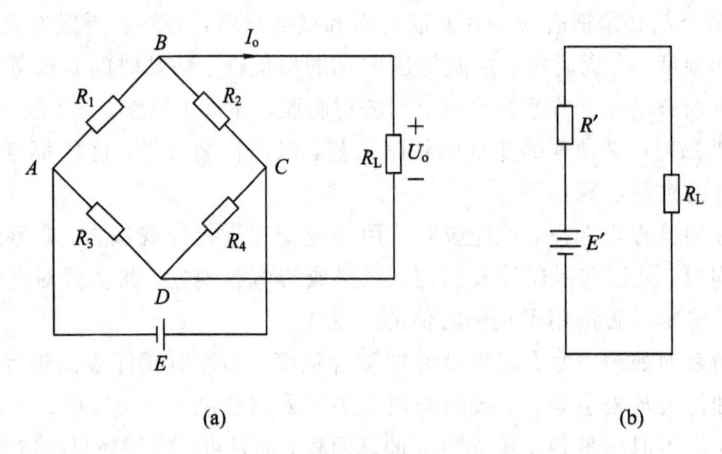

图 2-8 薄膜型半导体应变片图

电阻应变片接入电桥电路通常有以下几种接法：如果电桥一个臂接入应变片，其他三个臂采用固定电阻，则称为单臂工作电桥；如果电桥两个臂接入应变片则称为双臂工作电桥，又称为半桥形式；如果四个臂都接入应变片则称为全桥形式。

(1) 直流电桥的电流输出。

当电桥的输出信号较大，输出端又接入电阻值较小的负载如检流计或光线示波器进行测量时，电桥将以电流形式输出，如图 2-9(a)所示：

$$U_{BC}=\frac{R_2}{R_1+R_2}U$$

$$U_{CD}=\frac{R_3}{R_3+R_4}U$$

所以电桥输出端的开路电压 U_{BD} 为

$$U_{BD}=U_{BC}-U_{CD}=\frac{R_1R_3-R_2R_4}{(R_1+R_2)(R_3+R_4)}U \tag{2-11}$$

应用有源一端口网络定理，电流输出电桥可以简化成图 2-9(a)所示的电路。图中 E' 相当于电桥输出端开路电压 U_{BD}，R' 为网络的入端电阻，

$$R' = \frac{R_1 R_2}{R_1 + R_2} + \frac{R_3 R_4}{R_3 + R_4} \tag{2-12}$$

由图 2-9(b)可以知道。流过负载 R_L 的电流为

$$I_o = \frac{U_{AB}}{R' + R_L} = U\frac{R_1 R_3 - R_2 R_4}{R_L(R_1 + R_2)(R_3 + R_4) + R_1 R_2(R_3 + R_4) + R_3 R_4(R_1 + R_2)} \tag{2-13}$$

当 $I_o = 0$ 时，电桥平衡。故电桥平衡条件为

$$R_1 R_3 = R_2 R_4 \quad 或 \quad \frac{R_1}{R_2} = \frac{R_4}{R_3}$$

当电桥负载电阻 R_L 等于电桥输出电阻，即阻抗匹配时，有

$$R_L = R' = \frac{R_1 R_2}{R_1 + R_2} + \frac{R_3 R_4}{R_3 + R_4}$$

这时电桥输出功率最大，电桥输出电流为

$$I_o = \frac{U}{2}\frac{R_1 R_3 - R_2 R_4}{R_1 R_2(R_3 + R_4) + R_3 R_4(R_1 + R_2)} \tag{2-14}$$

输出电压为

$$U_o = I_O R_L = \frac{U}{2}\frac{R_1 R_3 - R_2 R_4}{(R_3 + R_4)(R_1 + R_2)} \tag{2-15}$$

当桥臂 R_1 为电阻应变片且有电阻增量 ΔR 时，略去分母中的 ΔR 项，则对于输出对称电桥，

$$R_1 = R_2 = R,\ R_3 = R_4 = R'(R \neq R')$$

$$\Delta I_g = \frac{U}{4}\frac{1}{R + R'}\left(\frac{\Delta R}{R}\right) = \frac{U}{4}\frac{K\varepsilon}{R + R'}$$

对于电源对称电桥，

$$R_1 = R_4 = R,\ R_2 = R_3 = R'(R \neq R')$$

对于等臂电桥，

$$R_1 = R_2 = R_3 = R_4 = R$$

$$\Delta I_g = \frac{U}{8}\left(\frac{\Delta R}{R}\right) = \frac{U}{8R}K\varepsilon$$

由以上结果可以看出，三种形式的电桥，当 $\Delta R \ll R$ 时，其输出电流都与应变片的电阻变化率即应变成正比，它们之间呈线性关系。

(2) 直流电桥的电压输出。

当电桥输出端接有放大器时，由于放大器的输入阻抗很高，所以可以认为电桥的负载电阻为无穷大，这时电桥以电压的形式输出。输出电压即为电桥输出端的开路电压，其表达式为

$$U_o = \frac{R_1 R_3 - R_2 R_4}{(R_1 + R_2)(R_3 + R_4)}U \tag{2-16}$$

设电桥为单臂工作状态，即 R_1 为应变片，其余桥臂均为固定电阻。当 R_1 感受应变，产生电阻增量 ΔR_1 时，由初始平衡条件 $R_1 R_3 = R_2 R_4$ 得

$$\frac{R_1}{R_2}=\frac{R_4}{R_3}$$

将上式代入式(2-16)，则电桥由于 ΔR_1 产生不平衡引起的输出电压为

$$U_o=\frac{R_2}{(R_1+R_2)^2}\Delta R_1 U=\frac{R_1R_2}{(R_1+R_2)^2}\left(\frac{\Delta R_1}{R_1}\right)U \tag{2-17}$$

对于输出对称电桥，此时 $R_1=R_2=R$，$R_3=R_4=R'$，当 R_1 臂的电阻产生变化 $\Delta R_1=\Delta R$ 时，根据式(2-17)可得到输出电压为

$$U_o=U\frac{RR}{(R+R)^2}\left(\frac{\Delta R}{R}\right)=\frac{U}{4}\left(\frac{\Delta R}{R}\right)=\frac{U}{4}K\varepsilon$$

对于电源对称电桥，$R_1=R_4=R$，$R_2=R_3=R'$。当 R_1 臂产生电阻增量 $\Delta R_1=\Delta R$ 时，由式(2-17)得

$$U_o=U\frac{RR'}{(R+R')^2}\left(\frac{\Delta R}{R}\right)=U\frac{RR'}{(R+R')^2}=K\varepsilon$$

对于等臂电桥 $R_1=R_2=R_3=R_4=R$，当 R_1 的电阻增量 $\Delta R_1=\Delta R$ 时，由式(2-17)可得输出电压为

$$U_o=U\frac{RR}{(R+R)^2}\left(\frac{\Delta R}{R}\right)=\frac{U}{4}\left(\frac{\Delta R}{R}\right)=\frac{U}{4}K\varepsilon$$

由上面三种结果可以看出，当桥臂应变片的电阻发生变化时，电桥的输出电压也随着变化。当 $\Delta R \ll R$ 时，电桥的输出电压与应变呈线性关系。还可以看出在桥臂电阻产生相同变化的情况下，等臂电桥以及输出对称电桥的输出电压要比电源对称电桥的输出电压大，即它们的灵敏度要高。因此在使用中多采用等臂电桥或输出对称电桥。

在实际使用中为了进一步提高灵敏度，常采用等臂电桥，即四个应变片接成两个差动对的全桥工作形式，如图 2-9 所示。

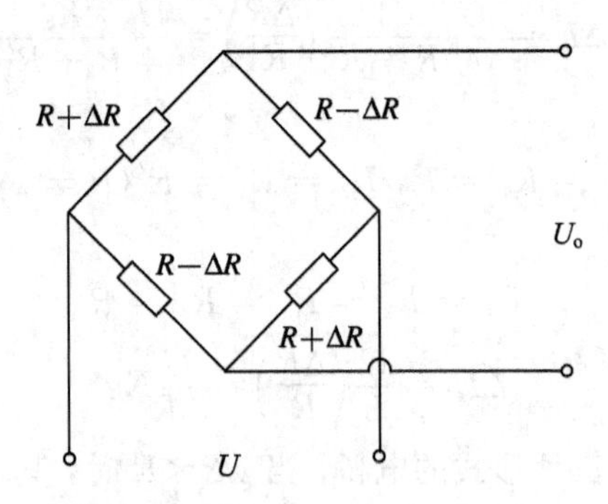

图 2-9　等臂电桥全桥工作形式

由图 2-9 可见，$R_1=R+\Delta R$，$R_2=R-\Delta R$，$R_3=R+\Delta R$，$R_4=R-\Delta R$，将上述条件代入式(2-16)得

$$U_o=4\left[\frac{U}{4}\left(\frac{\Delta R}{R}\right)\right]=4\left(\frac{U}{4}K\varepsilon\right)=UK\varepsilon \tag{2-18}$$

当 $Z_1=Z+\Delta Z, Z_2=Z-\Delta Z$ 时，根据式(2-5)得

$$U=\frac{1}{2}\frac{\Delta Z}{Z}U=\frac{1}{2}K\varepsilon I_m\sin\omega t \tag{2-19}$$

式(2-18)与式(2-17)比较灵敏度提高了一倍，即双臂差动比单臂工作效率提高了一倍。

2）电桥的线路补偿

(1) 零点补偿。

电桥的应变电阻片虽经挑选，但要求四个应变片阻值绝对相等是不可能的。即使原来阻值相等，经过贴片后也将产生变化，这样就使电桥不能满足初使平衡条件，即电桥有一个零位输出($U_o \neq 0$)。为了解决这一问题可以在一对桥臂电阻乘积较小的任一桥臂中串联一个小电阻进行补偿，如图 2-10 所示。

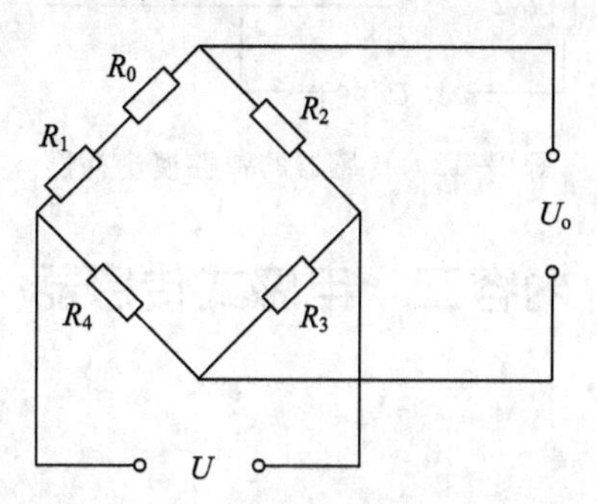

图 2-10　串联补偿电阻的接法

例如，当 $R_1R_3 < R_2R_4$ 时，初始不平衡输出电压 U_o 为负，这时可在 R_1 桥臂上接入 R_0，使电桥输出达到平衡。

(2) 温度补偿。

环境温度的变化也会引起电桥的零点漂移。产生漂移的原因有：电阻应变片的电阻温度系数不一致；应变片材料与被测试件材料间的膨胀率不一致；电阻应变片的粘贴情况不一致。

温度补偿的方法一般采用补偿片法和热敏元件法。所谓补偿片法，即用一个应变片作工作片，贴在试件上测应变。在另一块和被测试件结构材料相同而不受应力的补偿块上贴上和工作片规格完全相同的补偿片，使补偿块和被测试件处于相同的温度环境，工作片和补偿片分别接入电桥的相邻两臂，如图 2-11 所示。由于工作片和补偿片所受温度相同，因此两者所产生的热应变相等，因为处于电桥的相邻两臂，所以不影响电桥的输出。

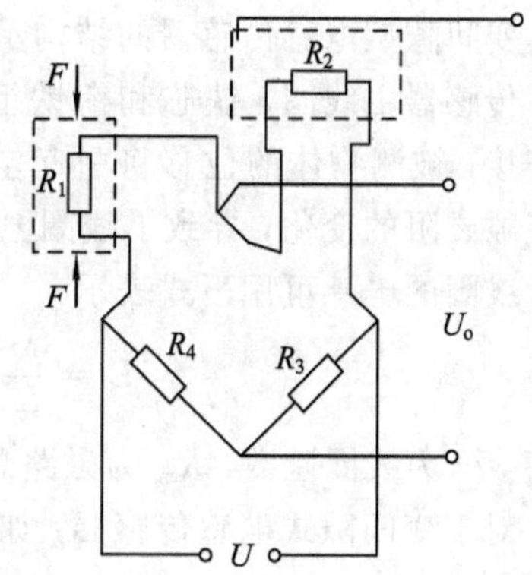

图 2-11　采用补偿应变片进行温度补偿

对于温度所引起的零漂也可认为是四个桥臂电阻的温度系数不一致所引起的，因此可以在某一桥臂中串接一个温度系数较大的金属电阻以提高桥臂的总温度系数。如图 2-12 所示即在在桥臂 R_2 中串入了一个铜电阻 R_T。

(3) 弹性模量补偿。

弹性元件承受一定载荷且温度升高时，弹性模量要减小，因此导致了传感器输出灵敏度变大，使电桥输出增加。补偿的方法可在电桥输入端接入铜丝或镍丝制成的补偿电阻 R_E，当温度升高时，R_E 变大，降低了桥压，致使电桥输出随温度升高而减小。通常将 $R_E/2$ 分别接入桥路两个输入端，以保证桥路对称，如图 2-12 所示。

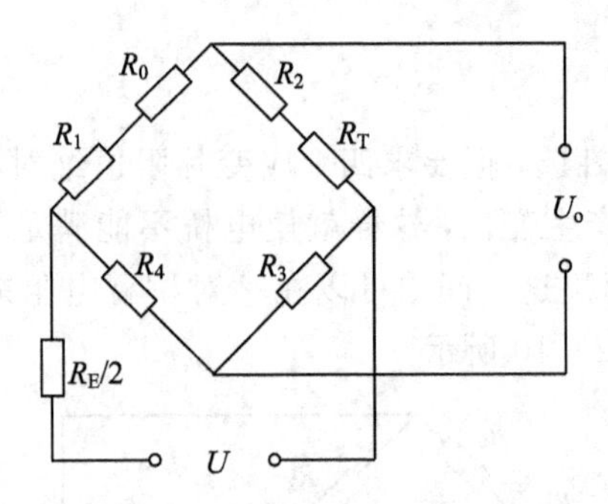

图 2-12 传感器的弹性模量补偿

内容二 电感式传感器

一、自感式电感传感器

电感式传感器是利用被测量的变化引起线圈自感或互感系数的变化，从而导致线圈电感的改变这一物理现象来实现测量的。根据转换原理，电感式传感器可分为自感式和互感式传感器两大类。

自感式电感传感器可分为变间隙型、变面积型和螺管型三种类型。自感式传感器是将被测量的变化转换为自感变化的传感器。

1. 自感式电感传感器的工作原理

1）变间隙型电感传感器

变间隙型电感传感器的结构示意图如图 2-13 所示。

传感器由线圈、铁芯和衔铁组成。工作时衔铁与被测物体连接，被测物体的位移将引起空气隙的长度发生变化。由于气隙磁阻的变化，导致了线圈电感量的变化。

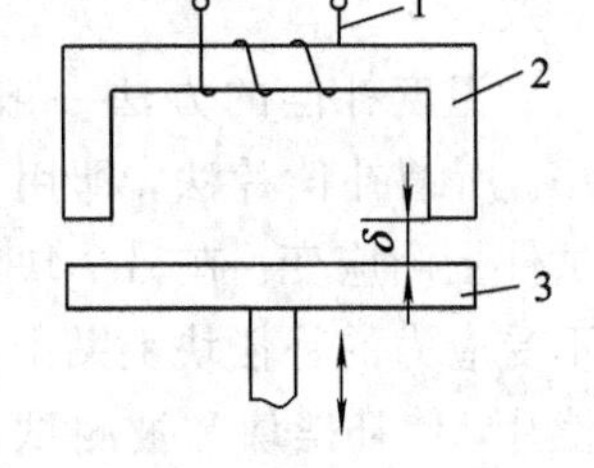

1—线圈；2—铁芯；3—衔铁

图 2-13 变间隙型电感传感器

线圈的电感可用下式表示：

$$L=\frac{N^2}{R_m} \tag{2-20}$$

式中，N 为线圈匝数，R_m 为磁路总磁阻。

对于变间隙式电感传感器，如果忽略磁路铁损，则磁路总磁阻为

$$R_m=\frac{l_1}{\mu_1 A}+\frac{l_2}{\mu_2 A}+\frac{2\delta}{\mu_0 A} \tag{2-21}$$

式中，l_1 为铁芯磁路长，l_2 为衔铁磁路长，A 为截面积，μ_1 为铁芯磁导率，μ_2 为衔铁磁导率，μ_0 为空气磁导率，δ 为空气隙厚度。因此有：

$$L=\frac{N^2}{R_m}=\frac{N^2}{\dfrac{l_1}{\mu_1 A}+\dfrac{l_2}{\mu_2 A}+\dfrac{2\delta}{\mu_0 A}} \tag{2-22}$$

一般情况下，导磁体的磁阻与空气隙磁阻相比是很小的，因此线圈的电感值可近似地表示为

$$L=\frac{N^2\mu_0 A}{2\delta} \tag{2-23}$$

由上式可以看出传感器的灵敏度随气隙的增大而减小。为了发送非线性，气隙的相对变化量要很小，但过小又将影响测量范围，所以要兼顾考虑两个方面。

2) 变面积型电感传感器

由变气隙型电感传感器可知，气隙长度不变，铁芯与衔铁之间相对而言覆盖面积随被测量的变化面改变，从而导致线圈的电感量发生变化，这种形式称为变面积型电感传感器，其结构示意图见图 2-14。

通过对式(2-22)的分析可知，线圈电感量 L 与气隙厚度是非线性的，但与磁通截面积 A 却成正比，是一种线性关系。特性曲线参见图 2-15。

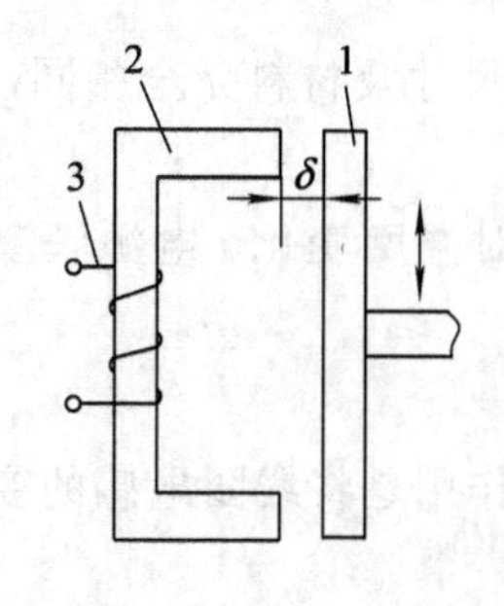

1—线圈；2—铁芯；3—衔铁

图2-14　变间隙型电感传感器

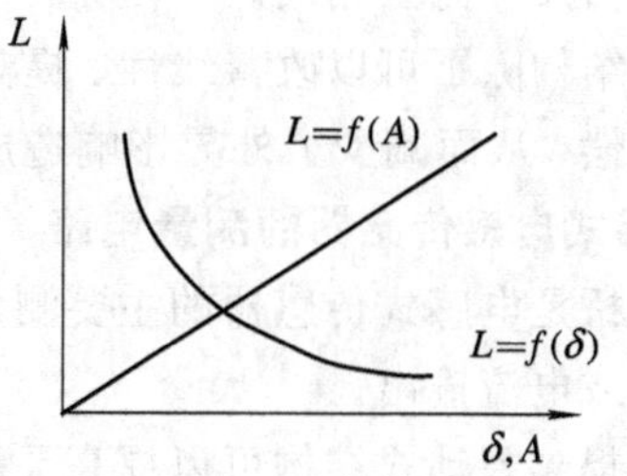

图 2-15　电感传感器特性

3) 螺管型电感式传感器

图 2-16 为螺管型电感式传感器的结构图。螺管型电感传感器的衔铁随被测对象移动，线圈磁力线路径上的磁阻发生变化，线圈电感量也因此而变化。线圈电感量的大小与衔铁插入线圈的深度有关。

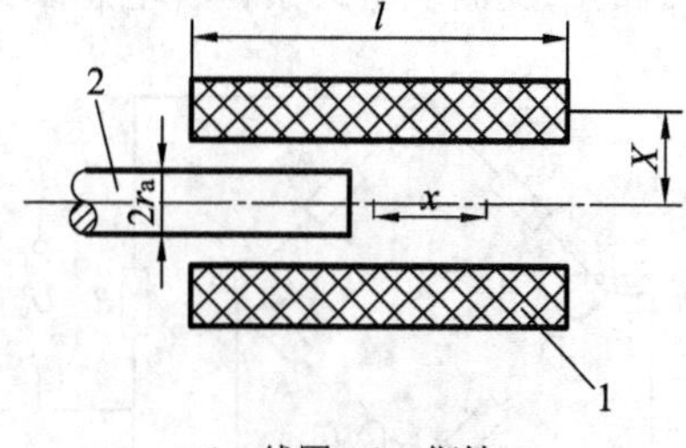

1—线圈；2—衔铁

图 2-16　螺管型电感传感器

设线圈长度为 l、线圈的平均半径为 r、线圈的匝数为 N、衔铁进入线圈的长度为 l_a、衔铁的半径为 r_a、铁芯的有效磁导率为 μ_m，则线圈的电感量 L 与衔铁进入线圈的长度 l_a 的关系可表示为

$$L=\frac{4\pi^2 N^2}{l^2}\left[lr^2+(\mu_m-1)l_a r_a^2\right] \tag{2-24}$$

通过以上三种形式的电感式传感器的分析，可以得出以下几点结论：

① 变间隙型灵敏度较高，但非线性误差较大，且制作装配比较困难。

② 变面积型灵敏度较前者小，但线性较好，量程较大，使用比较广泛。

③ 螺管型灵敏度较低，但量程大且结构简单，易于制作和批量生产，是使用最广泛的一种电感式传感器。

4) 差动电感传感器

在实际使用中，常采用两个相同的传感线圈共用一个衔铁，构成差动式电感传感器，这样可以提高传感器的灵敏度，减小测量误差。

图 2-17 是变间隙型、变面积型及螺管型三种类型的差动式电感传感器。

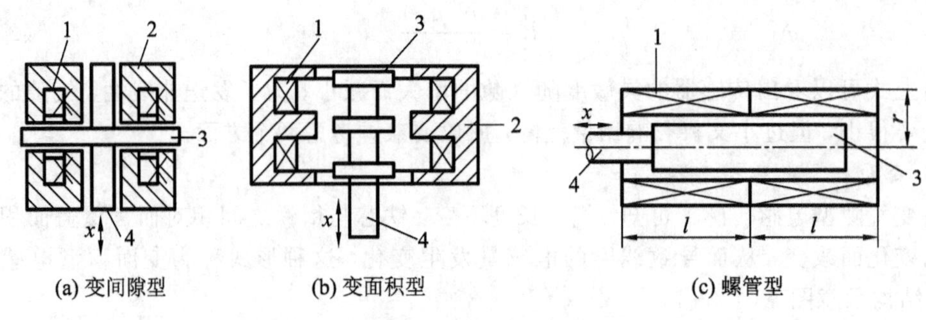

1—线圈；2—铁芯；3—衔铁；4—导杆

图 2-17　差动式电感传感器

差动式电感传感器的结构要求两个导磁体的几何尺寸及材料完全相同，两个线圈的电气参数和几何尺寸完全相同。

差动式结构除了可以改善线性、提高灵敏度外，对温度变化、电源频率变化等影响也可以进行补偿，从而减少了外界影响造成的误差。

2. 自感式电感传感器的测量电路

交流电桥是电感式传感器的主要测量电路，它的作用是将线圈电感的变化转换成电桥电路的电压或电流输出。

前面已提到差动式结构可以提高灵敏度，改善线性，所以交流电桥也多采用双臂工作形式。通常将传感器作为电桥的两个工作臂，电桥的平衡臂可以是纯电阻，也可以是变压器的二次侧绕组或紧耦合电感线圈。图 2-18 是交流电桥的几种常用形式。

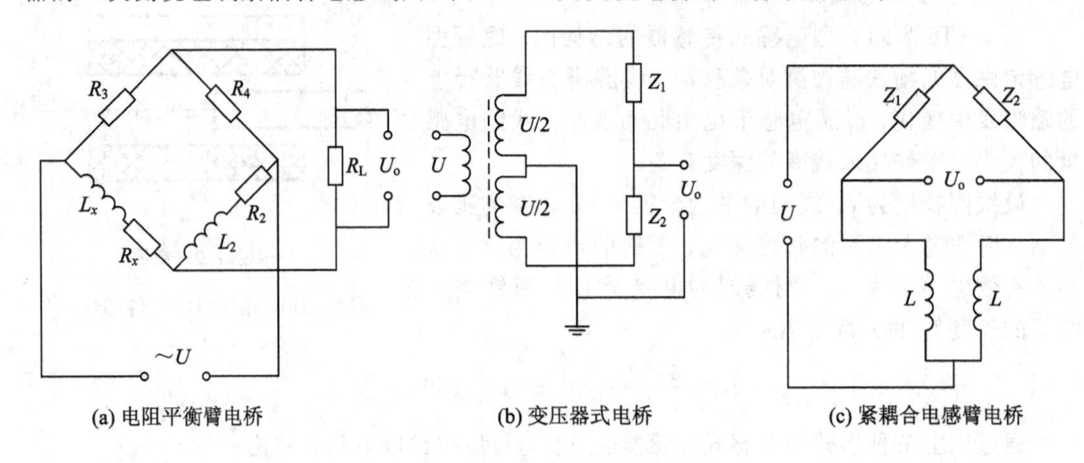

图 2-18　交流电桥的几种形式

1) 电阻平衡臂电桥

电阻平衡臂电桥如图 2-18(a)所示。Z_1、Z_2 为传感器阻抗。当 $R_1{}'=R_2{}'=R'$，$L_1=L_2+L$时，则有 $Z_1=Z_2=Z=R'+\mathrm{j}\omega L$，另有 $R_1=R_2=R$。由于电桥工作臂是差动形式，则在工作时，$Z_1=Z+\Delta Z$ 和 $Z_2=Z-\Delta Z$，当 $Z_L\to\infty$时，电桥的输出电压为

$$\dot{U}_o=\frac{Z_1}{Z_1+Z_2}U-\frac{R_1}{R_1+R_2}\dot{U}=\frac{Z_1\times 2R-R(Z_1+Z_2)}{(Z_1+Z_2)\times 2R}\dot{U}=\frac{\dot{U}}{2}\frac{\Delta Z}{Z}\qquad(2-25)$$

当 $\omega L \gg R'$ 时，上式可近似为

$$\dot{U}_{\circ} \approx \frac{U}{2}\frac{\Delta L}{L} \tag{2-26}$$

由上式可以看出，交流电桥的输出电压与传感器线圈电感的相对变化量是成正比的。

2）变压器式电桥

变压器式电桥如图 2-18(b)所示，它的平衡臂为变压器的两个二次侧绕组，当负载阻抗无穷大时输出电压为

$$\dot{U}_{\circ} = Z_2 \dot{I} - \frac{\dot{U}}{2} = \frac{\dot{U}}{Z_1 + Z_2} Z_2 - \frac{\dot{U}}{2} = \frac{\dot{U}}{2}\frac{Z_2 - Z_1}{Z_1 + Z_2} \tag{2-27}$$

由于是双臂工作形式，当衔铁下移时，$Z_1 = Z - \triangle Z$，$Z_2 = Z + \triangle Z$，则有

$$\dot{U}_{\circ} = \frac{\dot{U}}{2}\frac{\triangle Z}{Z} \tag{2-28}$$

同理，当衔铁上移时，则有

$$\dot{U}_{\circ} = -\frac{\dot{U}}{2}\frac{\Delta Z}{Z} \tag{2-29}$$

由式(2-28)和式(2-29)可见，输出电压反映了传感器线圈阻抗的变化，由于是交流信号，还要经过适当电路处理才能判别衔铁位移的大小及方向。

图 2-19 是一个采用了带相敏整流的交流电桥。差动电感式传感器的两个线圈作为交流电桥相邻的两个工作臂，指示仪表是中心为零刻度的直流电压表或数字电压表。

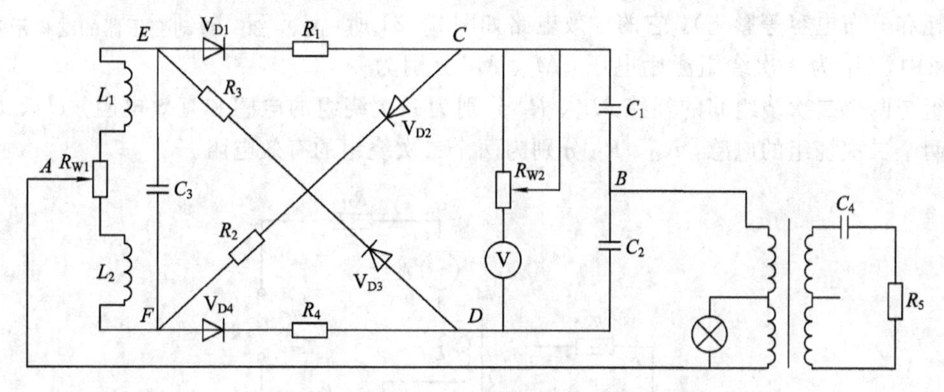

图 2-19　带相敏整流的交流电桥

设差动电感传感器的线圈阻抗分别为 Z_1 和 Z_2。当衔铁处于中间位置时，$Z_1 = Z_2 = Z$，电桥处于平衡状态，C 点电位等于 D 点电位，电表指示为零。

当衔铁上移时，上部线圈阻抗增大，$Z_1 = Z + \Delta Z$，则下部线圈阻抗减小，$Z_2 = Z - \Delta Z$。如果输入交流电压为正半周，则 A 点电位为正，B 点电位为负，二极管 V_{D1}、V_{D4} 导通，V_{D2}、V_{D3} 截止。在 $A-E-C-B$ 支路中，C 点电位由于 Z_1 增大而比平衡时的 C 点电位降低；而在 $A-F-D-B$ 支路中，D 点电位由于 Z_2 的降低而比平衡时 D 点的电位增高，所以 D 点电位高于 C 点电位，直流电压表正向偏转。

如果输入交流电压为负半周，A 点电位为负，B 点电位为正，二极管 V_{D2}、V_{D3} 导通，V_{D1}、V_{D4} 截止，则在 $A-F-C-B$ 支路中，C 点电位由于 Z_2 减小而比平衡时降低(平衡时，输入电压若为负半周，即 B 点电位为正，A 点电位为负，C 点相对于 B 点为负电位，

Z_2 减小时，C 点电位更低）；而在 $A-E-D-B$ 支路中，D 点电位由于 Z_1 的增加而比平衡时的电位增高，所以仍然是 D 点电位高于 C 点电位，电压表正向偏转。

同样可以得出结果：当衔铁下移时，电压表总是反向偏转，输出为负。

可见采用带相敏整流的交流电桥，输出信号既能反映位移大小又能反映位移的方向。

3）紧耦合电感臂电桥

该电桥如图 2-18(c)所示。它以差动电感传感器的两个线圈作电桥工作臂，而紧耦合的两个电感作为固定臂组成电桥电路。采用这种测量电路可以消除与电感臂并联的分布电容对输出信号的影响，使电桥平衡稳定，另外简化了接地和屏蔽的问题。

二、差动变压器式传感器

1. 差动变压器的工作原理

差动变压器的工作原理类似变压器的工作原理。这种类型的传感器主要包括衔铁、一次绕组和二次绕组等。一、二次绕组间的耦合能随衔铁的移动而变化，即绕组间的互感随被测位移改变而变化。由于在使用时采用两个二次绕组反向串接，以差动方式输出，所以把这种传感器称为差动变压器式电感传感器，通常简称差动变压器。图 2-20 为差动变压器的结构示意图。

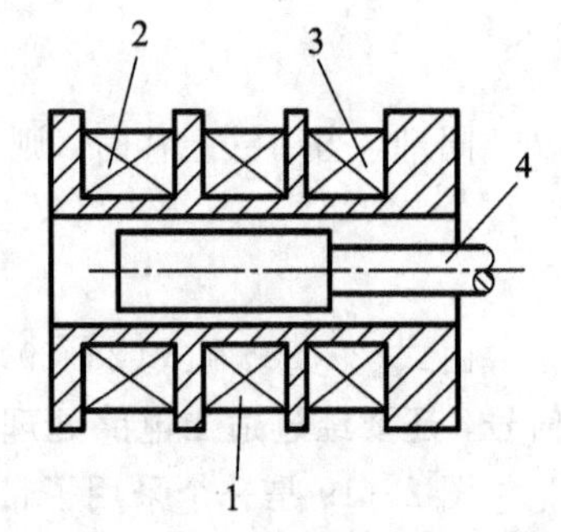

1—一级绕组；2、3—二级绕组；4—衔铁

图 2-20　差动变压器的结构示意图

差动变压器工作在理想情况下(忽略涡流损耗、磁滞损耗和分布电容等影响)，它的等效电路如图 2-21 所示。图中，U_1 为一次绕组激励电压，M_1、M_2 分别为一次绕组与两个二次绕组间的互感，L_1、R_1 分别为一次绕组的电感和有效电阻，L_{21}、L_{22} 分别为两个二次绕组的电感，R_{21}、R_{22} 分别为两个二次绕组的有效电阻。

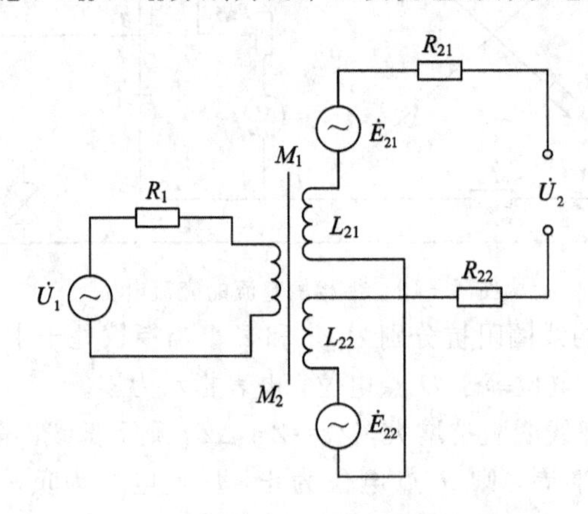

图 2-21　差动变压器的等效电路

对于差动变压器，当衔铁处于中间位置时，两个二次绕相同，因而由一次侧激励引起的感应电动势相同。由于两个二次绕组反向串接，所以差动输出电动势为零。

当衔铁移向二次绕组 L_{21} 一边时，互感 M_1 大，M_2 小，因而二次绕组 L_{21} 内感应电动势大于二次绕组 L_{22} 内感应电动势，这时差动输出电动势不为零。在传感器的量程内，衔铁移动越大，差动输出电动势就越大。

同样道理，当衔铁向二次绕组 L_{22} 一边移动时差动输出电动势仍不为零，但由于移动方向改变，所以输出电动势反相。

因此，通过差动变压器输出电动势的大小和相位可以知道衔铁位移量的大小和方向。

由图 2-21 可以看出一次绕组的电流为

$$\dot{I}_1 = \frac{\dot{U}_1}{R_1 + j\omega L_1}$$

二次绕组的感应动势为

$$\dot{E}_{21} = -j\omega M_1 \dot{I}_1,\ \dot{E}_{22} = -j\omega M_2 \dot{I}_1$$

由于二次绕组反向串接，所以输出总电动势为

$$\dot{E}_2 = -j\omega(M_1 - M_2)\frac{\dot{U}_1}{R_1 + j\omega L_1} \tag{2-30}$$

其有效值为

$$E_2 = \frac{\omega(M_1 - M_2)U_1}{\sqrt{R_1^2 + (\omega L_1)^2}} \tag{2-31}$$

差动变压器的输出特性曲线如图 2-22 所示。图中，$\dot{E}_{21}$、$\dot{E}_{22}$ 分别为两个二次绕组的输出感应电动势，$\dot{E}_2$ 为差动输出电动势，x 表示衔铁偏离中心位置的距离。其中，$\dot{E}_2$ 的实线表示理想的输出特性，而虚线部分表示实际的输出特性。$\dot{E}_0$ 为零点残余电动势，这是由于差动变压器制作上的不对称以及铁芯位置等因素所造成的。

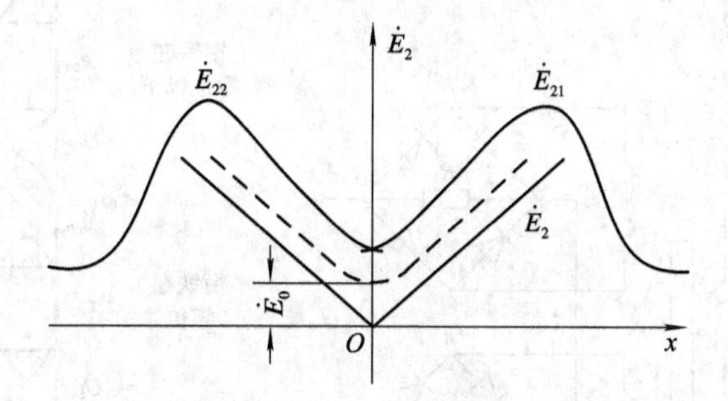

图 2-22　差动变压器的输出特性

零点残余电动势的存在，使得传感器的输出特性在零点附近不灵敏，给测量带来了误差，此值的大小是衡量差动变压器性能好坏的重要指标。

为了减小零点残余电动势，可采取以下方法：

(1) 尽可能保证传感器几何尺寸、线圈电气参数及磁路的对称。磁性材料要经过处理，消除内部的残余应力，使其性能均匀稳定。

(2) 选用合适的测量电路，如采用相敏整流电路，既可判别衔铁移动方向又可改善输出特性，减小零点残余电动势。

(3) 采用补偿线路减小零点残余电动势。图 2-23 是几种减小零点残余电动势的补偿电路。在差动变压器二次侧串、并联适当数值的电阻电容元件，当调整这些元件时，可使零点残余电动势减小。

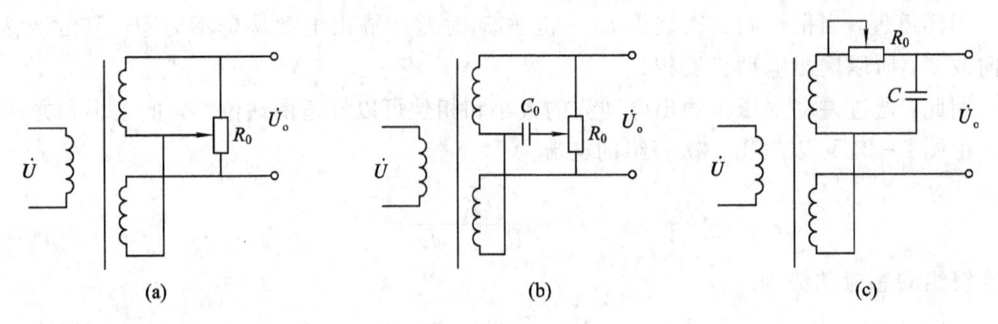

图 2-23　减小零点电路

2. 测量电路

差动变压器输出的是交流电压，若用交流模拟数字电压表测量，只能反映铁芯位移的大小，不能反映移动方向。另外，其测量值必定含有零点残余电压。为了达到能辨别移动方向和消除零点残余电压的目的，实际测量时，常常采用下面介绍的两种测量电路：差动整流电路和相敏检波电路。

1) *差动整流电路*

这种电路是把差动变压器的两个次级电压分别整流，然后将它们整流的电压或电流的差值作为输出。现以电压输出型全波差动整流电路为例来说明其工作原理。其电路连接如图 2-24(a)所示。

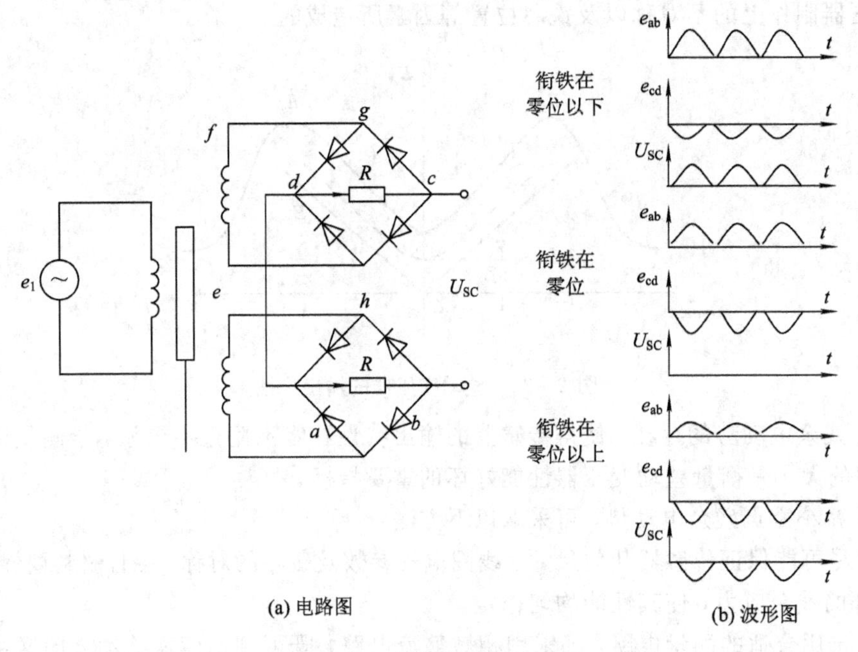

图 2-24　全波差动整流电路

由图 2-24(a)可知，无论两个次级线圈的输出瞬时电压极性如何，流经两个电阻 R 的电流总是从 a 到 b，从 d 到 c，故整流电路的输出电压为

$$\dot{U}_a = \dot{U}_{ab} + \dot{U}_{cd} = \dot{U}_{ab} - \dot{U}_{dc}$$

全波差动整流电路的波形见图 2-24(b)。当铁芯在中间位置时，$\dot{U}_O = 0$；铁芯在零位

以上或以下时，输出电压的极性相反，于是零点残余电压会自动抵消。

2）相敏检波电路

(1) 二极管相敏检波电路。

二极管相敏检波电路如图 2-25 所示。$\dot{U}_1$ 为差动变压器输入电压，$\dot{U}_2$ 为 $\dot{U}_1$ 的同频参考电压，且 $U_2 > U_1$，它们作用于相敏检波电路中的两个变压器 B_1 和 B_2。

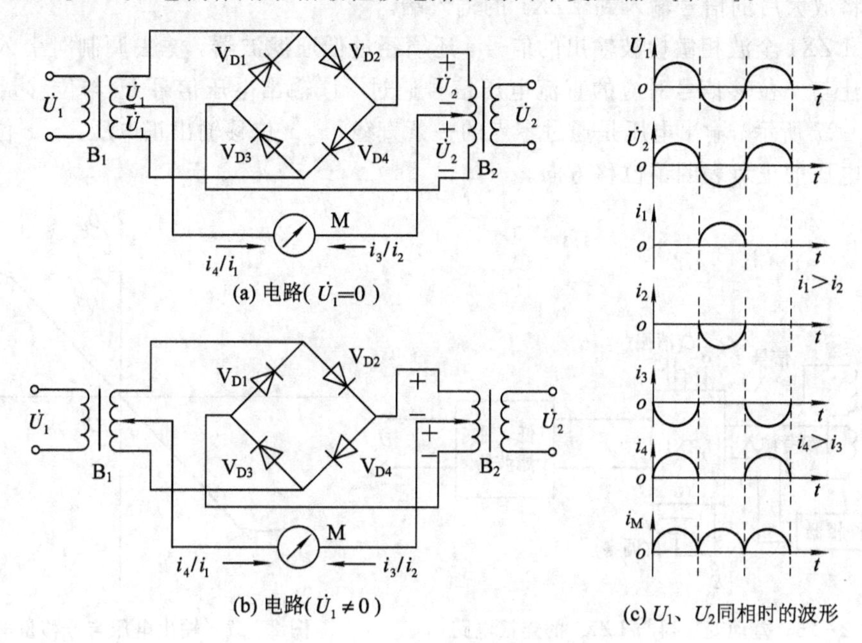

图 2-25　二极管相敏检波电路和波形

当 $\dot{U}_1 = 0$ 时，由于 $\dot{U}_2$ 的作用，在正半周时，电路中的电压极性如图 2-25(a)所示。V_{D3}、V_{D4} 处于正向偏置，电流 i_3 和 i_4 以不同方向流过电表 M，只要 $U'_2 = U''_2$，且 V_{D3}、V_{D4} 性能相同，通过电表的电流为 0，则输出为 0。在负半周时，V_{D1}、V_{D2} 导通，i_1 和 i_2 相反，输出电流为 0。

当 $\dot{U}_1 \neq 0$ 时，分两种情况来分析。

首先讨论 $\dot{U}_1$ 和 $\dot{U}_2$ 同相位的情况。在正半周时，电路中的电压极性如图 2-25(b)所示。由于 $U_2 > U_1$，V_{D3}，V_{D4} 仍然导通，但作用于 V_{D4} 两端的信号是 $(\dot{U}_2 + \dot{U}_1)$，因此 i_4 增加，而作用于 V_{D3} 两端的电压为 $(\dot{U}_2 - \dot{U}_1)$，所以 i_3 减小，则 i_M 为正。在负半周时，V_{D1}、V_{D2} 导通，此时在 $\dot{U}_1$ 和 $\dot{U}_2$ 的作用下，i_1 增加而 i_2 减小，$i_M = (i_1 - i_2) > 0$。$\dot{U}_1$ 和 $\dot{U}_2$ 同相时，各电流波形如图 2-25(c)所示。

当 $\dot{U}_1$ 和 $\dot{U}_2$ 反相时，在 $\dot{U}_2$ 为正半周，$\dot{U}_1$ 为负半周时，V_{D3} 和 V_{D4} 仍然导通，但 i_3 将增加，i_4 将减小，通过 M 的电流 i_M 不为零，而且是负的。$\dot{U}_2$ 为负半周时，i_M 也是负的。

所以，上述相敏检波电路可以由流过电表的平均电流的大小和方向来判别差动变压器的位移大小和方向。

(2) 集成化的相敏检波电路。

随着集成电路技术的发展，相继出现了各种性能的集成电路的相敏检波器，例如LZX1单片相敏检波电路，LZX1为全波相敏检波放大器，它与差动变压器的连接如图2-26所示。相敏检波电路要求参考电压和差动变压器次级输出电压同频率，相位相同或相反，因此，需要在线路中插入移相电路。如果位移量很小，差动变压器输出端还要接入放大器，将放大后的信号输入到LZX1的输入端。

通过LZX1全波相敏检波输出的信号，还须经过低通滤波器，滤去调制时引入的高频信号，只让与x位移信号对应的直流电压信号通过。该输出电压信号U_o与位移量x的关系如图2-27所示。输出电压是通过零点的一条直线，$+x$位移输出正电压，$-x$位移输出负电压。电压的正负表明了位移方向。

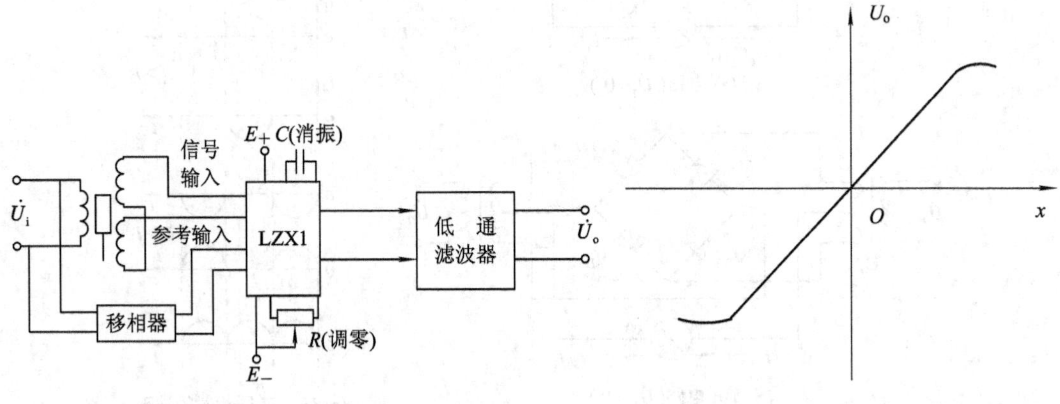

图2-26 差动变压器与LZX1的连接电路

图2-27 输出电压与位移量的关系

三、电涡流式传感器

电涡流式传感器是一种建立在涡流效应原理基础上的传感器。

电涡流式传感器可以实现非接触地测量物体表面为金属导体的多种物理量，如位移、振动、厚度、转速、应力、硬度等参数。这种传感器也可用于无损探伤。

电涡流式传感结构简单、频率响应宽、灵敏度高、测量范围大、抗干扰能力强，特别是有非接触测量的优点，因此在工业生产和科学技术的各个领域中得到了广泛的应用。

1. 电涡流式传感器的工作原理

当通过金属体的磁通量变化时，就会在导体中产生感生电流，这种电流在导体中是自行闭合的，这就是所谓的电涡流。电涡流的产生必然要消耗一部分能量，从而使产生磁场的线圈阻抗发生变化，这一物理现象称为涡流效应。电涡流式传感器是利用涡流效应，将非电量转换为阻抗的变化而进行测量的。

如图2-28所示，一个扁平线圈置于金属导体附近，当线圈中通有交变电流I_1时，线圈周围就产生一个交变磁场H_1。置于这一磁场中的金属导体将产生电涡流I_2，电涡流也将产生一个新磁场H_2，H_2与H_1方向相反，因而抵消部分原磁场，使通电线圈的有效阻抗发生变化。

一般来讲，线圈的阻抗变化与导体的电导率、磁导率、几何形状，线圈的几何参数，激励电流频率以及线圈到被测导体间的距离有关。如果控制上述参数中的一个参数改变，而其余参数恒定不变，则阻抗就成为这个变化参数的单值函数。如其他参数不变，阻抗的变化就可以反映线圈到被测金属导体间的距离大小变化。

我们可以把被测导体上形成的电涡等效成一个短路环，这样就可得到如图 2-29 所示的等效电路。图中 R_1、L_1 为传感器线圈的电阻和电感。短路环可以认为是一匝短路线圈，其电阻为 R_2、电感为 L_2。线圈与导体间存在一个互感 M，它随线圈与导体间距的减小而增大。

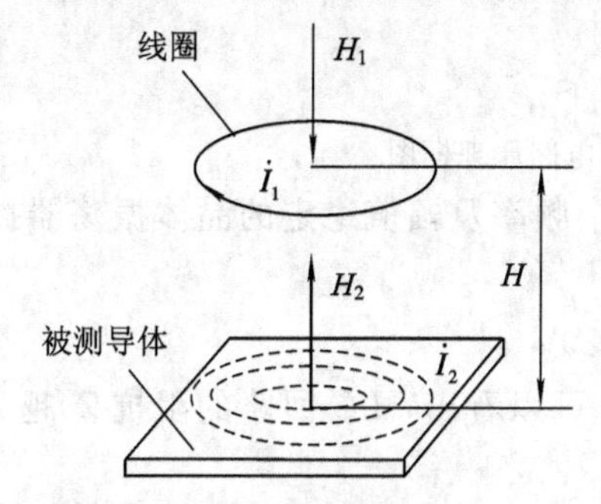

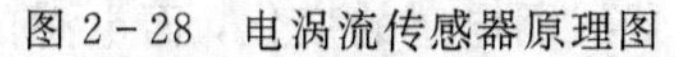
图 2-28 电涡流传感器原理图

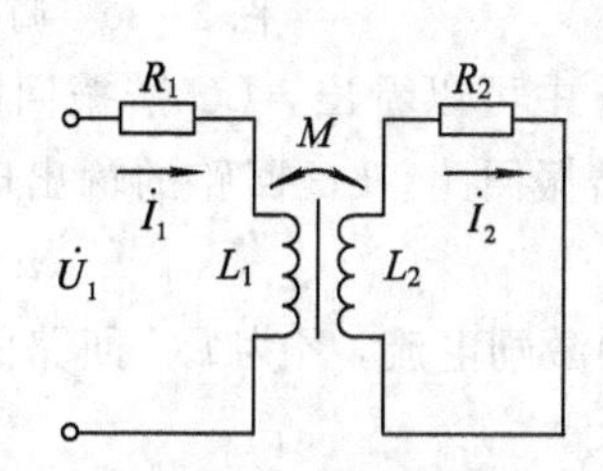

图 2-29 电涡流传感器等效电路图

根据等效电路可列出电路方程组：

$$\begin{cases} R_2\dot{I}_2 + j\omega L_2\dot{I}_2 - j\omega M\dot{I}_1 = 0 \\ R_1\dot{I}_1 + j\omega L_1\dot{I}_1 - j\omega M\dot{I}_2 = \dot{U}_1 \end{cases}$$

通过解方程组，可得 I_1、I_2。因此传感器线圈的复阻抗为

$$Z = \frac{\dot{U}}{\dot{I}} = \left[R_1 + \frac{\omega^2 M^2}{R_2^2 + (\omega L_2)^2}R_2\right] + j\left[\omega L_1 - \frac{\omega^2 M^2}{R_2^2 + (\omega L_2)^2}\omega L_2\right] \tag{2-32}$$

线圈的等效电感为

$$L = L_1 - L_2\frac{\omega^2 M^2}{R_2^2 + (\omega L_2)^2} \tag{2-33}$$

由式(2-32)和式(2-33)可以看出，线圈与金属导体系统的阻抗、电感都是该系统平行电感平方的函数。而互感是随线圈与金属导体间距离的变化而改变的。

2. 电涡流式传感器的测量电路

谐振法是将传感器线圈的等效电感的变化转换为电压或电流的变化。传感器线圈与电容并联组成 LC 并联谐振回路。

并联谐振回路的谐振频率为

$$f_0 = \frac{1}{2\pi\sqrt{LC}}$$

且谐振时回路的等效阻抗最大，即

$$Z_0 = \frac{L}{R'C}$$

式中，R' 为回路的等效损耗电阻。

当电感 L 发生变化时，回路的等效阻抗和谐振频率都将随 L 的变化而变化，因此可以利用测量回路阻抗的方法或测量回路谐振频率的方法间接测出传感器的被测值。

谐振法主要有调幅式电路和调频式电路两种基本形式。调幅式由于采用了石英晶体振荡器，因此稳定性较高，而调频式结构简单，便于遥测和数字显示。图 2 - 30 为调幅式测量电路原理框图。

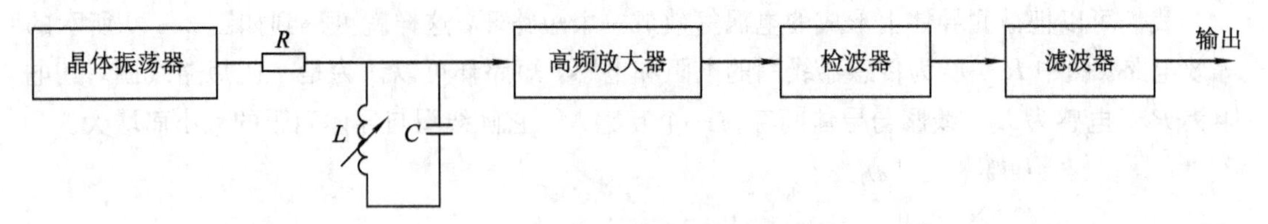

图 2 - 30　调幅式测量电路原理框图

由图 2 - 30 中可以看出，LC 谐振回路由一个频率及幅值稳定的晶体振荡器提供一个高频信号激励谐振回路。LC 回路的输出电压为

$$u = i_0 F(Z) \tag{2-34}$$

式中，i_0 为高频激励电流，Z 为 LC 回路的阻抗。可以看出，LC 回路的阻抗 Z 越大，回路的输出电压越大。

调频式测量电路的原理是被测量变化引起传感器线圈电感的变化，而电感的变化导致振荡频率发生变化。频率变化间接反映了被测量的变化。这里电涡流传感器的线圈是作为一个电感元件接入振荡器中的。

为了减小传感器输出电缆的分布电容 C_x 的影响，通常把传感器线圈 L 和调整电容 C 都封装在传感器中，这样电缆分布电容的影响并联到大电容 C_2、C_3 上，因而对谐振频率的影响大大减小了。除此之外，交流电桥也是常用的测量电路，其原理见本任务的内容一。

内容三　电容式传感器

一、电容式传感器的工作原理及结构类型

电容式传感器采用电容器作为传感元件，将不同物理量的变化转换为电容量的变化。在大多数情况下，作为传感元件的电容器是由两平行板组成的以空气为介质的电容器，有时也采用由两平行圆筒或其他形状平面组成的电容器。

电容式传感元件的各种结构如图 2 - 31 所示。设两极板相互覆盖的有效面积为 A(单位为 m^2)，两极板间的距离为 δ(单位为 m)，两极板间介质的介电常数为 ε(单位为 F/m)。当不考虑边缘电场影响时，其电容量 C 为

$$C = \frac{\varepsilon A}{\delta} \tag{2-35}$$

由式(2 - 35)可知平行板电容器的电容量是 ε、A 和 δ 的函数，即 $C=f(\varepsilon, A, \delta)$。如果保持其中两个参数不变，而改变另一个参数，那么被测量参数的改变就可由电容量 C 的改变反映出来。如将上极板固定，下极板与被测运动物体相连，当被测运动物体上下移动(d 变化)或左右移动(A 变化)时，就会引起电容的变化，通过一定的测量线路可将这种电容变化转变成电压、电流、频率等信号输出，根据输出信号的大小，即可测定运动物体位移的大小。因此，根据工作原理的不同，电容式传感器可分为变间隙式(δ 变化)、变面积式(A 变化)和变介电系数式(ε 变化)三种；按极板形状不同，则有平板形和圆柱形两种。

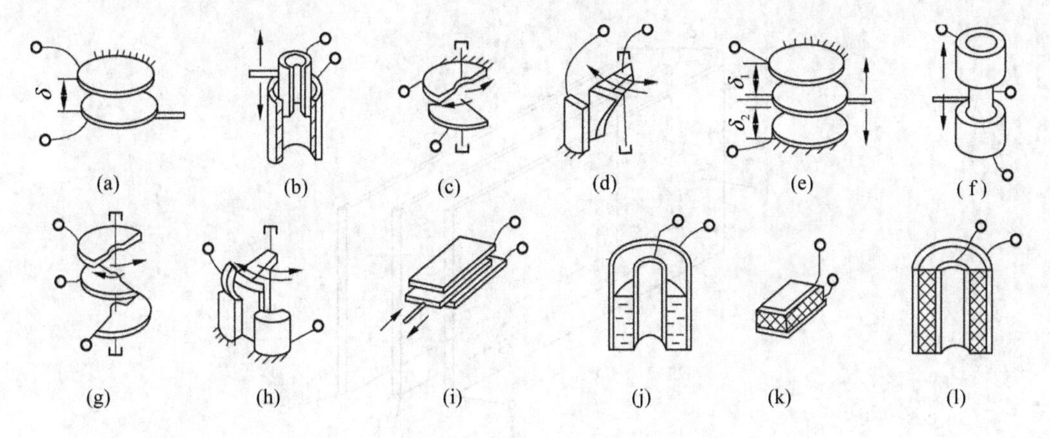

图 2-31　电容式传感元件的各种结构形式

1. 变间隙式电容传感器

图 2-32 为变间隙式电容传感器的原理图。图中 1 为固定极板，2 为与被测对象相连的活动极板，初始状态时两极板间的距离为 d。当活动极板因被测参数的改变而引起移动时，两极板间的距离发生变化，在极板面积 A 和介质介电常数不变时，电容量 C 也相应发生改变。设移动距离为 x，两极板间隙为 $\delta(\delta=d-x)$，其电容量为

$$C=\frac{\varepsilon A}{d-x}=\frac{\varepsilon A}{\delta} \tag{2-36}$$

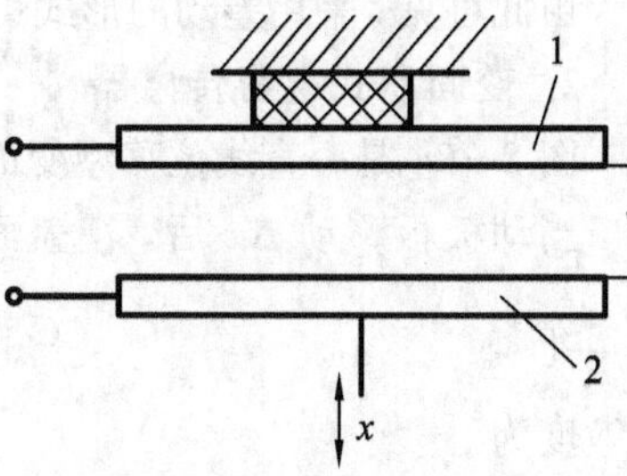

1—固定极板；2—活动极板

图 2-32　变间隙式电容传感器

由式(2-36)可以看出电容 C 与 x 呈非线性关系。灵敏度为

$$K=\frac{\Delta C}{\Delta\delta}=-\frac{\varepsilon A}{\delta^2} \tag{2-37}$$

灵敏度 K 与极距 δ 的平方成反比，极距越小，灵敏度越高。因此要提高灵敏度，应减小起始间隙 d。但 d 过小时，又容易引起击穿，同时加工精度要求也高，为此，一般在极板间放置云母、塑料膜等介电常数高的物质来改善这种情况。如云母的相对介电系数为空气的 7 倍，其击穿电压不小于 10^3 kV/mm，而空气的击穿电压仅为 3 kV/mm。一般电容式传感器的起始电容为 20～30 pF，极板距离为 25～200 μm。

实际应用中为了提高传感器的灵敏度，常采用差动式结构，如图 2-33 所示。差动式电容传感器的中间可移动电容器极板分别与两边固定的电容器极板形成两个电容器 C_1 和 C_2，平衡时两极板间的距离 $\delta_1=\delta_2=\delta$。当中间极板向一方向移动 $\Delta\delta$ 时，其中一个电容器 C_1 的电容因间隙增大而减小，而另一个电容器 C_2 的电容则因间隙的减小而增大，由式(2-34)可得电容总变化量为

$$\Delta C=C_1-C_2=-\frac{2\varepsilon A}{\delta^2}\Delta\delta \tag{2-38}$$

灵敏度为

$$K=\frac{\Delta C}{\Delta\delta}=-\frac{2\varepsilon A}{\delta^2} \tag{2-39}$$

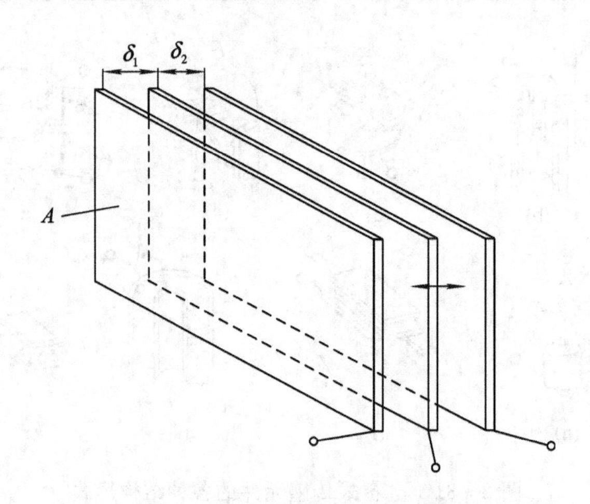

图 2-33　差动式电容传感器

由此可见，采用差动的形式可提高测量的灵敏度，还可消除外界干扰所造成的测量误差。

2. 变面积式电容传感器

图 2-34 是一直线位移型变面积式位移传感器的示意图，极板长为 b，宽为 a，极距为 d。当动极板移动 Δx 后，覆盖面积就发生变化，电容也随之改变，其值为

$$C = \frac{\varepsilon b\,(a - \Delta x)}{d} = C_0 - \frac{\varepsilon b}{d}\Delta x \tag{2-40}$$

灵敏度为

$$K = \frac{\Delta C}{\Delta x} = -\frac{\varepsilon b}{d} \tag{2-41}$$

可见，增加 b 或减小 d 均可提高传感器的灵敏度。变面积式电容传感器的灵敏度为常数，即输出与输入成线性关系。

图 2-35 为电容式角位移传感器原理图。当动极板有一角位移 θ 时，两极板间覆盖面积就发生变化，从而导致电容的变化，此时电容为

$$C = \frac{\varepsilon A\left(1 - \dfrac{\theta}{\pi}\right)}{d} = C_0 - C_0\,\frac{\theta}{\pi} \tag{2-42}$$

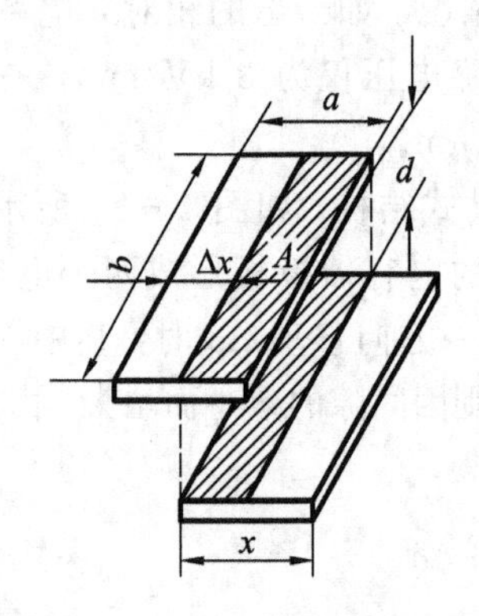

图 2-34　变面积型电容器原理图

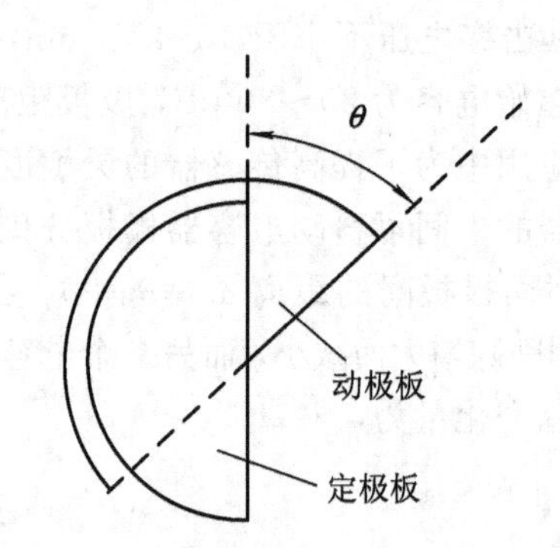

图 2-35　电容式角位移传感器原理图

从式(2-42)可以看出，传感器的电容量 C 与角位移 θ 成线性关系。

变面积式电容传感器线性度好，但其灵敏度低，一般用于较大位移的测量。为了提高灵敏度，常采用差动式结构。

3. 变介质式电容传感器

图 2-36 为变介质型电容传感器的两种形式。如图 2-36(a)所示，该电容器具有两种不同的介质，其相对介电常数分别为 ε_{r1} 和 ε_{r2}，介质厚度分别为 a_1 和 a_2，且 $a_1+a_2=a_0$，即两者之和等于两极板间距 a_0，极板面积为 A。整个装置可视为两个电容器串联而成，其总电容量 C 由两电容器的电容 C_1 和 C_2 所确定，即

$$\frac{1}{C}=\frac{1}{C_1}+\frac{1}{C_2}=\frac{1}{\varepsilon_0 A}\left(\frac{a_1}{\varepsilon_{r1}}+\frac{a_2}{\varepsilon_{r2}}\right) \tag{2-43}$$

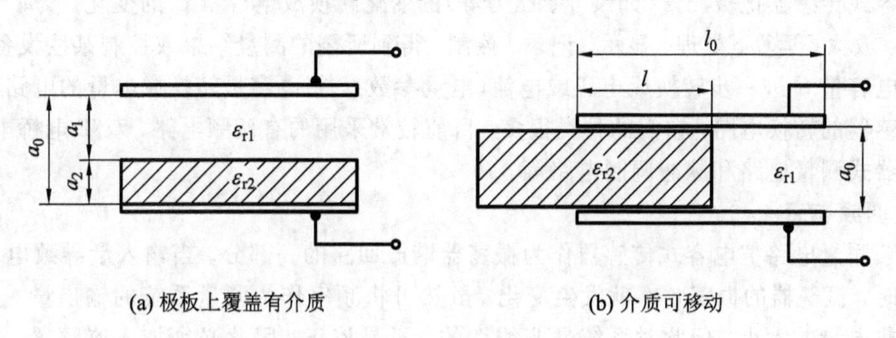

图 2-36　变介质型电容传感器

因此有

$$C=\frac{\varepsilon_0 A}{\dfrac{a_1}{\varepsilon_{r1}}+\dfrac{a_2}{\varepsilon_{r2}}} \tag{2-44}$$

一般取介质 1 为空气，其介电常数为 1，则式(2-43)变为

$$C=\frac{\varepsilon_0 A}{a_1+\dfrac{a_2}{\varepsilon_{r2}}}=\frac{\varepsilon_0 A}{a_0-a_2+\dfrac{a_2}{\varepsilon_{r2}}} \tag{2-45}$$

由式(2-46)可知，总电容量 C 取决于介电常数 ε_{r2} 及介质厚度 a_2。因此只要这两个参数中的一个为已知，即可通过上述公式求出另一个参数值。这种方法可用来对不同材料如纸、塑料膜、合成纤维等进行厚度测定。测量时让材料通过电容器两极板之间，常常是已知材料的介电常数，从而可通过被测的电容值来确定材料的厚度。

在图 2-36(b)中，介质 2 插入电容器中一定深度，这种结构相当于两电容器并联。此时总电容为

$$C=C_1+C_2=\frac{\varepsilon_0\varepsilon_{r1}b_0(l_0-l)}{a_0}+\frac{\varepsilon_0\varepsilon_{r2}b_0 l}{a_0}=\frac{\varepsilon_0 b_0}{a_0}[\varepsilon_{r1}(l_0-l)+\varepsilon_{r2}l] \tag{2-46}$$

同样，一般取介质 1 为空气，设介质全部为空气的电容器的电容为 C_0，则

$$C_0=\frac{\varepsilon_0 b_0 l_0}{a_0}$$

由介质 2 的插入所引起的电容 C 的相对变化为

$$\frac{\Delta C}{C_0}=\frac{C-C_0}{C_0}=\frac{l_0-l}{l_0}+\frac{\varepsilon_{r2}}{l_0}-1=\frac{\varepsilon_{r2}-1}{l_0}l \tag{2-47}$$

由此可见，由介质 2 的插入所引起的电容的相对变化正比于插入深度。常利用这一原理对非导电液体和松散物料的液位或填充高度进行测量。

总之，变间隙式电容传感器的灵敏度为变量，只有当被测量远小于极板间距时才可近似为常数，一般用来测量微小线位移(可小至 0.01 μm～0.1 mm)。也可用于由力、位移、振动等引起的极板间距离的变化。它灵敏度较高，易实现非接触测量，因而应用较为普遍。变面积式电容传感器的灵敏度为常数，则一般用来测量角位移或较大线位移；变介电常数式电容传感器常用于固体或液体的物位测量，也可用于测定各种介质的温度、密度等状态参数。

二、电容式传感器转换电路

电容式传感器把被测量(如尺寸、压力等)的变化转换成电容量 C 的变化。为了使信号能传输、放大、运算、处理、显示、记录、控制，得到所需的测量结果或控制某些设备工作，还需将电容量 C 进一步转换成电压或电流(电量参数)。将电容量转换成电量的电路称作电容式传感器的转换电路。它们的种类很多，目前较常采用的有调频电路、双 T 电桥电路、运算放大器式测量电路和脉冲调制电路等。

1. 调频电路

调频测量电路把电容式传感器作为振荡器谐振回路的一部分。当输入量导致电容量发生变化时，振荡器的振荡频率就发生变化。虽然可将频率作为测量系统的输出量，用以判断被测非电量的大小，但此时系统是非线性的，不易校正，因此必须加入鉴频器，将频率的变化转换为电压振幅的变化，经过放大后就可以用仪表指示或用记录仪器记录下来。

调频接收系统可以分为直放式调频和外差式调频两种类型。外差式调频线路比较复杂，但是性能远优于直放式调频电路。图 2 - 37 为调频式测量电路原理图。

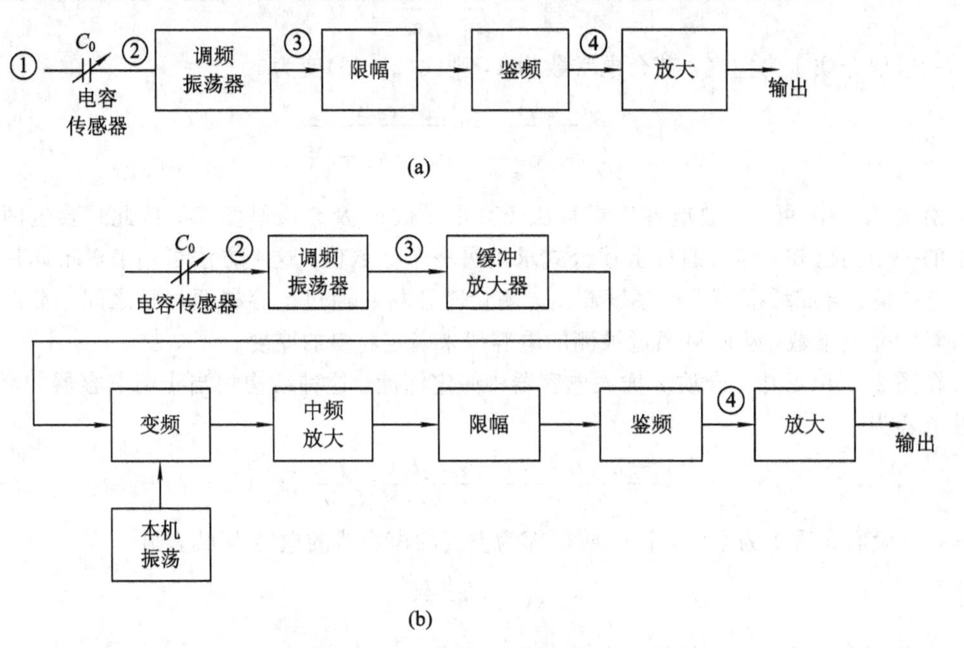

图 2 - 37　调频式测量电路原理图

图 2 - 39 中的调频振荡器的振荡频率由下式决定：

$$f=\frac{1}{2\pi\sqrt{LC}}$$

式中：L 为振荡回路的电感；C 为总电容，$C=C_1+C_0\pm\Delta C+C_2$，其中 C_1 为振荡回路的固有电容，C_2 为传感器的引线分布电容，$C_0\pm\Delta C$ 为传感器的电容。

当被测信号为 0 时，$\Delta C=0$，则 $C=C_1+C_0+C_2$，所以振荡器有一个固有频率 f_0：

$$f_0=\frac{1}{2\pi\sqrt{(C_1+C_0+C_2)L}}$$

当被测信号不为 0，即 $C\neq0$ 时，振荡频率有相应变化，此时频率为

$$f=\frac{1}{2\pi\sqrt{(C_1+C_0+C_2\pm\Delta C)L}}=f_0\pm\Delta f \tag{2-48}$$

此变化过程的波形如图 2-38 所示。

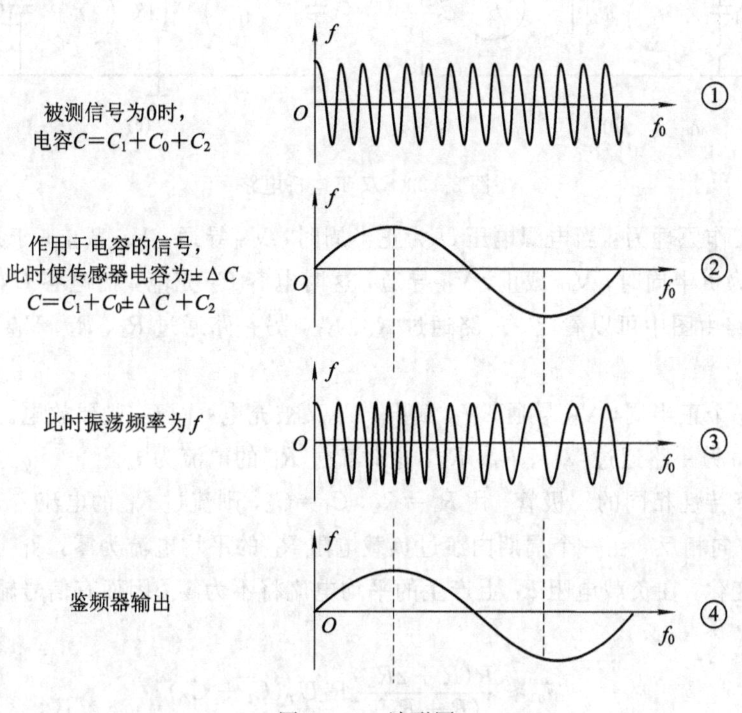

图 2-38　波形图

用调频系统作为电容传感器的测量电路主要有以下特点：

(1) 选择性好，灵敏度高；

(2) 抗外来干扰能力强；

(3) 特性稳定；

(4) 能取得高电平的直流信号(伏特数量级)；

(5) 因为是频率输出，所以易于用数字仪器和计算机接口。

2. 双 T 电桥电路

双 T 电桥电路如图 2-39 所示。图中 C_1、C_2 为差动电容式传感器的电容，对于单电容工作的情况，可以使其中一个为固定电容，另一个为传感器电容。R_L 为负载电阻，V_{D1}、V_{D2} 为理想二极管，R_1、R_2 为固定电阻。

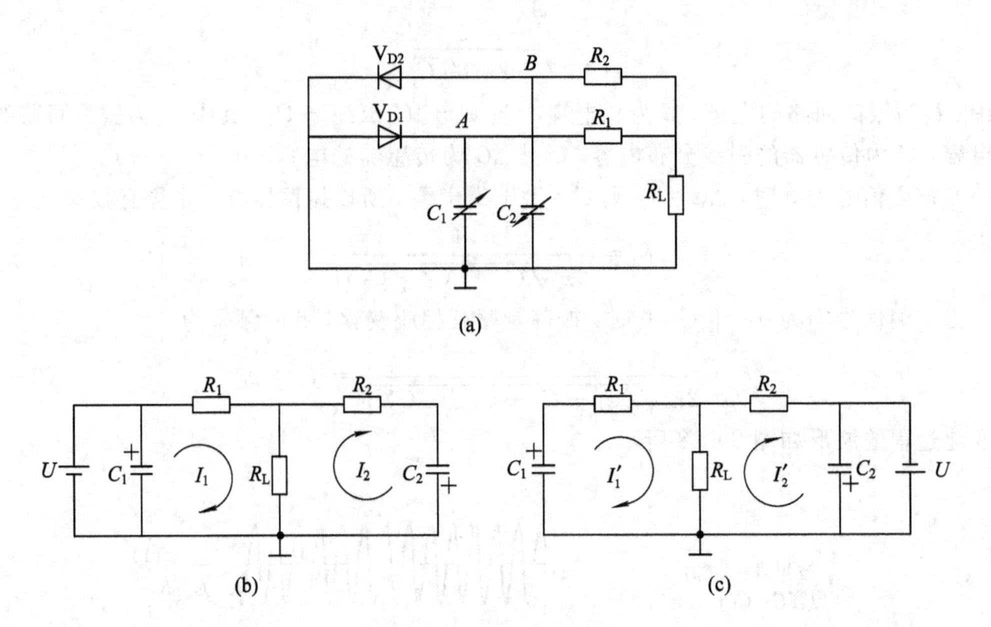

图 2-39　双 T 电桥电路

电路的工作原理为：当电源电压 U 为正半周时，V_{D1} 导通，V_{D2} 截止，于是 C_1 充电；当电源电压 U 为负半周时，V_{D1} 截止，V_{D2} 导通，这时电容 C_2 充电，而电容 C_1 则放电。电容 C_1 的放电回路由图中可以看出，一路通过 R_1、R_L，另一路通过 R_1、R_2、V_{D2}，这时流过 R_L 的电流为 i_1。

到了下一个正半周，V_{D1} 导通，V_{D2} 截止，C_1 又被充电，而 C_2 则要放电。放电回路一路通过 R_L、R_2，另一路通过 V_{D1}、R_1、R_2，这时流过 R_L 的电流为 i_2。

如果选择特性相同的二极管，用 $R_1=R_2$，$C_1=C_2$，则流过 R_L 的电流 i_1 和 i_2 的平均值大小相等，方向相反，在一个周期内渡过负载电阻 R_L 的平均电流为零，R_L 上无电压输出。若 C_1 或 C_2 变化，在负载电阻 R_L 上产生的平均电流将不为零，因而有信号输出。此时输出电压值为

$$\overline{u}_0 \approx \frac{R(R+2R_L)}{(R+R_L)^2}R_L U_f(C_1-C_2) \tag{2-49}$$

当 $R_1=R_2=R$，R_L 为已知时，则

$$\frac{R(R+2R_L)}{(R+R_L)^2}R_L = K$$

这是一个常数，故式(2-49)又可写成

$$\overline{u}_0 \approx KU_f(C_1-C_2) \tag{2-50}$$

双 T 电桥电路具有以下特点：

(1) 信号源、负载、传感器电容和平衡电容有一个公共的接地点；

(2) 二极管 V_{D1} 和 V_{D2} 工作在伏安特性的线性段；

(3) 输出电压较高；

(4) 电路的灵敏度与电源频率有关，因此电源频率需要稳定；

(5) 可以用作动态测量。

3. 运算放大器式测量电路

由于运算放大器的放大倍数非常大，而且输入阻抗 Z_i 很高，运算放大器的这一特点可以作为电容式传感器的比较理想的测量电路。电路的原理图如图 2-40 所示，图中 C_x 为电容式传感器电容，$\dot{U}_i$ 是交流电源电压，$\dot{U}_o$ 是输出信号电压，$\sum$ 是虚地点。电容式传感器跨接在高增益运算放大器的输入端与输出端之间。运算放大器的输入阻抗很高，因此可认为它是一个理想运算放大器，其输出电压为

$$\dot{U}_o = -\frac{C}{C_x}\dot{U}_i$$

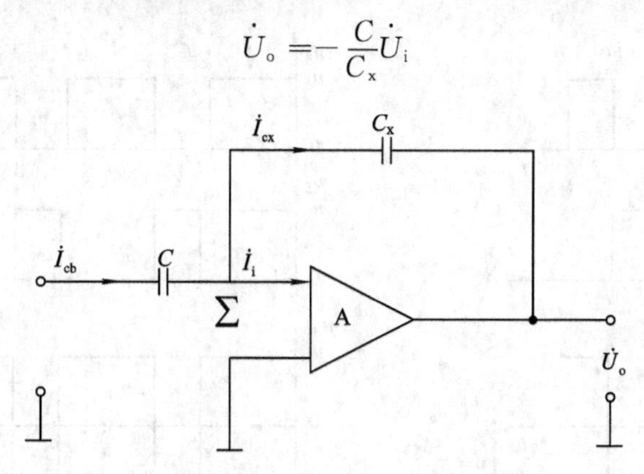

图 2-40　运算放大器式电路原理图

如果传感器是一只平板电容,可得：

$$\dot{U}_o = -\dot{U}_i \frac{C}{\varepsilon S} d \tag{2-51}$$

式中，“-”号表示输出电压 $\dot{U}_o$ 的相位与电源电压反相。

由式(2-50)可以看出，运算放大器的输出电压与极板间距离 d 呈线性关系。运算放大器式电路虽然解决了单个变极板间距离式电容传感器的非线性问题，但要求 Z_i 及放大倍数足够大。为保证仪器精度，还要求电源电压 $\dot{U}_i$ 的幅值和固定电容 C 值稳定。

4. 脉冲调制电路

图 2-41 所示为差动脉冲宽度调制电路。这种电路根据差动电容式传感器电容 C_1 和 C_2 的大小控制直流电压的通断,所得方波与 C_1 和 C_2 有确定的函数关系。线路的输出端就是双稳态触发器的两个输出端。

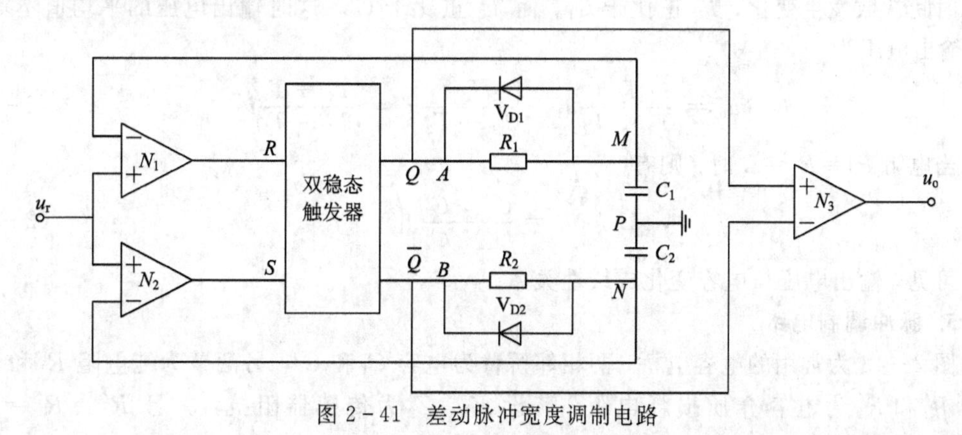

图 2-41　差动脉冲宽度调制电路

当双稳态触发器的 Q 端输出高电平时，则通过 R_1 对 C_1 充电。直到 M 点的电位等于参考电压 u_r 时，比较器 N_1 产生一个脉冲，使双稳态触发器翻转，Q 端(A)为低电平，$\bar{Q}$ 端(B)为高电平。这时二极管 V_{D1} 导通，C_1 放电至零，而同时 $\bar{Q}$ 端通过 R_2 为 C_2 充电。当 N 点电位等于参考电压 u_r 时，比较器 N_2 产生一个脉冲，使双稳态触发器又翻转一次。这时 Q 端为高电平，C_1 处于充电状态，同时二极管 V_{D2} 导通，电容 C_2 放电至零。以上过程周而复始，在双稳态触发器的两个输出端产生一宽度受 C_1、C_2 调制的脉冲方波。图 2-42 为电路上各点的波形。

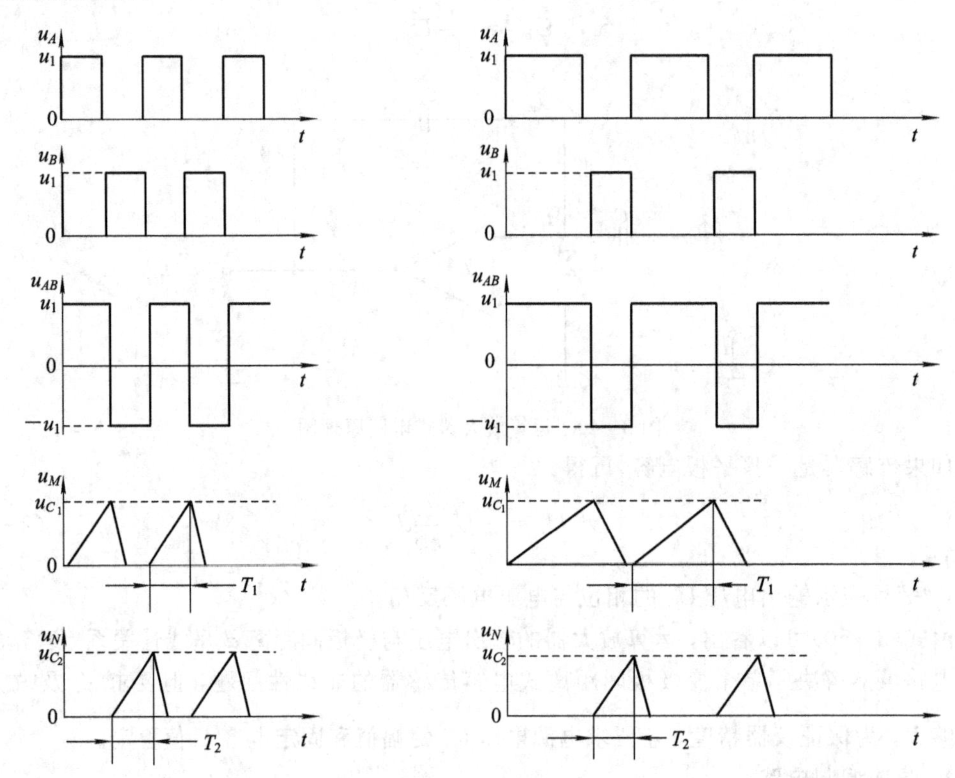

图 2-42　电压波形图

由图 2-42 看出，当 $C_1=C_2$ 时，两个电容充电时间常数相等，两个输出脉冲宽度相等，输出电压的平均值为零。当差动电容传感器处于工作状态，即 $C_1\neq C_2$ 时，两个电容的充电时间常数发生变化，T_1 正比于 C_1，而 T_2 正比于 C_2，这时输出电压的平均值不等于零。输出电压为

$$u_o=\frac{T_1}{T_1+T_2}u_1-\frac{T_2}{T_1+T_2}u_1=\frac{T_1-T_2}{T_1+T_2}u_1 \tag{2-52}$$

当电阻 $R_1=R_2=R$ 时，则有

$$u_o=\frac{C_1-C_2}{C_1+C_2}u_1 \tag{2-53}$$

可见，输出电压与电容变化成线性关系。

5. 脉冲调制电路

图 2-43 为常用的电容电桥，两相邻桥臂为电容 C_1 和 C_2，另两臂为纯电阻 R_1 和 R_2，其中 R_1' 和 R_2' 为电容介质损耗电阻。若设 Z_1、Z_2 为传感器阻抗，并且 $R_1'=R_2'=R'$，

$C_1=C_2=C$，则有

$$Z_1=Z_2=Z=R'+\frac{1}{\mathrm{j}\omega C}$$

另有 $R_1=R_2=R$。由于电桥是双臂工作，所以接入的是差动电感式传感器的两差动电感，$Z_1=Z+\Delta Z$ 和 $Z_1=Z-\Delta Z$，当负载 $Z_L\to\infty$ 时，电桥的输出电压为

$$\dot{U}_o=\frac{Z_1}{Z_1+Z_2}\dot{U}-\frac{R_1}{R_1+R_2}\dot{U}=\frac{Z_1\times 2R-R(Z_1+Z_2)}{(Z_1+Z_2)\times 2R}\dot{U}=\frac{\dot{U}}{2}\frac{\Delta Z}{Z} \tag{2-54}$$

当 $\omega L\gg R'$ 时，上式可近似为

$$\dot{U}_o\approx\frac{\dot{U}}{2}\frac{\Delta C}{C} \tag{2-55}$$

由此可以看出，交流电桥的输出电压与传感器的电容相对变化量成正比。

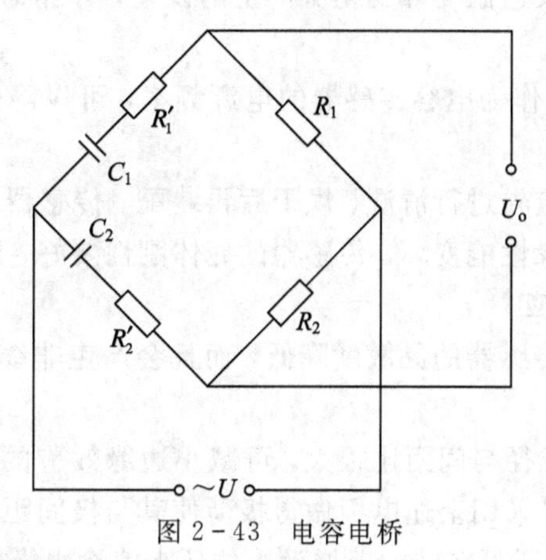

图 2-43 电容电桥

三、电容式传感器的误差分析

电容传感器所具有的高灵敏度、高精度等独特的优点是与其正确设计、正确选材以及精细的加工工艺分不开的。在设计传感器的过程中，在所要求的量程、温度和压力范围内，应尽量使其具有低成本、高精度、高分辨力、稳定可靠和好的频率响应等特点，但一般不易达到理想程度，因此经常采用折衷方案。对于电容传感器，为了发扬其优点、克服缺点，设计时可以从以下几个方面予以考虑。

1. 减小环境温度、湿度等变化所产生的误差，保证绝缘材料的绝缘性能

温度变化使传感器内各零件的几何尺寸和相互位置及某些介质的介电常数发生改变，从而改变电容传感器的电容量，产生温度误差。湿度也影响某些介质的介电常数和绝缘电阻值。因此，必须从选材、材料加工工艺等方面来减小温度等误差以保证绝缘材料具有高的绝缘性能。

电容传感器的金属电极材料以选用温度系数低的铁镍合金为好，但较难加工。也可采用在陶瓷或石英上喷镀金或银的工艺，这样电极可以做得极薄，对减小边缘效应极为有利。

传感器内电极表面不便经常清洗，应加以密封，用以防尘、防潮。若在电极表面镀以极薄的惰性金属(如铑等)层，则可代替密封件而起保护作用，可防尘、防湿、防腐蚀，并且可以在高温下减少表面损耗，降低温度系数，但成本较高。

传感器内电极的支架除要有一定的机械强度外还要有稳定的性能，因此选用温度系数

小和几何尺寸稳定性好，并具有高的绝缘电阻、低的吸潮性和高的表面电阻的材料作为支架。例如，可以采用石英、云母、人造宝石及各种陶瓷，虽然它们较难加工，但性能远高于塑料、有机玻璃等材料。在温度不太高的环境下，聚四氟乙烯具有良好的绝缘性能，选用时也可予以考虑。

尽量采用空气或云母等介电常数的温度系数近似为零的电介质作为电容传感器的电介质。若用某些液体如硅油、煤油等作为电介质，当环境温度、湿度变化时，它们的介电常数随之改变，产生误差。这种误差虽可用后接的电子电路加以补偿(如采用与测量电桥相并联的补偿电桥)，但不易完全消除。

在可能的情况下，传感器尽量采用差动对称结构，这样可以通过某些类型的电子电路(如电桥)来减小温度等误差。

可以用数学关系式来表达温度等变化所产生的误差，并作为设计依据，但这种方法比较繁琐。

选用 50 kHz 至几兆赫作为电容传感器的电源频率，可以降低对传感器绝缘部分的绝缘要求。

传感器内所有的零件应先进行清洗、烘干后再装配。传感器要密封以防止水分浸入内部而引起电容值变化和绝缘性能变坏。传感器的壳体刚性要好，以免安装时变形。

2. 消除和减小边缘效应

边缘效应不仅使电容传感器的灵敏度降低，而且会产生非线性，因此应尽量消除和减小边缘效应。

适当减小极间距，使极径与间距比很大，可减小边缘效应的影响，但易产生击穿并有可能限制测量范围。也可以采用上述电极做得极薄使其与极间距相比很小的办法来减小边缘电场的影响。除此之外，还可在结构上增设等位环来消除边缘效应，如图 2-44 所示。其中图 2-44 (a)为带有等位环的电容传感器原理图，图 2-44 (b)为其实例 JC77 型电容型测微仪中的电容传感器结构示意图。图中 2 为传感器内电极(圆形)，1 为另一电极(可以在传感器内也可以是被测物)，3 为等位环。等位环 3 安放在电极 2 外，且与电极 2 电绝缘。绝缘层 4 的厚度约 100～200 μm，随被测物最大位移的增大而适当加厚。等位环 3 与电极 2 等电位，这样就能使电极 2 的边缘电力线平直，两电极间的电场基本均匀，而发散的边

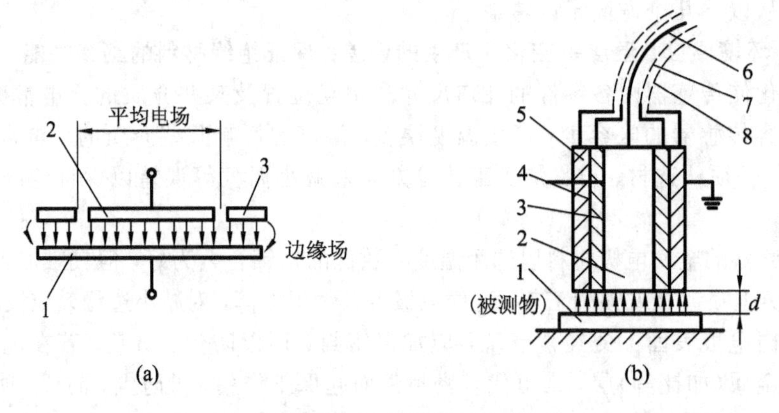

1、2—电极；3—等位环；4—绝缘层；5—套筒；6—芯线；7、8—内、外屏蔽层

图 2-44 带有等位环的平板电容传感器结构原理图

缘电场发生在等位环 3 的外周不影响工作。等位环的外面还加有套筒 5，供测量时夹持用，可接大地以防止外界电场的干扰，且与等位环 3 电绝缘。连接传感器与电路的电缆最好采用双屏蔽低电容(85 pF/m)电缆，其芯线 6 接电容传感器的电极 2，内屏蔽层 7 接等位环 3，外屏蔽层 8 接大地。

3. 消除和减小寄生电容的影响

寄生电容与传感器电容相并联，影响传感器的灵敏度。它的变化为虚假信号，影响仪器的精度，必须消除和减小它。可采用如下方法：

(1) 增加原始电容值可减小寄生电容的影响。可采用减小极板或极筒间的间距(平板式间距为 0.2～0.5 mm，圆筒式为 0.15 mm)、增加工作面积或工作长度的方法来增加原始电容值，但会受加工及装配工艺、精度、示值范围、击穿电压、结构等限制。一般电容值变化在 10^{-3}～10^{3} pF 范围内，相对值 $\Delta C/C$ 则变化在 10^{-6}～ 1 范围内。

(2) 注意传感器的接地和屏蔽。图 2-45 所示为采用接地屏蔽的圆筒形电容传感器。图中可动极筒与连杆固定在一起随被测对象移动。可动极筒与屏蔽壳之间的电容值将保持不变，从而消除了由此产生的虚假信号。电缆引线也必须屏蔽至传感器屏蔽壳内。为了减小电缆电容的影响，应尽量使用短而粗的电缆线，缩短传感器至测量电路前置级的距离。

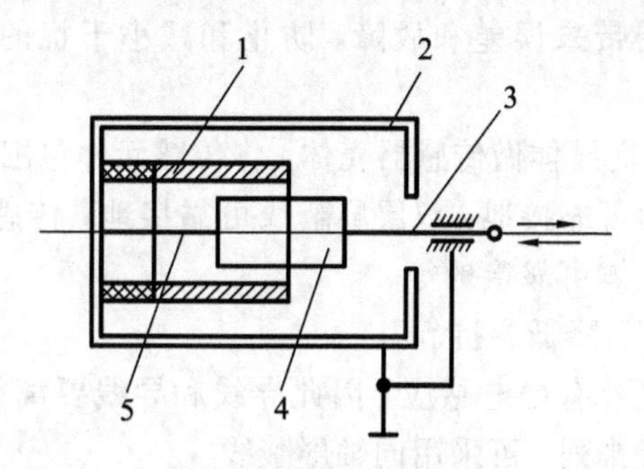

1—固定极筒；2—屏蔽壳；3—连杆；4—可动极筒；5—导杆

图 2-45　接地屏蔽圆筒形传感器示意图

(3) 将传感器和测量电路前置级装在一个壳体内。将传感器和测量电路的前置级(集成化)装在一个壳体内，可省去传感器至前置级的电缆。这样，寄生电容大为减小而且易固定不变，使仪器工作稳定。但这种传感器因电子元器件的温度漂移而不能在高温或环境差的地方使用。

(4) 采用“驱动电缆”技术(也称“双层屏蔽等位传输”技术)。当电容传感器的电容值很小，且使用环境温度又可能很高(如 500℃)，电子元器件不能承受高温而只能与传感器分开时，必须考虑消除电缆电容的影响。这时可采用“驱动电缆”技术，如图 2-46 所示。传感器与测量电路前置级间的引线为双屏蔽层电缆，其内屏蔽层与信号传输导线(即电缆芯线)通过 1∶1 放大器变为等电位，从而消除芯线与内屏蔽层之间的电容。由于屏蔽线上有随传感器输出信号变化而变化的电压，因此称为“驱动电缆”。采用这种技术可使电缆线长达 10 m 之远也不影响仪器的性能。外屏蔽层接大地(或接仪器地)用来防止外界电场的干扰。内外屏蔽层之间的电容是 1∶1 放大器的负载。1∶1 放大器是一个输入阻抗要求很高，具有容性负载、放大倍数为 1(准确度要求达 1/10000)的同相(要求相移为零)放大器。因此“驱动电缆”技术对 1∶1 放大器要求很高，电路复杂，但能保证电容传感器的电容值小于 1 pF

时，仪器仍可正常工作。

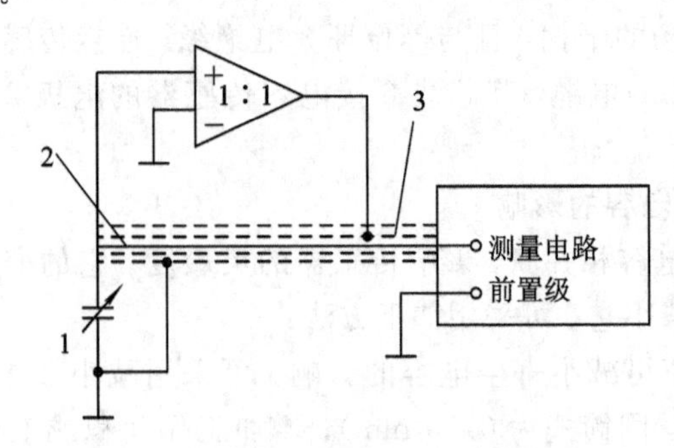

1—传感器；2—芯线；3—内屏蔽层

图 2-46 “驱动电缆”技术电路原理图

4. 防止和减小外界干扰

电容传感器是高阻抗传感元件，很易受外界干扰的影响。当外界干扰(如电、磁场）在传感器和导线之间感应出电压并与信号一起传输至测量电路时就会产生误差。干扰信号足够大时，仪器无法正常工作，甚至会被损坏。此外，接地点不同所产生的接地电压差也是一种干扰信号，会给仪器带来误差和故障。防止和减小干扰的某些措施已在上面有所讨论，现归纳如下：

(1) 屏蔽和接地。用良导体做传感器壳体，将传感元件包围起来，并可靠接地；用金属网把导线套起来，金属网可靠接地；双层屏蔽线可靠接地；传感器与测量电路前置级一起装在良好屏蔽壳体内，壳体可靠接地等。

(2) 增加原始电容值，降低容抗。

(3) 导线间的分布电容有静电感应，因此导线和导线要离得远，线要尽可能短，最好成直角排列，若必须平行排列，可采用同轴屏蔽线。

(4) 尽可能一点接地，避免多点接地。地线要用粗的良导体和宽印刷线。

5. 采用差动结构

尽量采用差动式电容传感器，可减小非线性误差、提高灵敏度、减小寄生电容的影响以及减小干扰。

内容四　压电式传感器

一、压电效应与压电材料

1. 压电效应

当某些物质沿其某一方向被施加压力或拉力时，会产生变形，此时这种材料的两个表面将产生符号相反的电荷；当去掉外力后，它又重新回到不带电状态，这种现象称为压电效应。有时人们又把这种机械能转变为电能的现象称为“顺压电效应”。反之，在某些物质的极化方向上施加电场，它会产生机械变形，当去掉外加电场后，该物质的变形随之消失，这种电能转变为机械能的现象称为“逆压电效应”。具有压电效应的电介物质称为压电材料。在自然界中，大多数晶体都具有压电效应，然而大多数晶体的压电效应都十分微弱。

随着对压电材料的深入研究，发现石英晶体、钛酸钡、锆钛酸铅等人造压电陶瓷是性能优良的压电材料。

2. 压电材料简介

压电材料可以分为两大类：压电晶体和压电陶瓷。前者为晶体，后者为极化处理的多晶体。它们都具有较好的特性：具有较大的压电常数，机械性能优良(强度高，固有振荡频率稳定)，时间稳定性好，温度稳定性也很好等，所以它们是较理想的压电材料。

(1) 压电晶体。常见的压电晶体有天然和人造石英晶体。石英晶体的化学成分为 SiO_2(二氧化硅)，压电系数 $d_{11}=2.31\times10^{-12}$ C/N。在几百摄氏度的温度范围内，其压电系数稳定不变，能产生十分稳定的固有频率 f_0，能承受 6860～9800 N/cm² 的压力，是理想的压电传感器的压电材料。

除了天然和人造石英压电材料外，还有水溶性压电晶体。它属于单斜晶系，例如酒石酸钾钠($N_aKC_4H_4O_6$- $4H_2O$)、酒石酸乙烯二铵($C_6H_4N_2O_6$) 等，还有正方晶系如磷酸二氢钾(KH_2PO_4)、磷酸二氢氨($NH_4H_2PO_4$)等。

(2) 压电陶瓷。压电陶瓷是人造多晶系压电材料。常用的压电陶瓷有钛酸钡、锆钛酸铅、铌酸盐系压电陶瓷。它们的压电常数比石英晶体高，如钛酸钡($B_aT_iO_3$)压电系数 $d_{33}=190\times10^{-12}$ C/N，但介电常数、机械性能不如石英好。由于它们品种多，性能各异，可根据它们各自的特点制作各种不同的压电传感器，这是一种很有发展前途的压电元件。

常用压电材料的性能列于表 2-1。

表 2-1　常用压电材料的性能

性能 \ 压电材料	石英	钛酸钡	锆钛酸铅 PZT-4	锆钛酸铅 PZT-5	锆钛酸铅 PZT-8
压电系数/(pC/N)	$d_{11}=2.31$ $d_{14}=0.73$	$d_{15}=260$ $d_{31}=-78$ $d_{33}=190$	$d_{15}\approx410$ $d_{31}=-100$ $d_{33}=230$	$d_{15}\approx670$ $d_{31}=-185$ $d_{33}=600$	$d_{15}=330$ $d_{31}=-90$ $d_{33}=200$
相对介电常数/ε_r	4.5	1200	1050	2100	1000
居里点温度/℃	573	115	310	260	300
密度/(10³ kg/m³)	2.65	5.5	7.45	7.5	7.45
弹性模量/(10⁹ N/m²)	80	110	83.8	117	123
机械品质因数	$10^5\sim10^6$		≥500	80	≥800
最大安全应力/(10⁵ N/m²)	95～100	81	76	76	83
体积电阻率/(Ω·m)	$>10^{12}$	10^{10}(25℃)	$>10^{10}$	10^{10}(20℃)	
最高允许温度/℃	550	80	250	250	
最高允许湿度/(%)	100	100	100	100	

3. 石英晶体的压电特性

石英晶体是单晶体结构，其形状为六角形晶柱，两端呈六棱锥形状，如图 2-47 所示。石英晶体各个方向的特性是不同的。在三维直角坐标系中，z 轴称为晶体的光轴。经过六棱柱棱线，垂直于光轴 z 的 x 轴称为电轴。把沿电轴 x 施加作用力后的压电效应称为纵向压电效应。垂直于光轴 z 和电轴 x 的 y 轴称为机械轴。把沿机械轴 y 方向的力作用下产生电荷的压电效应称为横向压电效应。沿光轴 z 方向施加作用力则不产生压电效应。

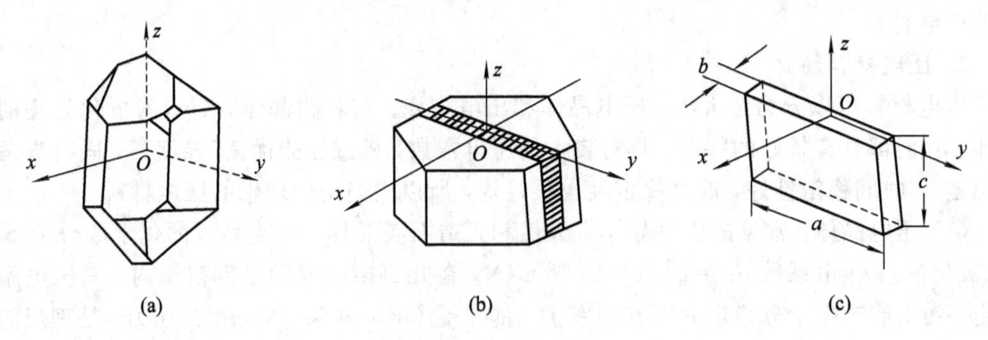

图 2-47 石英晶体

若从石英晶体上沿 y 方向切下一块如图 2-48(b)、(c)所示的晶体片，当在电轴 x 方向施加作用力时，在与电轴(x)垂直的平面上将产生电荷 q_x，其大小为

$$q_x = d_{11}F_x \tag{2-56}$$

式中，d_{11} 为 x 轴方向受力的压电系数，F_x 为作用力。

若在同一切片上，沿机械轴 y 方向施加作用力 F_y，则仍在与 x 轴垂直的平面上将产生电荷，其大小为

$$q_y = d_{12}\frac{a}{b}F_y = -d_{11}\frac{a}{b}F_y \tag{2-57}$$

式中：d_{12} 为 y 轴方向受力的压电系数，因石英轴对称，所以 $d_{12}=-d_{11}$；a、b 为晶体片的长度和厚度。

电荷 q_x 和 q_y 的符号由受压力还是拉力决定。由式(2.55)可知，q_x 的大小与晶体片几何尺寸无关，而 q_y 则与晶体片几何尺寸有关。

为了直观地了解石英晶体压电效应和各向异性的原因，将一个单元组体中构成石英晶体的硅离子和氧离子在垂直于 z 轴的 xy 平面上的投影，等效为图 2-48 中的正六边形排列。图中"⊕"代表 Si_4 离子，"⊖"代表氧离子 $2O_2$。

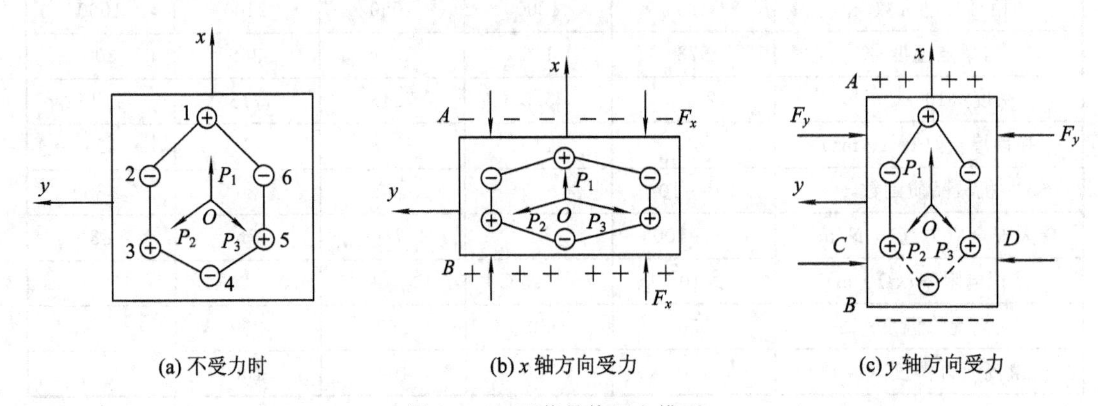

图 2-48 石英晶体压电模型

当石英晶体未受到外力作用时，带有 4 个正电荷的硅离子和带有(2×2)个负电荷的氧离子正好分布在正六边形的顶角上，形成 3 个大小相等、互成 120°夹角的电偶极矩 P_1、P_2 和 P_3，如图 2-48(a)所示。$P=ql$，q 为电荷量，l 为正、负电荷之间的距离。电偶极矩方向从负电荷指向正电荷。此时，正、负电荷中心重合，电偶极矩的矢量和等于零，即 P_1+P_2

$+P_3=0$，电荷平衡，所以晶体表面不产生电荷，即呈中性。

当石英晶体受到沿 x 轴方向的压力作用时，将产生压缩变形，正、负离子的相对位置随之变动，正、负电荷中心不再重合，如图 2-48(b)所示。硅离子 1 被挤入氧离子 2 和 6 之间，氧离子 4 被挤入硅离子 3 和 5 之间，电偶极矩在 x 轴方向的分量$(P_1+P_2+P_3)x<0$，结果 A 面呈负电荷，B 面呈正电荷；如果在 x 轴方向施加拉力，结果 A 面和 B 面上的电荷符号与图 2-48 (b)所示的相反。这种沿 x 轴施加力，而在垂直于 x 轴晶面上产生电荷的现象，即为前面所说的“纵向压电效应”。

当石英晶体受到沿 y 轴方向的压力作用时，晶体如图 2-48(c)所示变形。电偶极矩在 x 轴方向的分量 $(P_1+P_2+P_3)_x>0$，即硅离子 3 和氧离子 2 以及硅离子 5 和氧离子 6 都向内移动同样数值；硅离子 1 和氧离子 4 向 A、B 面扩伸，所以 C、D 面上不带电荷，而 A、B 面分别呈现正、负电荷。如果在 y 轴方向施加拉力，结果在 A、B 表面上产生如图 2-50 (c)所示的相反电荷。这种沿 y 轴施加力，而在垂直于 y 轴的晶面上产生电荷的现象称为“横向压电效应”。

当石英晶体在 z 轴方向受力作用时，由于硅离子和氧离子是对称平移，正、负电荷中心始终保持重合，电偶极矩在 x、y 方向的分量为零。所以表面无电荷出现，因而沿光轴(z)方向施加力，石英晶体不产生压电效应。

图 2-49 表示晶体切片在 x 轴和 y 轴方向受拉力和压力的具体情况，其中图(a)是在 x 轴方向受压力，图(b)是在 x 轴方向受拉力，图(c)是在 y 轴方向受压力，图(d)是在 y 轴方向受拉力。

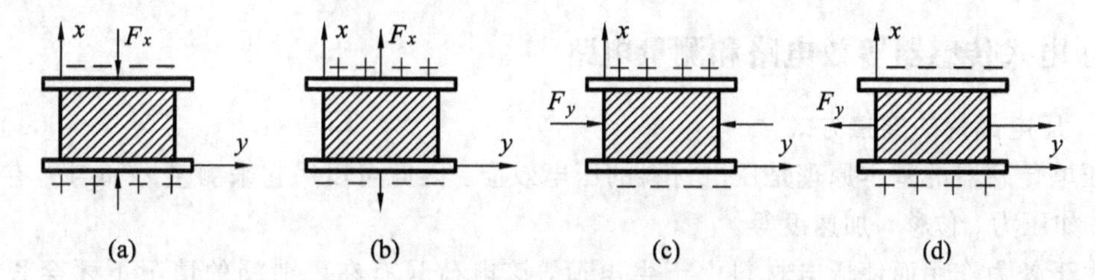

图 2-49 晶体片上电荷极性与受力方向的关系

如果在片状压电材料的两个电极面上加以交流电压，那么石英晶体片将产生机械振动，即晶体片在电极方向有伸长和缩短的现象。这种电致伸缩现象即为前述的逆压电效应。

4. 压电陶瓷的压电现象

压电陶瓷是人造多晶体，它的压电机理与石英晶体并不相同。压电陶瓷材料内的晶粒有许多自发极化的电畴。在极化处理以前，各晶粒内电畴任意方向排列，自发极化的作用相互抵消，陶瓷内极化强度为零，如图 2-50(a)所示。

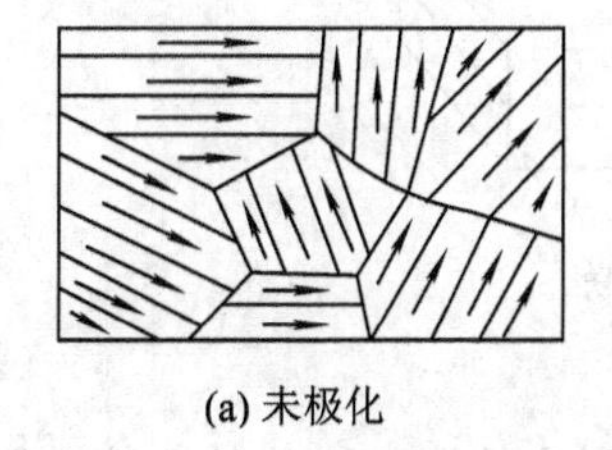

(a) 未极化

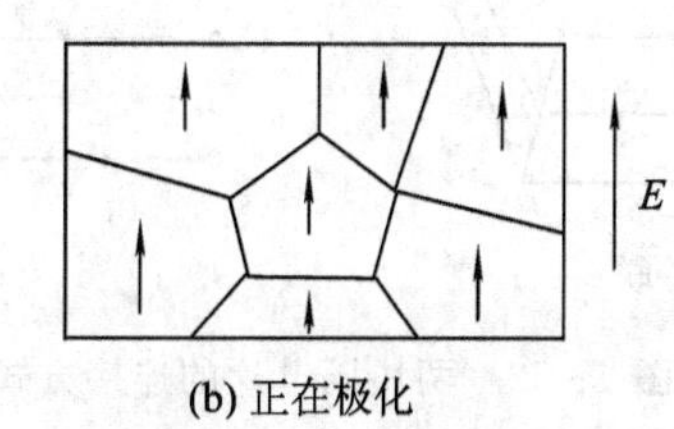

(b) 正在极化

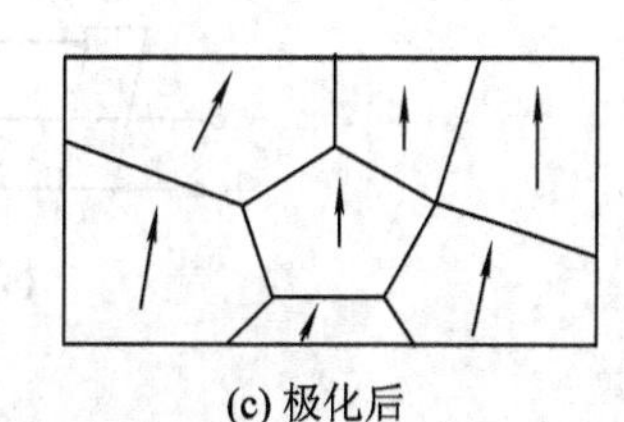

(c) 极化后

图 2-50 压电陶瓷的极化

在陶瓷上施加外电场时，电畴自发极化方向转到与外加电场方向一致，如图 2－50(b)所示。既然已极化，此时压电陶瓷具有一定极化强度。当外电场撤销后，各电畴的自发极化在一定程度上按原外加电场方向取向，陶瓷极化强度并不立即恢复到零，如图 2－50(c)所示，此时存在剩余极化强度。同时陶瓷片极化的两端出现束缚电荷，一端为正，另一端为负，如图 2－51 所示。由于束缚电荷的作用，在陶瓷片的极化两端很快吸附一层来自外界的自由电荷，这时束缚电荷与自由电荷数值相等，极性相反，因此陶瓷片对外不呈现极性。

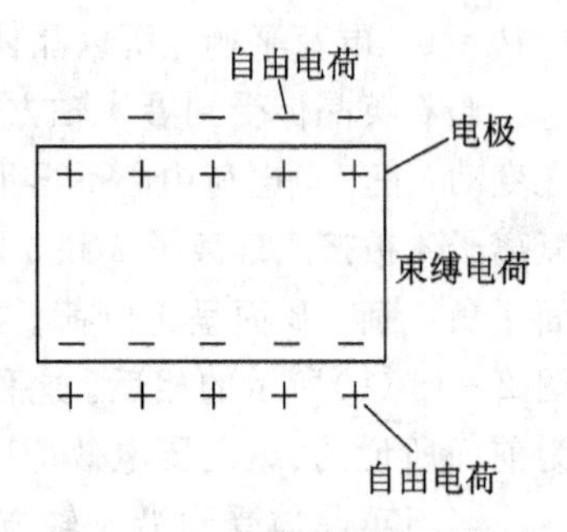

图 2－51　束缚电荷和自由电荷排列的示意图

如果在压电陶瓷片上加一个与极化方向平行的外力，则陶瓷片产生压缩变形，片内的束缚电荷之间距离变小，电畴发生偏转，极化强度变小，因此吸附在其表面的自由电荷有一部分被释放而呈现放电现象。

当撤销压力时，陶瓷片恢复原状，极化强度增大，因此又吸附一部分自由电荷而出现充电现象。

这种因受力而产生的机械效应转变为电效应，将机械能转变为电能的现象就是压电陶瓷的正压电效应。放电电荷的多少与外力成正比关系，即

$$q = d_{33}F \tag{2-58}$$

式中，d_{33}为压电陶瓷的压电系数，F为作用力。

二、压电式传感器等效电路和测量电路

1. 压电晶片的连接方式

压电传感器的基本原理是压电材料的压电效应。因此可以用它来测量力和与力有关的参数，如压力、位移、加速度等。

由于外力作用而使压电材料上产生电荷，该电荷只有在无泄漏的情况下才会长期保存，因此需要测量电路具有无限大的输入阻抗，而实际上这是不可能的，所以压电传感器不宜作静态测量，只能在其上加交变力，电荷才能不断得到补充，可以供给测量电路一定的电流，故压电传感器只宜作动态测量。

制作压电传感器时，可采用两片或两片以上具有相同性能的压电晶片粘贴在一起使用。由于压电晶片有电荷极性，因此接法有并联和串联两种，如图 2－52 所示。

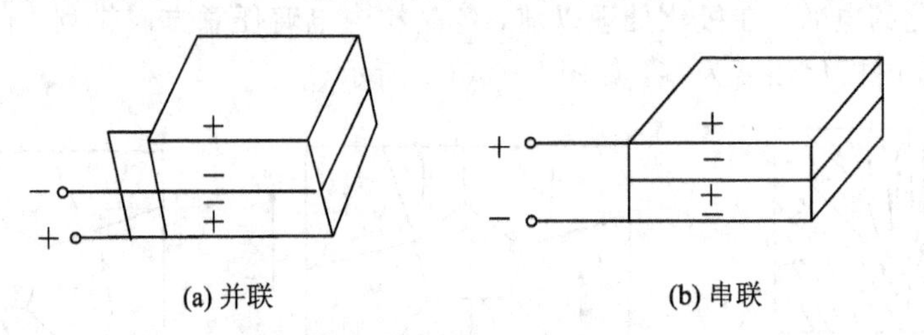

图 2－52　两块压电片的连接方式

并联连接式压电传感器的输出电荷 C' 和极板上的电荷 q' 分别为单块晶体片的 2 倍，而输出电压 U' 与单片上的电压相等。即

$$q' = 2q,\quad C' = 2C,\quad U' = U \tag{2-59}$$

串联时，输出总电荷 q' 等于单片上的电荷，输出电压为单片电压的 2 倍，总电容应为单片的 1/2。即

$$q' = 2,\quad U' = 2U,\quad C' = \frac{C}{2} \tag{2-60}$$

由此可见，并联接法虽然输出电荷大，但由于本身电容亦大，故时间常数大，只适宜测量慢变化信号，并以电荷作为输出的情况。串联接法输出电压高，本身电容小，适宜于测量快变化信号，且以电压输出的信号和测量电路输入阻抗很高的情况。

在制作和使用压电传感器时，要使压电晶片有一定的预应力。这是因为压电晶片在加工时即使磨得很光滑，也难保证接触面的绝对平坦，如果没有足够的压力，就不能保证全面的均匀接触。因此，事先要给晶片一定的预应力，但该预应力不能太大，否则将影响压电传感器的灵敏度。

压电传感器的灵敏度在出厂时已作了标定，但随着使用时间的增加会有些变化，其主要原因是性能发生了变化。实验表明，压电陶瓷的压电常数随着使用时间的增加而减小。因此为了保证传感器的测量精度，最好每隔半年进行一次灵敏度校正。石英晶体的长期稳定性很好，灵敏度不变，故无需校正。

2. 压电传感器的等效电路

当压电晶体片受力时，在晶体片的两表面上聚集等量的正、负电荷，晶体片的两表面相当于一个电容的两个极板，两极板间的物质等效于一种介质，因此，压电片相当于一只平行板介质电容器，参见图 2-53。其电容量为

$$C_e = \frac{\varepsilon A}{d} \tag{2-61}$$

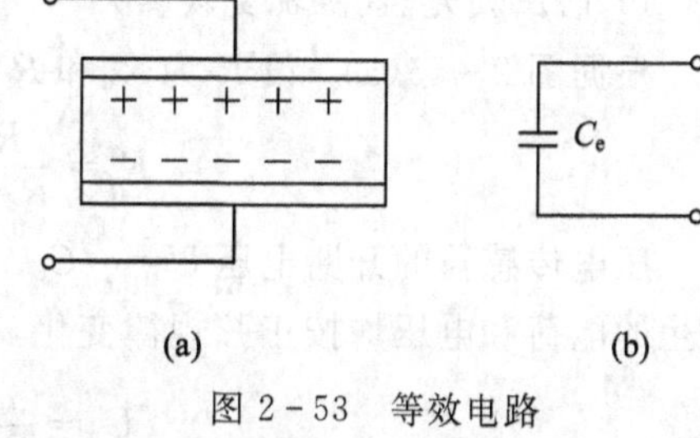

图 2-53　等效电路

式中，A 为极板面积，d 为压电片厚度，ε 为压电材料的介电常数。

所以，可以把压电传感器等效为一个电压源 $U=q/C_e$ 和一只电容 C_e 串联的电路，如图 2-54(a)所示。由图可知，只有在外电路负载无穷大，且内部无漏电时，受力产生的电压 U 才能长期保持不变；如果负载不是无穷大，则电路就要以时间常数 $R_L C_e$ 按指数规律放电。压电式传感器也可以等效为一个电荷源与一个电容并联电路，此时，该电路被视为一个电荷发生器，如图 2-54 (b)所示。

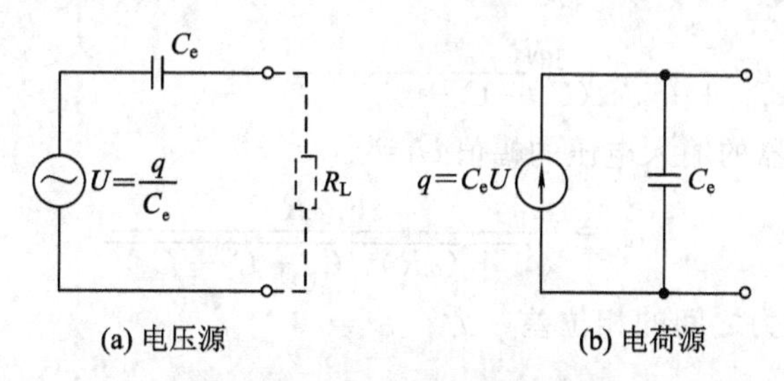

图 2-54　压电式传感器的等效电路

压电传感器在实际使用时，总是要与测量仪器或测量电路相连接，因此，还必须考虑连接电缆的等效电容 C_c、放大器的输入电阻 R_i 和输入电容 C_i，这样压电式传感器在测量

系统中的等效电路时就如图 2-55 所示。图中 C_e、R_d分别为传感器的电容和漏电阻。

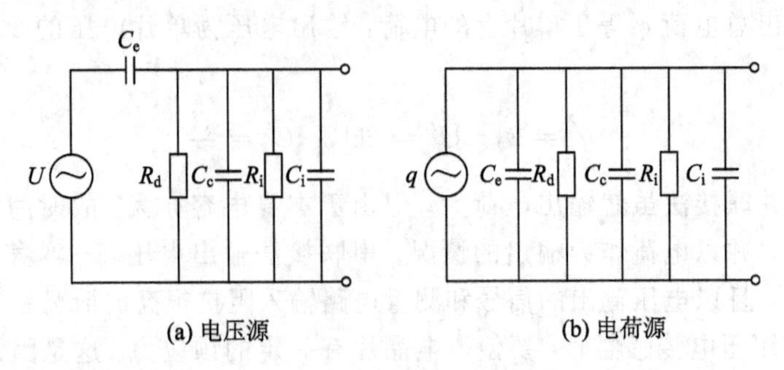

图 2-55　压电传感器在测量系统中的等效电路

3. 压电传感器的测量电路

为了保证压电传感器的测量误差小到一定程度，则要求负载电阻 R_L 要大到一定数值，才能使晶体片上的漏电流相应变小。因此，在压电传感器输出端要接入一个输入阻抗很高的前置放大器，然后再接入一般的放大器。其目的一是放大传感器输出的微弱信号，二是将它的高阻抗输出变换为低阻抗输出。

根据前面的等效电路，它的输出可以是电压，也可以是电荷，因此，前置放大器也有两种形式：电压放大器和电荷放大器。

1）电压放大器(阻抗变换器)

根据图 2-55(a)，设 R 为 R_d和 R_i的并联等效电阻，C 为 C_c和 C_i的并联等效电容，则

$$R=\frac{R_dR_i}{R_d+R_i},\quad C=C_c+C_i \tag{2-62}$$

压电传感器的开路电压 $U=q/C_e$，若压电元件沿电轴方向施加交变力 $F=F_m\sin\omega t$，则产生的电荷和电压均按正弦规律变化，其电压为

$$U=\frac{q}{C_e}=\frac{dF}{C_e}=\frac{dF_m}{C_e}\sin\omega t \tag{2-63}$$

电压的幅值 $U_m=dF_m/C_e$，送到放大器输入端的电压为

$$U_i=\frac{dF}{C_e}\frac{1}{\dfrac{1}{j\omega C_e}+\dfrac{\frac{1}{j\omega C}R}{\frac{1}{j\omega C}+R}}\frac{\frac{1}{j\omega C}R}{\frac{1}{j\omega C}+R}=dF\frac{j\omega R}{1+j\omega R(C_e+C)}$$

$$=dF\frac{j\omega R}{1+j\omega R(C_e+C_i+C_c)} \tag{2-64}$$

因此，前置放大器的输入电压的幅值 U_{im}为

$$U_{im}=\frac{dF_m\omega R}{\sqrt{1+(\omega R)^2(C_e+C_i+C_e)^2}} \tag{2-65}$$

输入电压和作用力之间的相位差 φ 为

$$\varphi=\frac{\pi}{2}-\arctan\omega(C_e+C_i+C_e)R \tag{2-66}$$

在理想情况下，传感器的绝缘电阻 R_d 和前置放大器的输入电阻 R_i 都为无限大，即 $(\omega R)^2(C_e+C_i+C_c)^2\gg1$，也无电荷泄漏。那么，由式(2-65)可知，在理想情况下，前置放

大器的输入电压的幅值 U_{am} 为

$$U_{am}=\frac{dF_m}{C_e+C_i+C_c} \tag{2-67}$$

它与实际输入电压 U_{im} 之幅值比为

$$\frac{U_{im}}{U_{am}}=\frac{\dfrac{dF_m\omega R}{\sqrt{1+(\omega R)^2(C_e+C_i+C_c)^2}}}{\dfrac{dF_m}{C_e+C_i+C_c}}=\frac{\omega R(C_e+C_i+C_c)}{\sqrt{1+(\omega R)^2(C_e+C_i+C_c)^2}}=\frac{\dfrac{\omega}{\omega_1}}{\sqrt{1+\left(\dfrac{\omega}{\omega_1}\right)^2}} \tag{2-68}$$

式中

$$\omega_1=\frac{1}{R(C_e+C_i+C_c)}=\frac{1}{\tau},\ \tau=R(C_e+C_i+C_c)$$

为测量回路的时间常数。从而相角的表示为

$$\varphi=\frac{\pi}{2}-\arctan\left(\frac{\omega}{\omega_1}\right) \tag{2-69}$$

由式(2-68)和式(2-69)得到电压幅值比和相角与频率比的关系曲线，如图2-56所示。当作用于压电元件上的力为静态力($\omega=0$)时，则前置放大器的输入电压等于0。因为电荷会通过放大器输入电阻和传感器本身的漏电阻漏掉，所以压电传感器不能用于静态测量。

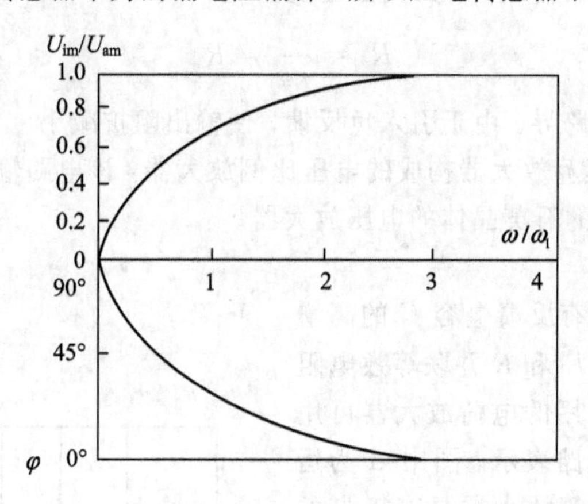

图2-56　电压幅值比以及相角与频率比的关系曲线

当 $1<\dfrac{\omega}{\omega_1}<3$，即 $1<\omega\tau<3$ 时，前置放大器输入电压 U_{am} 随频率变化不大。

当 $\dfrac{\omega}{\omega_1}\gg 3$ 时，可近似认为输入电压与作用力的频率无关，即说明压电传感器的高频响应比较好，所以它常用于高频交变力的测量，而且相当理想。

图2-57(a)给出了一个电压放大器的具体电路。它具有很高的输入阻抗(≫1000 MΩ)和很低的输出阻抗(<100 Ω)，因此使用该阻抗变换器可将高内阻的压电传感器与一般放大

器匹配。BG_1为MOS场效应管，作阻抗变换，$R_3 \geqslant 100\ M\Omega$；$BG_2$管对输入端形成负反馈，以进一步提高输入阻抗。$R_4$既是$BG_1$的源极接地电阻，又是$BG_2$的负载电阻，$R_4$上的交变电压通过$C_2$反馈到场效应管$BG_1$的输入端，使$A$点电位提高，保证较高的交流输入阻抗。由$BG_1$构成的输入级，其输入阻抗为

$$R_i = R_3 + \frac{R_1 R_2}{R_1 + R_2} \tag{2-70}$$

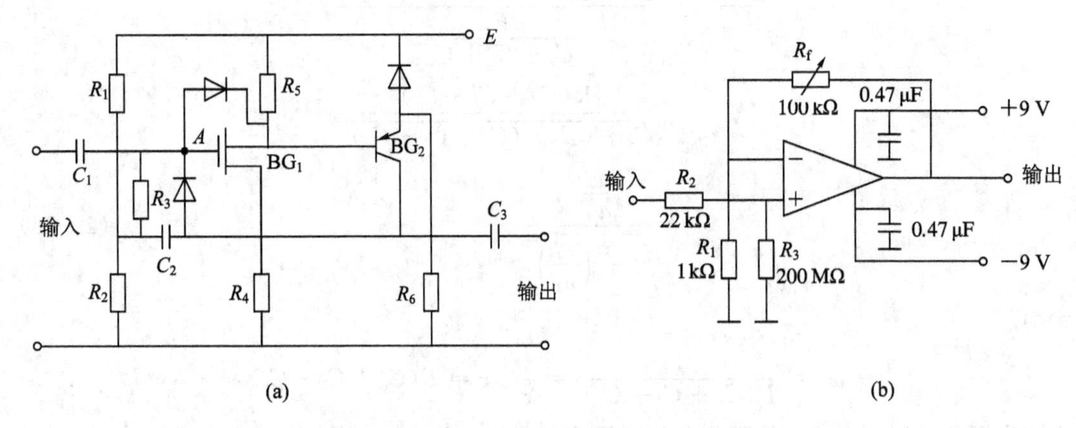

图2－57　电压放大器

引入BG_2，构成第二级对第一级负反馈后，其输入阻抗为

$$R_{if} = \frac{R_i}{1 - A_u} \tag{2-71}$$

式中，A_u是BG_1源极输出器的电压增益，其值接近1。因此R_{if}可以提高到几百至几千兆欧。由BG_1所构成的源极输出器，其输出阻抗为

$$R_o = \frac{1}{g_m} /\!/ R_4 \tag{2-72}$$

式中，g_m为场效应管的跨导。由于引入负反馈，使输出阻抗减小。

图2－57(b)是由运算放大器构成的电压比例放大器，该电路输入阻抗极高，输出电阻很小，是一种比较理想的石英晶体的电压放大器。

2）电荷放大器

电荷放大器是一个有反馈电容C_f的高增益运算放大器。当略去R_d和R_i并联等效电阻R后，压电传感器常使用的电荷放大器可用图2－58所示的等效电路表示。图中A为运算放大器增益。由于运算放大器具有极高的输入阻抗，因此放大器的输入端几乎没有分流。

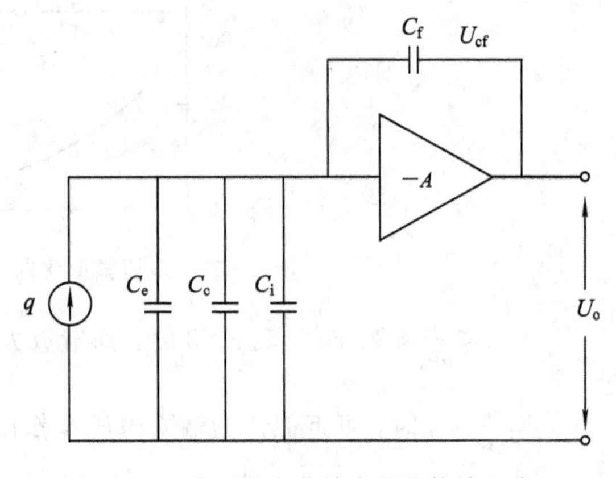

图2－58　常用的电荷放大器的等效电路

电荷q只对反馈电容C_f充电，充电电压接近放大器的输出电压，即

$$U_o \approx U_{cf} = -\frac{q}{C_f} \tag{2-73}$$

式中，U_o为放大器的输出电压，U_{cf}为反馈电容两端的电压。

由运算放大器的基本特性，可求出电荷放大器的输出电压为

$$U_o = \frac{-Aq}{C_e + C_c + C_i(1-A)C_f} \tag{2-74}$$

当 $A \gg 1$，且满足 $(1+A)C_f > 10(C_e + C_c + C_i)$ 时，就可认为 $U_o \approx -q/C_f$。可见电荷放大器的输出电压 U_o 和电缆电容 C_c 无关且与 q 成正比，这是电荷放大器的最大特点。

由于电压放大器的输出电压随传感器输出电缆的电容而变化，所以在实际测量中，主要使用电荷放大器。图 2-59 给出了一个实用的电荷放大器电路。

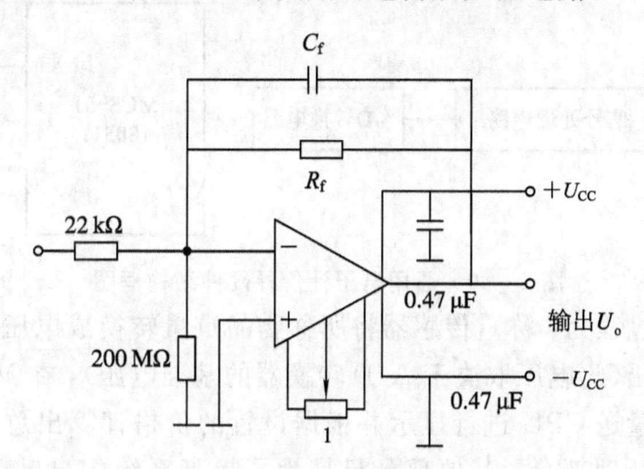

图 2-59 电荷放大器的实用电路

要注意的是，这两种放大器电路的输入端都应加过载保护电路；否则，在传感器过载时，会产生过高的输出电压。

任务二 电子称重装置

在工业生产、科学研究及日常生活等各个领域中，压力是需要检测的重要参数之一，它直接影响产品的质量，又是生产过程中一个重要的安全指标。力传感器主要有电阻式、电容式和电感式等，本任务将通过几种压力传感器的具体应用实例来学习压力传感器的原理、特性、参数、应用电路的调试及使用注意事项等。

内容一 工作原理

知识目标：

(1) 电阻应变片的组成、结构等基本特性；

(2) 电阻压力传感器的工作原理；

(3) 各种桥式电路的特点以及电路补偿原理。

能力目标：

通过对压力传感器应用电路的分析、制作与调试，掌握压力传感器的工作原理及选型。

任务目标：

设计一简易电子秤，称重范围为 0～5 kg，精度为 110 g，重量采用 10 V 的电压表显示。

【项目分析】

电子秤在工业生产、商场零售等行业已随处可见。在城市商业领域，电子计价称已取代传统的杆秤和机械案秤。

市场上通用的电子计价称的硬件电路通常以单片机为核心，结合称重传感器、信号处理电路、A/D 转换电路、键盘电路及显示器组成，其硬件组成如图 2－60 所示。

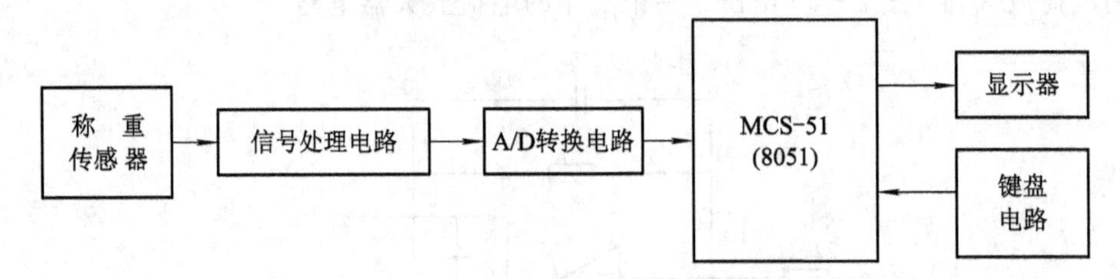

图 2－60　通用电子计价秤硬件结构框图

系统的基本工作过程为：称重传感器将所称物品重量转换成电压信号，经信号处理电路处理成比较高的电压(此电压取决于 A/D 转换器的基准电压)，在 MCU 的控制下由A/D 转换电路转换成数字量送 CPU 进行显示并根据设置的价格计算出总金额。整个系统的重点在于传感器和信号处理部分，其他部分只是为了提高系统的自动化水平及人机交互界面，所以本任务主要讨论传感器及信号处理电路。

传感器是整个系统的重量检测部分，常用的电阻式称重传感器主要有悬臂梁式、双剪切梁式、S 型拉压式及柱式力传感器，如图 2－61 所示。当称重传感器受外力 F 作用时，四个粘贴在变形较大的部位的电阻应变片将产生形变，其电阻值随之变化。当外载荷改变时，由四个电阻应变片组成的电桥输出电压与外加载荷成正比。表 2－2 给出了某称重传感器的技术参数。

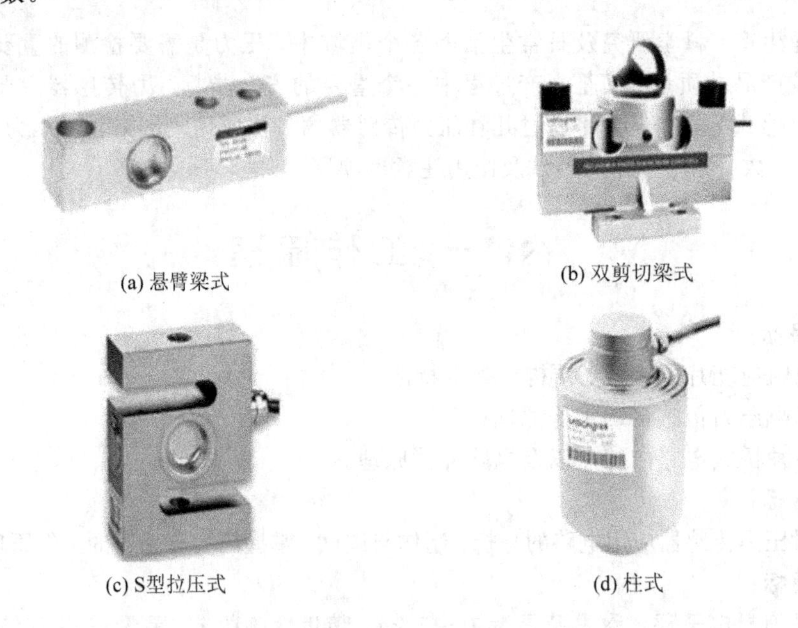

(a) 悬臂梁式　(b) 双剪切梁式

(c) S型拉压式　(d) 柱式

图 2－61　常见电子秤用传感器外形图

表 2-2　称重传感器的技术参数

技术参数	单位/信号	数值/材料/接线方式
额定载荷(R.C)	kg	3，6，10，20，30
建议台面尺寸	mm	300×300
额定输出(R.O.)	mV/V	2±0.2
零点平衡	mV/V	±0.04
综合误差	%R.O.	±0.02
非线性	%R.O.	±0.02
滞后	%R.O.	±0.02
重复性	%R.O.	±0.017
蠕变(30分钟)	%R.O.	±0.02
正常工作温度范围	℃	-10～+40
允许工作温度范围	℃	-20～+70
温度对灵敏度影响	%R.O./10℃	±0.02
温度对零点影响	%R.O./10℃	±0.02
推荐激励电压	VDC	10
最大激励电压	VDC	15
输入阻抗	Ω	410±10
输出阻抗	Ω	350±3
绝缘阻抗	MΩ	>5000
安全过载	%R.C.	150
权限过载	%R.C.	200
弹性元件材料		铝合金
防护等级		IP65
电缆线长度	m	0.4
接线方式	激励	红：+　黑：-
	信号	绿：+　白：-

由表中参数可以看出，传感器的灵敏度为 2 mV/V，即当电源电压为 10 V、所加重量为 5 kg 时，其输出电压为 100 mV，电压幅度太小，必须经处理后才能进行显示或送 A/D 转换器转换。

简易电子秤的电路图如图 2-62 所示。

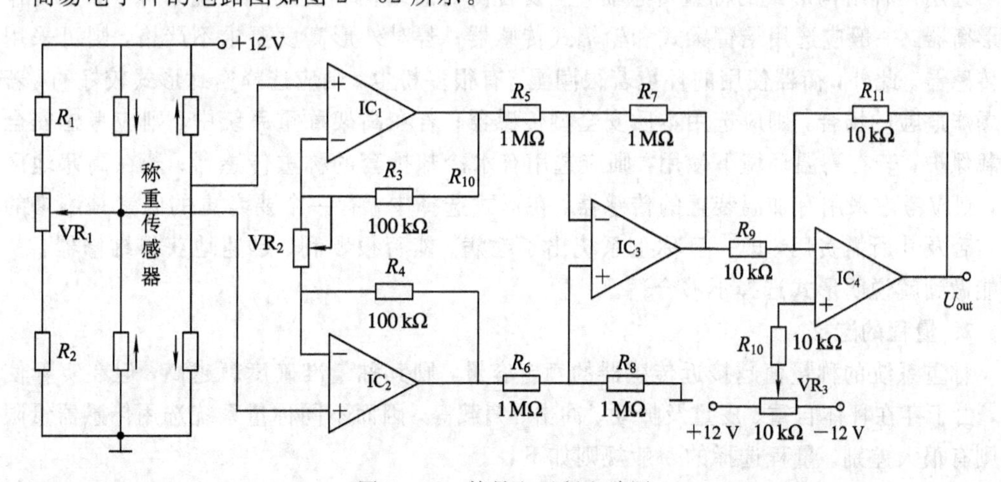

图 2-62　简易电子秤电路图

由图可知，电路主要由三部分组成：由 R_1、R_2、VR_1 及称重传感器组成电桥电路，将被称物的重量转换成与之成一定关系的模拟电压；由 IC_1、IC_2、IC_3 及外围电阻组成仪表放大电路，将传感器输出的微弱信号放大成足够的电压(伏级)；由 IC_4 及外围元件组成调零电路，当传感器不加重物时，IC_4 的输出 U_{out} 为零。

图中 VR_1 完成电桥的平衡调节，主要是防止传感器四个桥臂的阻值不完全相等，VR_2 实现仪表放大器的增益调节，VR_3 放大电路调零。

内容二　电子称重装置的制作与调试

一、电路制作

按原理图准备元器件，仪表放大器所用电阻应为高精密电阻。集成运放为 IC_1～IC_4；可以使用精密集成运算放大器 OP07；若想简化电路，降低成本，也可以采用 LM358、LM324 之类的多运放 IC。

二、电路调试

电路制作完成后，接通电源，将增益调节电阻 VR_2 调至中间位置，然后进行差放调零。增益电位器 VR_3 顺时针调节到中间位置，将差动放大器的正、负输入端与地短接，输出端 OUT 与 10 V 的电压表相连，调节电路板上的调零电位器 R_{42}，使电压读数为零，关闭电源。将传感器接入电路并接通电源，在不加重物的情况下，调节 VR_1 使电压表读数为零。

在传感器上放 5 kg 重物，调节 VR_2 使电压表读数为 5 V，至此，电路调试完毕。

因电路的调节元器件比较多，若一次调节不成功，可以进行多次调节，直到正常为止。

三、称重传感器的选用原则

在电子衡器中，选用何种称重传感器，要全面衡量，主要考虑以下几个方面。

1. 结构、形式的选择

选用何种结构形式的称重传感器，主要看衡器的结构和使用的环境条件。如要制作低外形衡器，一般应选用悬臂梁式和轮辐式传感器；若对外形高度要求不严格，则可采用柱式传感器。此外，衡器使用的环境若很潮湿，有很多粉尘，则应选择密封形式较好的；若在有爆炸危险的场合，则应选用本质安全型传感器；若在高架称重系统中，则应考虑安全及过载保护；若在高温环境下使用，则应选用有水冷却护套的称重传感器；若在高寒地区使用，则应考虑采用有加温装置的传感器。在形式选择中，有一个要考虑的因素是维修的方便与否及其所需费用，即一旦称重系统出了毛病，能否很顺利、迅速地获得维修器件。若不能做到就说明形式选择不够合适。

2. 量程的选择

称重系统的称量值越接近传感器的额定容量，则其称量准确度就越高，但在实际使用时，由于存在秤体自重、皮重及振动、冲击、偏载等，因而不同称量系统选用传感器量限的原则有很大差别。量程选择的一般规则如下：

(1) 单传感器静态称重系统：固定负荷(秤台、容器等)＋变动负荷(需称量的载荷)≤

所选用传感器的额定载荷×70%。

(2) 多传感器静态称重系统：固定负荷(秤台、容器等)＋变动负荷(需称量的载荷)≤选用传感器额定载荷×所配传感器个数×70%。(其中70%的系数即是考虑振动、冲击、偏载等因素而加的。)

另外，在量程的选择上还应注意：

(1) 选择传感器的额定容量要尽量符合生产厂家标准产品系列中的值，否则，选用了非标准产品，不但价格贵，而且损坏后难以代换。

(2) 在同一称重系统中，不允许选用额定容量不同的传感器，否则，该系统没法正常工作。

(3) 所谓变动负荷(需称量的载荷)是指加于传感器的真实载荷，若从秤台到传感器之间的力值传递过程中，有倍乘和衰减的机构(如杠杆系统)，则应考虑其影响。

3. 准确度的选择

称重传感器的准确度等级的选择要能够满足称重系统准确度级别的要求，只要能满足这项要求即可。即若2500分度的传感器能满足要求，切勿选用3000分度的。若在一称重系统中使用了几只相同形式、相同额定容量的传感器并联工作，其综合误差为$\Delta_{综合}$，则有

$$\Delta_{综合}=\frac{\Delta}{n}\times\frac{1}{2} \tag{2-75}$$

其中，Δ为单个传感器的综合误差，n为传感器的个数。另外，电子称重系统一般由三大部分组成，即称重传感器、称重显示器和机械结构件。当系统的允差为1时，作为非自动衡器主要构成部分之一的称重传感器的综合误差$\Delta_{综合}$一般只能达到0.7的比例成分。根据这一点和式(2-75)，就不难对所需传感器的准确度做出选择。

4. 某些特殊要求应如何达到

在某些称重系统中，可能有一些特殊的要求，例如轨道秤中希望称重传感器的弹性变形量小一些，从而可以使秤台在称量时的下沉量小些，使得货车在驶入和驶出秤台时，减小冲击和振动。另外，在构成动态称重系统时，不免要考虑所用称重传感器的自振频率是否能满足动态测量的要求。这些参数在一般的产品介绍中是不予列出的。因此，当要了解这些技术参数时，应向制造商咨询，以免失误。

思考与练习

1. 什么是应变效应？试说明金属应变片与半导体应变片的相同和不同之处。

2. 应变片产生温度误差的原因及减小或补偿温度误差的方法是什么？

3. 什么是直流电桥？若按不同的桥臂工作方式分类，可分为哪几种？各自的输出电压如何计算？

4. 图2-63为等强度梁测力系统，R_1为电阻应变片，应变片灵敏系数$K=2.05$，未受应变时，$R_1=120\ \Omega$。当试件受力F时，应变片承受平均应变$\varepsilon=800\ \mu m/m$，试求：

(1) 应变片电阻变化量ΔR_1及电阻相对变化量$\Delta R_1/R_1$。

(2) 将电阻应变片R_1置于单臂测量电桥，电桥电源电压为直流3 V，求电桥输出电压及电桥非线性误差。

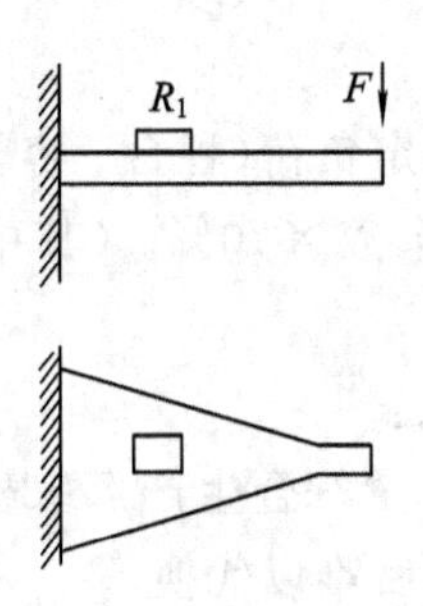

图 2-63　等强度梁测力系统

(3) 若要减小非线性误差，应采取何种措施？分析其电桥输出电压及非线性误差的大小。

5. 说明差动变隙式自感式传感器的主要组成、工作原理和基本特性。

6. 差动变压器式传感器的零点残余电压产生的原因是什么？怎样减小和消除它的影响？

7. 什么叫电涡流效应？怎样利用电涡流效应进行位移测量？

8. 根据工作原理可将电容式传感器分为哪几种类型？每种类型各有什么特点？各适用于什么场合？

9. 如何改善单极式变极距型传感器的非线性？

10. 简述差动式电容测厚传感器系统的工作原理。

11. 什么是正压电效应？什么是逆压电效应？

12. 石英晶体 x、y、z 轴的名称及其特点是什么？

13. 压电式传感器的测量电路有哪些？各有什么特点？

14. 简述压电式加速度传感器的工作原理。

项目三　温度传感器

知识学习目标

➤ 掌握温度测量的基本概念；

➤ 了解热电偶传感器、金属热电阻传感器和集成温度传感器；

➤ 了解半导体热敏电阻和负温度系数热敏电阻。

实践训练目标

➤ 掌握温度报警电路的调试方法；

➤ 能根据测量结果计算各误差；

➤ 能根据要求设计和使用温度传感器。

任务一　项目学习引导

内容一　温度测量的概念

温度是表征物体冷热程度的物理量。在人类社会的生产、科研和日常生活中，温度的测量占有重要地位。但是温度不能直接测量，而是借助于某种物体的某种物理参数随温度冷热不同而明显变化的特性进行间接测量的。

温度的表示(或测量)须有温度标准，即温标。理论上的热力学温标，是当前世界通用的国际温标。热力学温标确定的温度数值为热力学温度(符号为 T)，单位为开尔文(符号为 K)。

热力学温度是国际上公认的最基本温度。我国目前实行的为国际摄氏温度(符号为 t)。两种温标的换算公式为

$$t(℃) = T(K) - 273.15K \tag{3-1}$$

进行间接温度测量使用的温度传感器，通常是由感温元件部分和温度显示部分组成的，如图 3-1 所示。

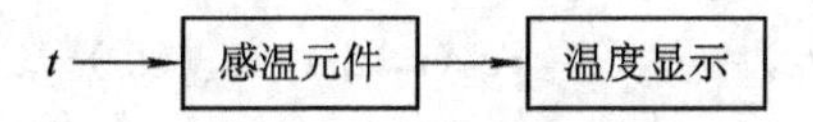

图 3-1　温度传感器组成框图

温度的测量方法，通常按感温元件是否与被测物接触而分为接触式测量和非接触式测量两大类。接触式测量应用的温度传感器具有结构简单、工作稳定可靠及测量精度高等优

点。如膨胀式温度计、热电阻传感器等。非接触式测量应用的温度传感器具有测量温度高、不干扰被测物温度等优点，但测量精度不高，如红外线高温传感器、光纤高温传感器等。

内容二　热电偶传感器

热电偶在温度的测量中应用十分广泛。它构造简单，使用方便，测温范围宽，并且有较高的精确度和稳定性。

一、热电偶测温原理

1. 热点效应

如图 3-2 所示，两种不同材料的导体 A 和 B 组成一个闭合回路时，若两接点温度不同，则在该回路中会产生电动势(电势)。这种现象称为热电效应，该电势称为热电势。热电势是由两种导体的接触电势和单一导体的温差电势组成的。图中两个接点，一个称为测量端或热端，另一个称为参考端或冷端。热电偶就是利用上述热点效应来测量温度的。

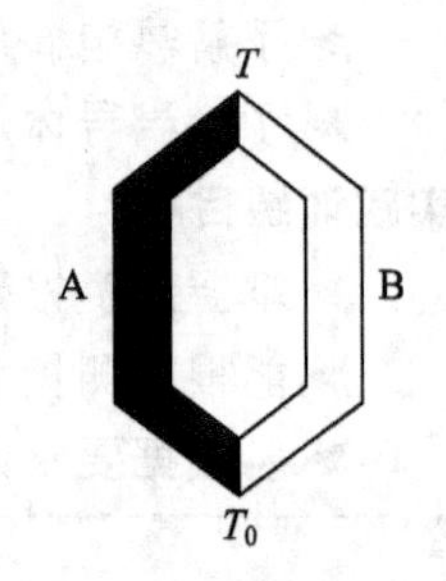

图 3-2　热电效应图

2. 两种导体的接触电势

假设两种金属 A、B 的自由电子密度分别为 n_A 和 n_B，且 $n_A>n_B$。当两种金属相接时，将产生自由电子的扩散现象。在同一瞬间，由 A 扩散到 B 中的电子比由 B 扩散到 A 中的多，从而使金属 A 因失去电子带正电，金属 B 因得到电子带负电，在接触面形成电场。此电场阻止电子进一步扩散，达到动态平衡时，在 A、B 之间形成稳定的电位差，即接触电势 e_{AB}，如图 3-3 所示。

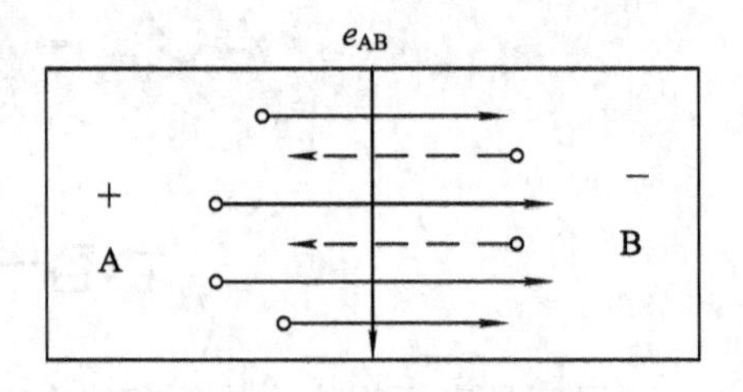

图 3-3　两种导体的接触电势

3. 绝对测量与相对误差

对于单一导体，如果两端温度分别为 T、T_0，且 $T>T_0$，导体中的自由电子在高温端具有较大的动能，因而向低温端扩散；高温端因失去了自由电子带正电，低温端获得了自由电子带负电，即在导体两端产生了电势，这个电势称为单一导体的温差电势，如图 3-4 所示。

由图 3-5 可知，势电偶回路中产生的总热电势为

$$E_{AB}(T,\ T_0)=e_{AB}(T)+e_B(T,\ T_0)-e_{AB}(T_0)-e_A(T,\ T_0)$$

或用摄氏温度表示为

$$E_{AB}(t,\ t_0)=e_{AB}(t)+e_B(t,\ t_0)-e_{AB}(t_0)-e_A(t,\ t_0)$$

式中：$E_{AB}(T,\ T_0)$为热电偶回路中的总电势；$e_{AB}(T)$为热端接触电势；$e_B(T,\ T_0)$为 B 导体温差电势；$e_{AB}(T_0)$为冷端接触电势；$e_A(T,\ T_0)$为 A 导体温差电势。

在总电势中，温差电势比接触电势小很多，可忽略不计，则热电偶的热电势可表示为

$$E_{AB}(T,\ T_0)=e_{AB}(T)-e_{AB}(T_0)$$

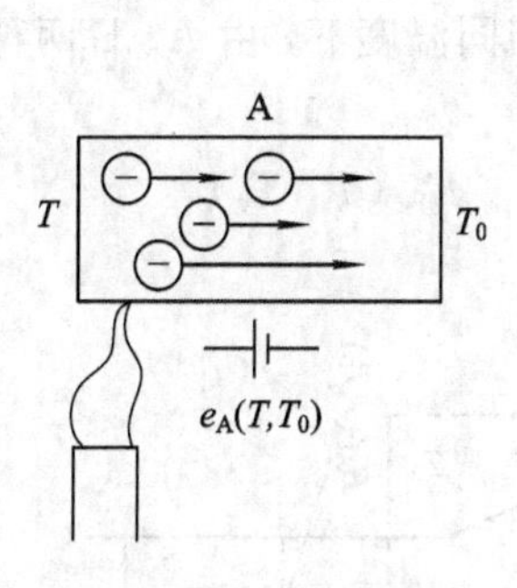

图 3-4 单一导体温差电势

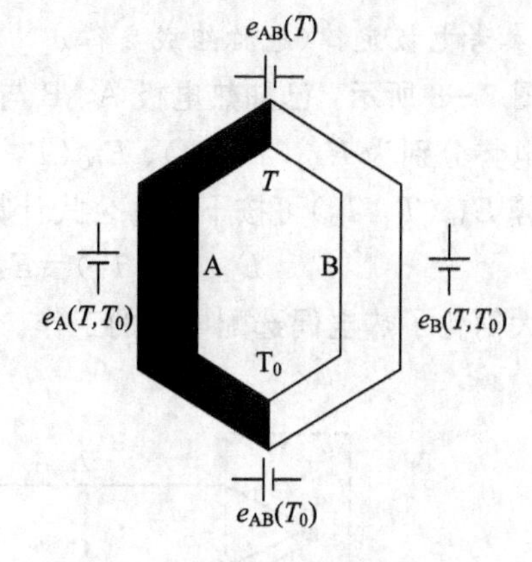

图 3-5 接触电势示意图

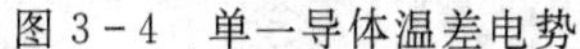

对于已选定的热电偶，当参考端温度 T_0 恒定时，$E_{AB}(T_0)=c$ 为常数，则总的热电势就只与温度 T 成单值函数关系，即

$$E_{AB}(T, T_0)=e_{AB}(T)-C=f(T)$$

实际应用时可通过热电偶分度表查出温度值。分度表是在参考端温度为 0 ℃时，通过实验建立的热电势与工作端温度之间的数值对应关系。

4. 热电偶的基本定律

1）中间导体定律

在热电偶回路中接入第三种导体，只要该导体两端温度相等，则热电偶产生的总热电势不变。同理，在加入第四、第五种导体后，只要其两端温度相等，就同样不会影响电路中的总热电势。中间导体定律如图 3-6 所示，可得回路总的热电势为

$$E_{ABC}(T, T_0)=e_{AB}(T)-e_{AB}(T_0)=E_{AB}(T, T_0)$$

根据这个定律，我们可采取任何方式焊接导线，将热电势通过导线接至测量仪表进行测量，且不影响测量精度。

2）中间温度定律

在热电偶测量回路中，测量端温度为 T，自由端温度为 T_0，中间温度为 T_0'（如图 3-7 所示），则 T、T_0 热电势等于 T、T_0' 与 T_0'、T_0 热电势的代数和，即

$$E_{AB}(T, T_0)=E_{AB}(T, T_0')+E_{AB}(T_0', T_0)$$

运用该定律可使测量距离加长，也可用于消除热电偶自由端温度变化的影响。

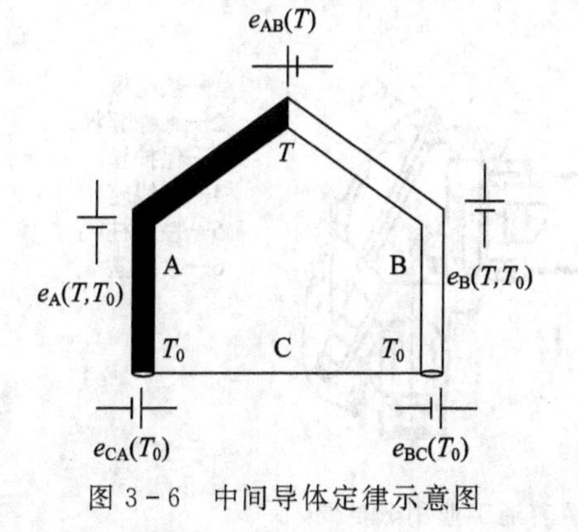

图 3-6 中间导体定律示意图

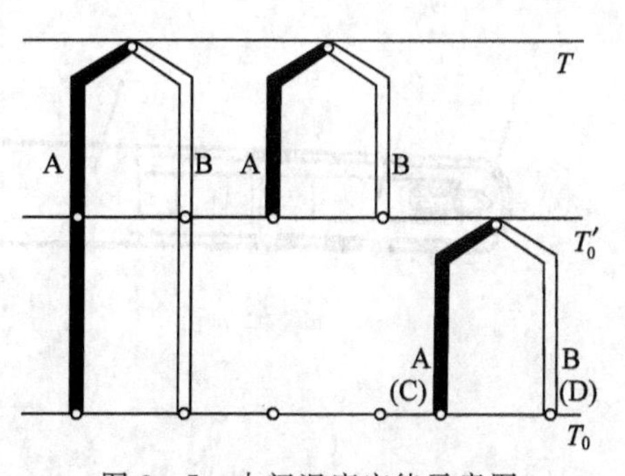

图 3-7 中间温度定律示意图

3）参考电极定律（也称组成定律）

如图 3-8 所示，已知热电极 A、B 与参考电极 C 组成的热电偶在结点温度为(T, T_0)时的热电势分别为$E_{AC}(T, T_0)$、$E_{BC}(T, T_0)$，则相同温度下，由 A、B 两种热电极配对后的热电势$E_{AB}(T, T_0)$可按下面的公式计算：

$$E_{AB}(T, T_0)=E_{AC}(T, T_0)-E_{BC}(T, T_0)$$

从而大大简化了热电偶选配电极的工作。

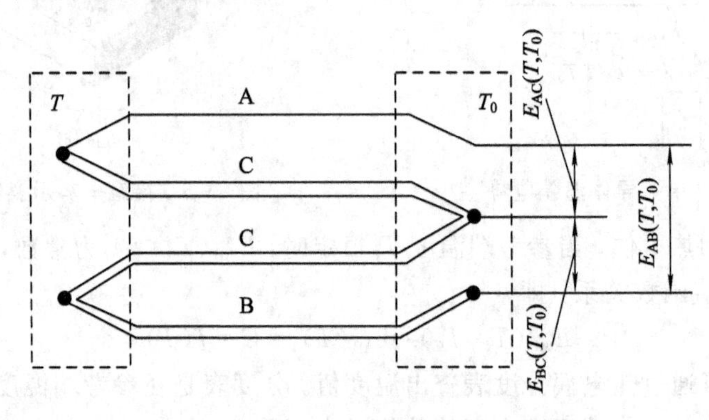

图 3-8　参考电极定律示意图

例 3.1　当 T 为 100 ℃，T_0 为 0 ℃时，铬合金—铂热电偶的 E(100℃，0℃)＝＋3.13 mV，铝合金—铂热电偶 E(100 ℃，0 ℃)为－1.02 mV，求铬合金—铝合金组成热电偶的热电势 E(100 ℃，0 ℃)。

解　设铬合金为 A，铝合金为 B，铂为 C。即

$$E_{AC}(100\ ℃, 0\ ℃)=+3.13\ \text{mV},\quad E_{BC}(100\ ℃, 0\ ℃)=-1.02\ \text{mV}$$

则

$$E_{AB}(100\ ℃, 0\ ℃)=+4.15\ \text{mV}$$

二、热电偶的结构形式和标准化热电偶

1. 普通型热电偶

普通型热电偶一般由热电极、绝缘套管、保护管和接线盒组成，如图 3-9 所示。普通型热电偶按其安装时的连接形式可分为固定螺纹连接、固定法兰连接、活动法兰连接、无固定装置等多种形式。

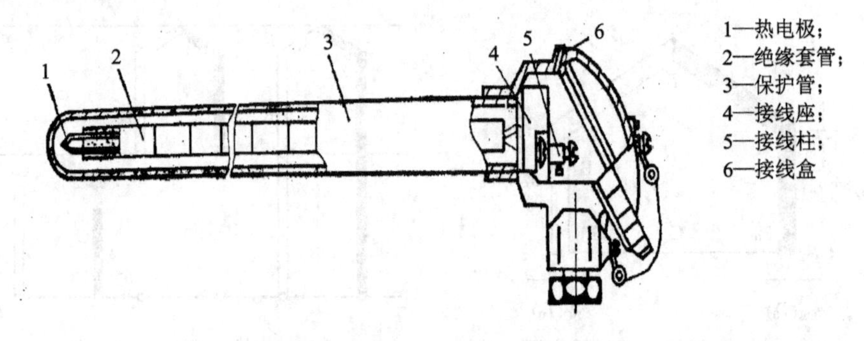

图 3-9　直形无固定装置普通工业用热电偶

热电偶的工作端被焊接在一起，热电极之间需要用绝缘套管保护。通常测量温度在1000 ℃以下选用黏土质绝缘套管，在1300℃以下选用高铝绝缘套管，在1600℃以下选用刚玉绝缘套管。

2. 铠装热电偶(缆式热电偶)

铠装热电偶也称缆式热电偶，是将热电偶丝与电熔氧化镁绝缘物熔铸在一起，外表再套不锈钢管等构成的。这种热电偶耐高压、反应时间短、坚固耐用，如图 3-10 所示。

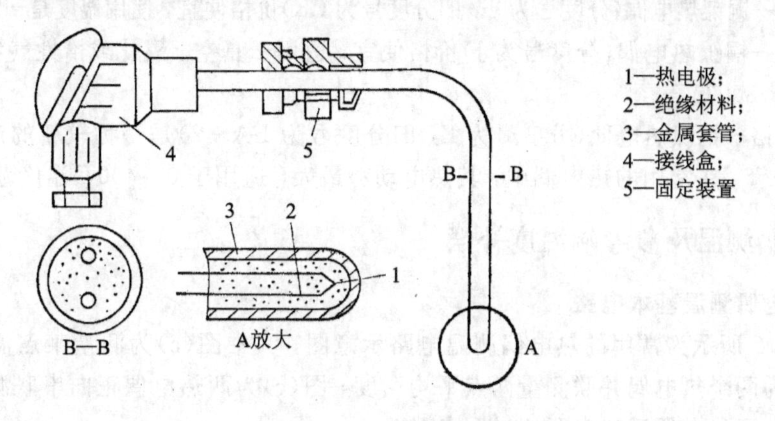

图 3-10 铠装热电偶

3. 两种导体的接触电势

用真空镀膜技术或真空溅射等方法，将热电偶材料沉积在绝缘片表面而构成的热电偶称为薄膜热电偶，如图 3-11 所示。

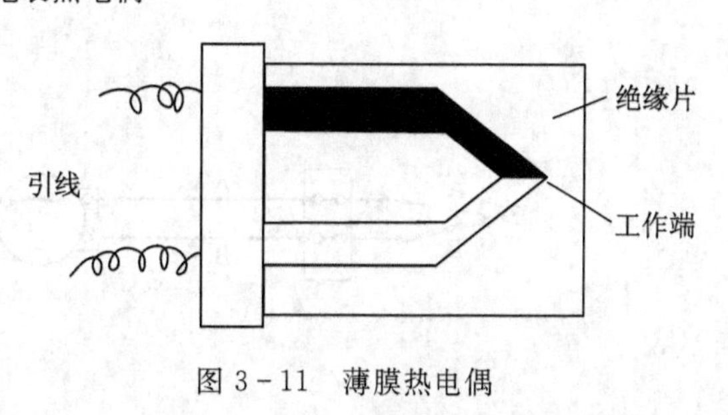

图 3-11 薄膜热电偶

4. 标准化热电偶和分度表

为了准确可靠地进行温度测量，必须对热电偶的组成材料严格选择。常用的四种标准化热电偶丝材料为铂铑$_{30}$—铂铑$_{6}$、铂铑$_{10}$—铂、镍铬—镍硅和镍铬—铜镍(我国通常称为镍铬—康铜)。组成热电偶的两种材料，写在前面的为正极，写在后面的为负极。

热电偶的热电动势与温度的关系表，称为分度表。

热电偶(包括后面要介绍的金属热电阻及测量仪表)分度表是IEC(国际电工委员会)发表的相关技术标准(国际温标)。该标准以表格的形式规定各种热电偶/阻在－271～2300℃每一个温度点上的输出电势(参考端温度为 0℃)，各种热电偶/阻命名统一代号，称为分度号。我国于 1988 年 1 月 1 日起采用该标准(以前用的称为旧标准)，我国指定 S、B、E、K、R、J、T 七种标准化热电偶为我国统一设计型热电偶。

5. 几种标准化热电偶的性能

(1) 铂铑$_{10}$—铂热电偶(分度号为 S，也称为单铂铑热电偶，旧分度号为 LB-3)的特点是性能稳定，精度高，抗氧化性强，长期使用温度可达 1300℃。

(2) 铂铑$_{13}$—铂热电偶(分度号为 R，也称为单铂铑热电偶)同 S 型相比，它的热电势率大 15%左右，其他性能几乎相同。

(3) 铂铑$_{30}$—铂铑$_{6}$ 热电偶(分度号为 B，也称为双铂铑热电偶，旧分度号为 LL-2)。在室温下，其热电动势很小，故在测量时一般不用补偿导线，可忽略冷端温度变化的影响。长期使用温度为1600℃，短期为1800℃，因热电势较小，故需配用灵敏度较高的显示仪表。即使在还原气氛下，其寿命也是R或S型的10～20倍。其缺点是价格昂贵。

(4) 镍铬—镍硅(镍铝)热电偶(分度号为K，旧分度号为EU-2)是抗氧化性较强的贱金属热电偶，可测量0～1300℃温度。热电势与温度的关系近似为线性，价格便宜，是目前用量最大的热电偶。

(5) 铜—铜镍热电偶(分度号为T，旧分度号为CK)价格便宜，使用温度是－200～350℃。

(6) 铁—铜镍热电偶(分度号为J)价格便宜，适用于真空、氧化或惰性气氛中，温度范围为－200～800℃。

(7) 镍铬—铜镍热电偶(分度号为E，旧分度号为EA-2)是一种较新的产品，裸露式结构无保护管。在常用的热电偶中，其热电动势最大，适用于0～400℃温度范围。

三、热电偶测温及参考端温度补偿

1. 热电偶测温基本电路

图3-12所示为常用的热电偶测温电路示意图，其中图(a)为测量某点温度连接示意图，图(b)为两个热电偶并联测量两点平均温度，图(c)为两热电偶正向串联测两点温度之和，图(d)为两热电偶反向串联测量两点温差。

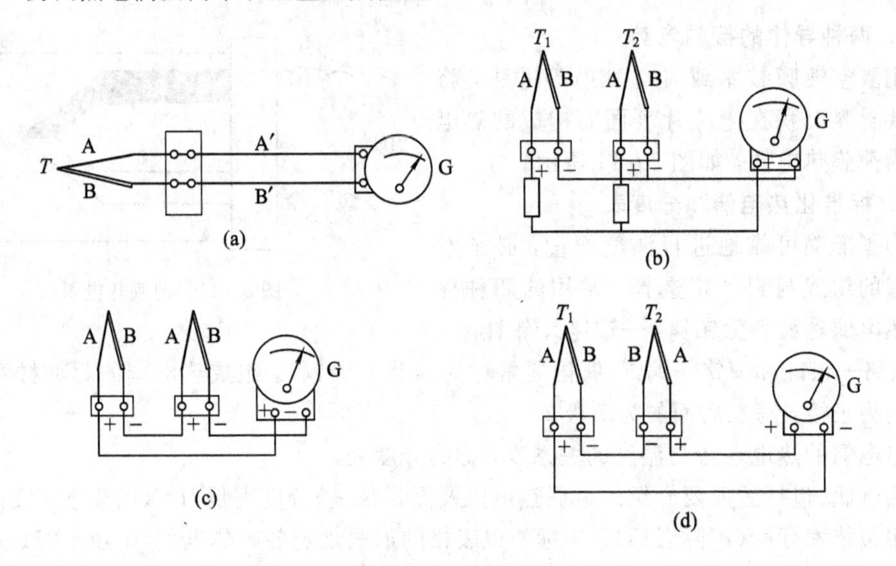

图3-12　常用的热电偶测温电路示意图

2. 热电偶参考端的补偿

热电偶分度表给出的热电势值的条件是参考端温度为0℃。如果用热电偶测温时自由端温度不为0℃，则必然产生测量误差。应对热电偶自由端(参考端)温度进行补偿。

例如，用K型(镍铬—镍硅)热电偶测炉温时，参考端温度t_0＝30℃，由分度表可查得E(30℃，0℃)＝1.203 mV，若测炉温时测得$E(t$，30℃)＝28.344 mV，则可计算得

$$E(t, 0℃)=E(t, 30℃)+E(30℃, 0℃)=29.547\ \text{mV}$$

由$E(t$，0℃)＝29.547 mV再查表3-1得t＝710 ℃，是炉温。

表 3-1　K 型(镍铬—镍硅)热电偶分度表

温度	0	-10	-20	-30	-40	-50	-60	-70	-80	-90	-95	-100
-200	-5.8914	-6.0346	-6.1584	-6.2618	-6.3438	-6.4036	-6.4411	-6.4577				
-100	-3.5536	-3.8523	-4.1382	-4.4106	-4.669	-4.9127	-5.1412	-5.354	-5.5503	-5.7297	-5.8128	-5.8914
0	0	-0.3919	-0.7775	-1.1561	-1.5269	-1.8894	-2.2428	-2.5866	-2.9201	-3.2427	-3.3996	-3.5536
温度	0	10	20	30	40	50	60	70	80	90	95	100
0	0	0.3969	0.7981	1.2033	1.6118	2.0231	2.4365	2.8512	3.2666	3.6819	3.8892	4.0962
100	4.0962	4.5091	4.9199	5.3284	5.7345	6.1383	6.5402	6.9406	7.34	7.7391	7.9387	8.1385
200	8.1385	8.5386	8.9399	9.3427	9.7472	10.1534	10.5613	10.9709	11.3821	11.7947	12.0015	12.2086
300	12.2086	12.6236	13.0396	13.4566	13.8745	14.2931	14.7126	15.1327	15.5536	15.975	16.186	16.3971
400	16.3971	16.8198	17.2431	17.6669	18.0911	18.5158	18.9409	19.3663	19.7921	20.2181	20.4312	20.6443
500	20.6443	21.0706	21.4971	21.9236	22.35	22.7764	23.2027	23.6288	24.0547	24.4802	24.6929	24.9055
600	24.9055	25.3303	25.7547	26.1786	26.602	27.0249	27.4471	27.8686	28.2895	28.7096	28.9194	29.129
700	29.129	29.5476	29.9653	30.3822	30.7983	31.2135	31.6277	32.041	32.4534	32.8649	33.0703	33.2754
800	33.2754	33.6849	34.0934	34.501	34.9075	35.3131	35.7177	36.1212	36.5238	36.9254	37.1258	37.3259
900	37.3259	37.7255	38.124	38.5215	38.918	39.3135	39.708	40.1015	40.4939	40.8853	41.0806	41.2756
1000	41.2756	41.6649	42.0531	42.4403	42.8263	43.2112	43.5951	43.9777	44.3593	44.7396	44.9293	45.1187
1100	45.1187	45.4966	45.8733	46.2487	46.6227	46.9955	47.3668	47.7368	48.1054	48.4726	48.6556	48.8382
1200	48.8382	49.2024	49.5651	49.9263	50.2858	50.6439	51.0003	51.3552	51.7085	52.0602	52.2354	52.4103
1300	52.4103	52.7588	53.1058	53.4512	53.7952	54.1377	54.4788	54.8186				

注：温度单位为℃，参考端温度为 0℃。

内容三　金属热电阻传感器

金属热电阻传感器一般称作热电阻传感器，是利用金属导体的电阻值随温度的变化而变化的原理进行测温的。金属热电阻的主要材料是铂、铜、镍。热电阻广泛用来测量-220～+850 ℃范围内的温度，少数情况下，低温可测量至 1 K(-272 ℃)，高温可测量至 1000 ℃。最基本的热电阻传感器由热电阻、连接导线及显示仪表组成，如图 3-13 所示。

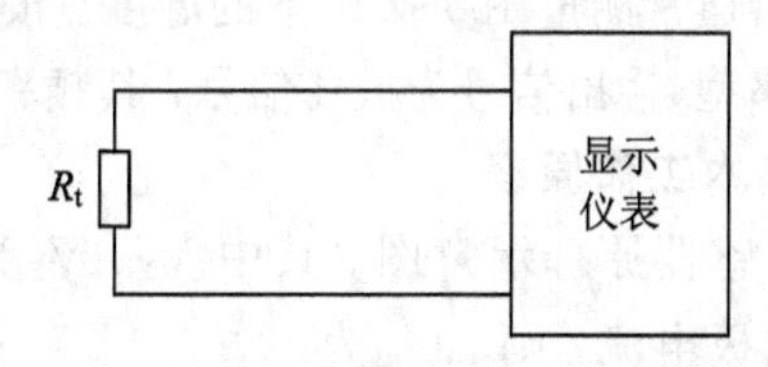

图 3-13　金属热电阻传感器测量示意图

1. 热电偶的温度特性

1) 铂热电阻的电阻—温度特性

铂电阻的特点是测温精度高，稳定性好，得到了广泛应用，应用温度范围为-200～+850 ℃。

铂电阻的电阻—温度特性在－200～850 ℃的温度范围内为

$$R_t=R_0[1+A_t+B_t^2+C_t^3(t-100)]$$

在 0～＋850℃的温度范围内为

$$R_t=R_0(1+A_t+B_t^2)$$

2）铜热电阻的电阻—温度特性

由于铂是贵金属，在测量精度要求不高，温度范围在－50～＋150 ℃时普遍采用铜电阻。铜电阻与温度间的关系为

$$R_t=R_0(1+\alpha_1 t+\alpha_2 t^2+\alpha_3 t^3)$$

由于 α_2、α_3 比 α_1 小得多，所以可以简化为

$$R_t\approx R_0(1+\alpha_1 t)$$

2. 热电偶传感器的结构

热电阻传感器由电阻体、绝缘套管、保护套管、引线和接线盒等组成，如图 3－14 所示。

如果热电阻传感器外接引线较长，引线电阻的变化就会使测量结果有较大误差。为减小误差，可采用三线制连接法电桥测量电路或四线制连接法电桥测量电路，具体可参考有关资料。

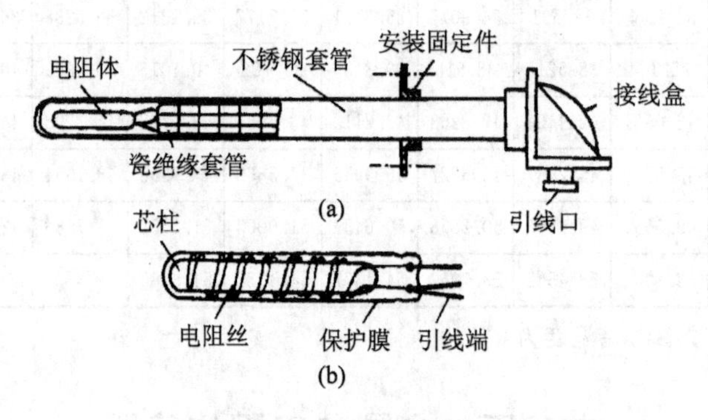

图 3－14 热电阻结构

内容四 集成温度传感器

集成温度传感器具有体积小、线性好、反应灵敏等优点，所以应用十分广泛。它是把感温元件(常为 PN 结)与有关的电子线路集成在很小的硅片上封装而成的。由于 PN 结不能耐高温，所以集成温度传感器通常测量 150 ℃以下的温度。按输出量不同，集成温度传感器可分为电流型、电压型和频率型(输出信号为振荡信号，其频率随测量温度而变化)三大类。

1. 集成温度传感器的基本工作原理

图 3－15 为集成温度传感器原理示意图。其中 V_1、V_2 为差分对管，由恒流源提供的 I_1、I_2 分别为 V_1、V_2 的集电极电流，则 ΔU_{be} 为

$$\Delta U_{be}=\frac{KT}{q}\ln\left(\frac{I_1}{I_2}\gamma\right)$$

只要 I_1/I_2 为一恒定值，则 ΔU_{be} 与温度 T 即为单值线性函数关系。这就是集成温度传感器的基本工作原理。

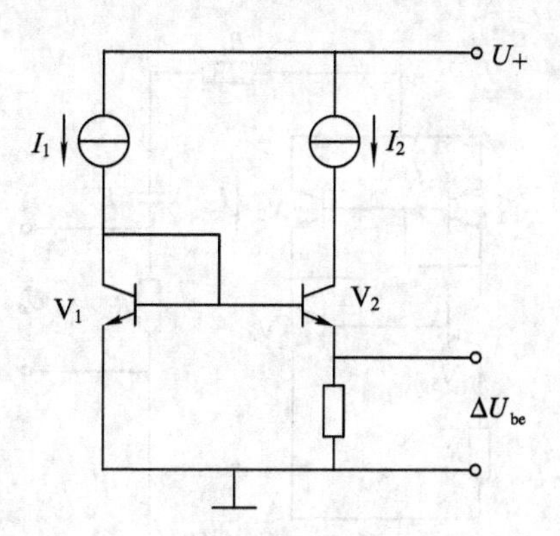

图 3-15　集成温度传感器基本原理图

2. 电压输出型集成温度传感器

如图 3-16 所示，V_1、V_2为差分对管，调节电阻 R_1，可使 $I_1=I_2$，当对管 V_1、V_2的 β 值大于等于 1 时，电路输出电压 U_o为

$$U_o=I_2R_2=\frac{\Delta U_{be}}{R_1}R_2$$

由此可得

$$\Delta U_{be}=\frac{U_oR_1}{R_2}=\frac{KT}{q}\ln\gamma$$

若 R_1、R_2不变，则 U_o与 T 成线性关系。若 $R_1=940\ \Omega$，$R_2=30\ \text{k}\Omega$，$\gamma=37$，则输出温度系数为 10mV/K。

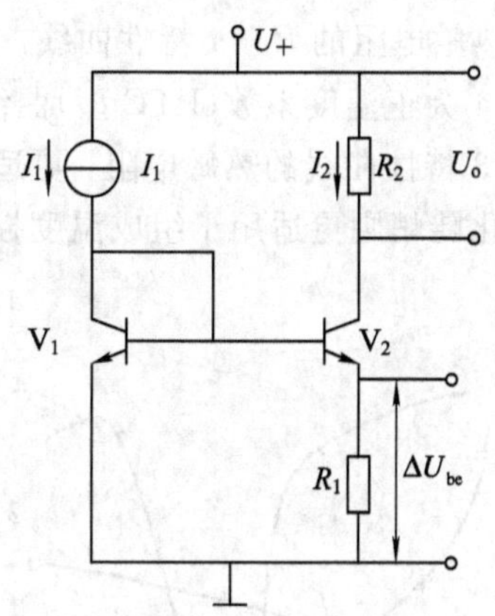

图 3-16　电压输出型原理电路图

3. 电流输出型集成温度传感器

如图 3-17 所示，对管 V_1、V_2作为恒流源负载，V_3、V_4作为感温元件，V_3、V_4发射结面积之比为 γ，此时电流源总电流 I_T为

$$I_T=2I_1=\frac{2\Delta U_{be}}{R}=\frac{2KT}{qR}\ln\gamma$$

当 R、γ 为恒定量时，I_T与 T 成线性关系。若 $R=358\ \Omega$，$\gamma=8$，则电路输出温度系数为 1μA/K。

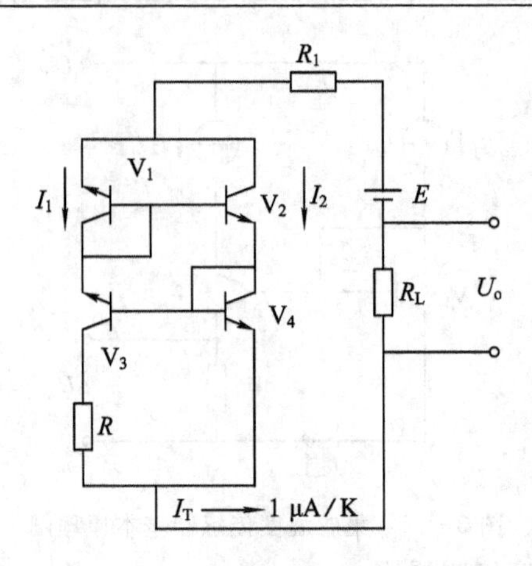

图 3－17　电流输出型原理电路图

内容五　半导体热敏电阻

半导体热敏电阻简称热敏电阻，是一种新型的半导体测温元件。热敏电阻是利用某些金属氧化物或单晶锗、硅等材料，按特定工艺制成的感温元件。热敏电阻可分为三种类型，即正温度系数(PTC)热敏电阻、负温度系数(NTC)热敏电阻和在某一特定温度下电阻值会发生突变的临界温度热敏电阻(CTR)。

1. 热敏电阻的 R_t—t 特性

图 3－18 列出了不同种类热敏电阻的 R_t—t 特性曲线。曲线 1 和曲线 2 为负温度系数(NTC 型)曲线，曲线 3 和曲线 4 为正温度系数(PTC 型)曲线。由图中可看出，2、3 特性曲线变化比较均匀，所以符合 2、3 特性曲线的热敏电阻，更适用于温度的测量，而符合 1、4 特性曲线的热敏电阻因特性变化陡峭则更适用于组成温度控开关电路和保护电路。

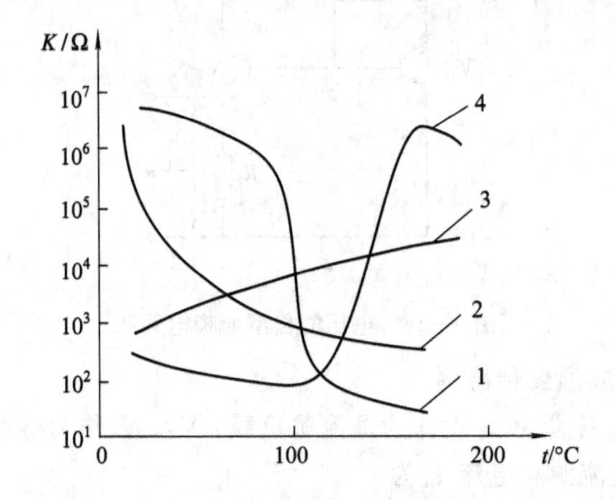

1—突变型NTC；2—负指数型NTC；3—线性型PTC；4—突变型PTC

图 3－18　各种热敏电阻的特性曲线

由热敏电阻 R_t—t 特性曲线可以得出如下结论：

(1) 热敏电阻的温度系数值远大于金属热电阻，所以灵敏度很高。

(2) 同温度情况下，热敏电阻阻值远大于金属热电阻。所以连接导线电阻的影响极小，适用于远距离测量。

(3) 热敏电阻 R_t—t 曲线非线性十分严重，所以其测量温度范围远小于金属热电阻。

2. 热敏电阻温度测量非线性修正

1) 线性化网络

利用包含有热敏电阻的电阻网络(常称线性化网络)来代替单个的热敏电阻，使网络电阻 R_T 与温度呈单值线性关系，其一般形式如图 3-19 所示。

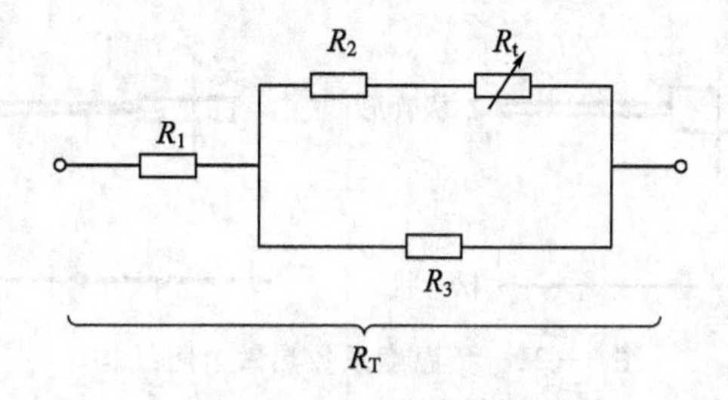

图 3-19　线性化网络

2) 利用电阻测量装置中其他部件的特性进行综合修正

图 3-20 是一个温度—频率转换电路，把热敏电阻 R_t 随温度的变化转变为电容 C 的充、放电频率的变化输出。

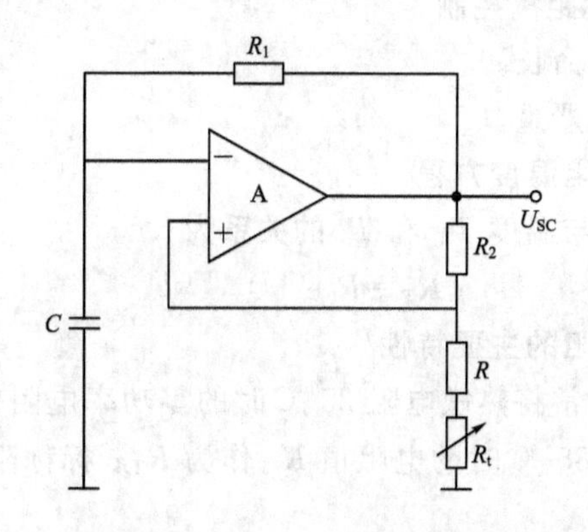

图 3-20　温度—频率转换器原理图

虽然电容 C 的充、放电特性是非线性特性，但适当地选取线路中的电阻 R_2 和 R，可以在一定的温度范围内得到近似于线性的温度—频率转换特性。

3. 计算修正法

在带有微处理机(或微计算机)的测量系统中，当已知热敏电阻器的实际特性和要求的理想特性时，可采用线性插值法将特性分段，并把各分段点的值存放在计算机的存储器内。

计算机将根据热敏电阻器的实际输出值进行校正计算后，给出要求的输出值。

内容六　负温度系数热敏电阻

1. 负温度系数热敏电阻的性能

负温度系数热敏电阻是一种氧化物的复合烧结体，其电阻值随温度的增加而减小，外形结构有多种形式，如图 3-21 所示，做成传感器时还需要封装和用长导线引出。

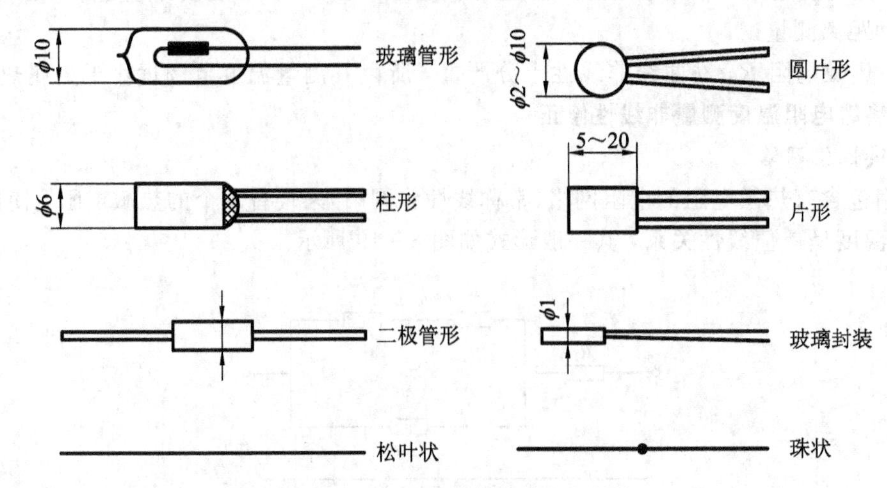

图 3-21　负温度系数热敏电阻结构

负温度系数热敏电阻具有以下特点：

(1) 电阻温度系数大，约为金属热电阻的 10 倍。

(2) 结构简单、体积小，可测点温。

(3) 电阻率高，热惯性小，适用于动态测量。

(4) 易于维护和进行远距离控制。

(5) 制造简单，使用寿命长。

(6) 互换性差，非线性严重。

2. 负温度系数热敏电阻温度方程

热敏电阻值 R_T 和 R_0 与温度 T_T 和 T_0 的关系为

$$R_T = R_0 e^{(B/T_T - B/T_0)}$$

3. 负温度系数热敏电阻的主要特性

(1) 标称阻值。厂家通常将热敏电阻 25 ℃时的零功率电阻值作为 R_0，称为额定电阻值或标称阻值，记作 R_{25}，85 ℃时的电阻值 R_{85} 作为 R_T。标称阻值常在热敏电阻上标出。R_{85} 也由厂家给出。

(2) B 值。将热敏电阻 25 ℃时的零功率电阻值 R_0 和 85 ℃时的零功率电阻值 R_T 以及 25 ℃和 85 ℃的绝对温度 $T_0 = 298$ K 和 $T_T = 358$ K 代入负温度系数热敏电阻温度方程，可得 $B = 1778\ln\frac{R_{25}}{R_{85}}$。

B 值称为热敏电阻常数，是表征负温度系数热敏电阻热灵敏度的量。B 值越大，负温度系数热敏电阻的热灵敏度越高。

(3) 电阻温度系数 σ。热敏电阻在其自身温度变化 1 ℃时，电阻值的相对变化量称为热敏电阻的电阻温度系数 σ。$\sigma = -\frac{B}{T^2}$。

由上式可知：① 热敏电阻的温度系数为负值。② 温度减小，电阻温度系数 σ 增大。在低温时，负温度系数热敏电阻的温度系数比金属热电阻丝高得多，故常用于低温测量（-100～300 ℃）。

(4) 额定功率。额定功率是指负温度系数热敏电阻在环境温度为 25 ℃，相对湿度为 45%～80%，大气压为 0.87～1.07 bar 的条件下，长期连续负荷所允许的耗散功率。

(5) 耗散系数 δ。耗散系数 δ 是负温度系数热敏电阻流过电流消耗的热功率(W)与自身温升值($T-T_0$)之比，单位为 W ℃$^{-1}$。$\delta=\frac{W}{T-T_0}$。

(6) 热时间常数 τ。负温度系数热敏电阻在零功率条件下放入环境温度中，不可能立即变为与环境温度同温度。热敏电阻本身的温度在放入环境温度之前的初始值和达到与环境温度同温度的最终值之间改变 63.2%所需的时间叫做热时间常数，用 τ 表示。

任务二 温度报警器

内容一 测温电路

热敏电阻为温度传感器的测温电路如图 3－22 所示。

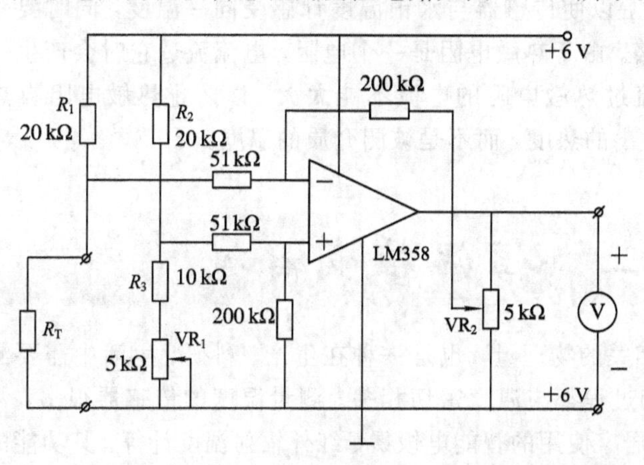

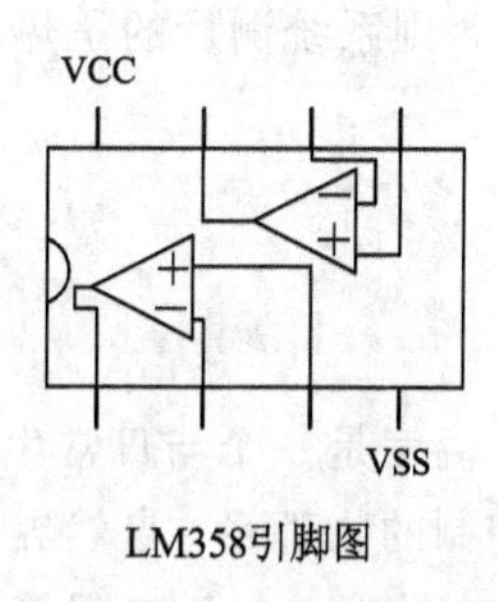

图 3－22 热敏电阻测温电路

由固定电阻 R_1 和 R_2、热敏电阻 R_T 及 R_3、VR_1 构成测温电桥，把温度的变化转化成微弱的电压变化；再由运算放大器 LM358 进行差动放大；运算放大器的输出端接 5 V 的直流电压表头，用来显示温度值。电阻 R_1 与热敏电阻 R_T 的节点接运放的反相输入端，当被测温度升高时该点电位降低，运放输出电压升高，表头指针偏转角度增大，以指示较高的温度值；反之当被测温度降低时，表头指针偏转角度减小，以指示较低的温度值。

VR_1 用于调“0”；VR_2 用于调节放大器的增益，即分度值。

内容二 温度报警器的制作与调试

1. 所需材料及设备

制作温度报警器所需材料及设备包括：负温度系数热敏电阻(NTC)温度传感器、集成运算放大器 LM358、5 kΩ 微调电位器、5 V 电压表头、6 V 稳压电源、实验板、电阻、水银温度计、盛水容器(为了减缓温度的变化速度，盛水量应不少于 1 升)等。

2. 制作

按图 3 - 22 所示将电路焊接在实验板上，认真检查电路，正确无误后接好热敏电阻和电压表头。

3. 调试

准备盛水容器、冷水、60℃以上热水、水银温度计、搅棒等。

(1) 把传感器和水银温度计放入盛水容器中，接通电路电源。加入冷水和热水(不断搅动)，通过调节冷、热水比例使水温为 20℃，调节电路的 VR_1 使表头指针正向偏转，然后回调 VR_1 使指针返回，指针刚刚指到 0 V 刻度上时停止调节(表头指示的起点定为20℃)。

(2) 容器中加热水和冷水，不断搅动，把水温调整到 30℃，通过调节电路的 VR_2 使表头指针指在 5 V 刻度上。

(3) 重复步骤(1)、(2)两三次，调试完成。电压表头指示的电压值乘以 2 再加上 20 就等于所测温度。

(4) 检验在 20～30℃范围内的任一温度点，水银温度计的读数与指针式温度表的读数是否一致，误差应不大于±1℃。

注意：调试过程中要不断搅动，以使传感器与水银温度计感受同一温度，同时要等水银温度计的读数稳定后再调试电路。由于热敏电阻是一个电阻，电流流过它时会产生一定的热量，因此电路设计时应确保流过热敏电阻的电流不能太大，以防止热敏电阻自热过度，否则系统测量的是热敏电阻发出的热度，而不是被测介质的温度。

任务三　恒温控制器

温度是一个与日常生活密切相关的物理量，也是一种在生产、科研、生活中需要测量和控制的物理量，自然界中的一切过程都与温度密切相关。测量温度的传感器很多，常用的有热电偶、热敏电阻等。例如，居家使用的智能电饭煲、红外辐射温度计等，其功能的实现依靠的都是温度传感器。本任务设计的恒温箱功能和要求如下：

功能：实时温度测量及显示，超出温度范围相应的继电器工作，继电器可以驱动相应的加热或制冷负载，上下限温度可通过按键设定等。

要求：本保温箱的温控系统研究是基于 51 单片机及温度传感器 DS18B20 来设计的，温度测量范围为 0～99.9℃，精度为 0.1℃，可见测量温度的范围广、精度高。可设置上下限温度，默认上限温度为 38℃、下限温度为 5℃(通过程序可以更改上下限初始值)。

报警值可设置范围：最低上限报警值等于当前下限报警值，最高下限报警值等于当前上限报警值。将下限报警值调为 0 时关闭下限报警功能。开启相应的继电器工作时，有指示灯可以指示相应的加热和制冷。

内容一　工作原理

本设计采用 STC89C51 单片机作为主控制系统，采用 DS18B20 为传感器，采用数码管作为显示器件。

1. DS18B20 概述

在现代检测技术中，传感器占据着不可动摇的重要位置。主机对数据的处理能力已经相当强，但是对现实世界中的模拟量却无能为力。如果没有各种精确可靠的传感器对非电量和模拟信号进行检测并提供可靠的数据，那么计算机也无法发挥其应有的作用。传感器把非电量转换为电量，经过放大处理后，转换为数字量输入计算机，由计算机对信号进行分析处理，从而将传感器技术与计算机技术结合起来，对自动化和信息化起重要作用。

采用各种传感器和微处理技术可以对各种工业参数及工业产品进行测控和检验，准确测量产品性能，及时发现隐患，为提高产品质量、改进产品性能及防止事故发生提供必要的信息和更可靠的数据。由于系统的工作环境比较恶劣，且对测量要求比较高，所以选择合适的传感器很重要。目前，国际上新型温度传感器正从模拟式向数字式、从集成化向智能化和网络化的方向飞速发展。智能温度传感器 DS18B20 也正朝着高精度、多功能、总线标准化、高可靠性及安全性、开发虚拟传感器和网络传感器、研制单片测温系统等高科技的方向迅速发展。因此，DS18B20 作为温度测量装置已广泛应用于人民的日常生活和工农业生产中。

美国 DALLAS 公司生产的 DS18B20 可组网数字温度传感器芯片外加不锈钢保护管封装而成，具有耐磨耐碰、体积小、使用方便、封装形式多样的特点，适用于各种狭小空间设备数字测温和控制领域。DS18B20 有独特的单线接口方式，它在与微处理器连接时仅需要一条口线即可实现微处理器与 DS1820 的双向通信；其测温范围为－55～＋125℃，固有测温分辨率为 0.5℃；支持多点组网功能；多个 DS18B20 可以并联在唯一的三线上，实现多点测温；工作电源为 3～5 V/DC；在使用中不需要任何外围元件。DS18B20 共有三种形态的存储器资源，分别是：① ROM 只读存储器，用于存放 DS18B20 ID 编码，其前 8 位是单线系列编码(DS18B20 的编码是 19H)，后面 48 位是芯片唯一的序列号，最后 8 位是以上 56 位的 CRC 码(冗余校验)。数据在出厂时已设定，用户不能更改。DS18B20 共有 64 位 ROM。② RAM 数据暂存器，用于内部计算和数据存取，数据在掉电后丢失。DS18B20 共有 9 个字节 RAM，每个字节为 8 位。第 1、2 个字节是温度转换后的数据值信息，第 3、4 个字节是用户 EEPROM(常用于温度报警值储存)的镜像，在上电复位时其值将被刷新。第 5 个字节则是用户第 3 个 EEPROM 的镜像。第 6、7、8 个字节为计数寄存器，是为了让用户得到更高的温度分辨率而设计的，同样也是内部温度转换、计算的暂存单元。第 9 个字节为前 8 个字节的 CRC 码。③ EEPROM 非易失性记忆体，用于存放长期需要保存的数据、上下限温度报警值和校验数据。DS18B20 共有 3 位 EEPROM，并在 RAM 中都存在镜像，以方便用户操作。

DS18B20 的性能特点如下：

(1) 采用 DALLAS 公司独特的单线接口方式：DS18B20 与微处理器连接时仅需要一条口线即可实现微处理器与 DS18B20 的双向通信。

(2) 在使用中不需要任何外围元件。

(3) 可用数据线供电，供电电压范围为＋3.0～＋5.5 V。

(4) 测温范围为－55～＋125℃。固有测温分辨率为 0.5℃。在－10～＋85℃范围内，可确保测量误差不超过 0.5℃；在－55～＋125℃范围内，测量误差也不超过 2℃。

(5) 通过编程可实现 9～12 位的数字读数方式。

(6) 用户可自设定非易失性的报警上下限值。

(7) 支持多点的组网功能，多个 DS18B20 可以并联在唯一的三线上，实现多点测温。

(8) 负压特性，即具有电源反接保护电路。当电源电压的极性反接时，能保护 DS18B20 不会因发热而烧毁，但此时芯片无法正常工作。

(9) DS18B20 的转换速率比较高，进行 9 位的温度值转换只需 93.75 ms。

(10) 适配各种单片机或系统。

(11) 内含 64 位激光修正的只读存储 ROM，扣除 8 位产品系列号和 8 位循环冗余校验码(CRC)之后，产品序号占 48 位。出厂前产品序号存入其 ROM 中。在构成大型温控系统时，允许在单线总线上挂接多片 DS18B20。

2. DS18B20 引脚介绍

DS18B20 的引脚图如图 3-23 所示。各引脚功能为：I/O 为数据输入/输出端(即单线总线)，它属于漏极开路输出，外接上拉电阻后，常态下呈高电平；VDD 是可供选用的外部电源端，不用时接地；GND 为地；NC 为空脚。

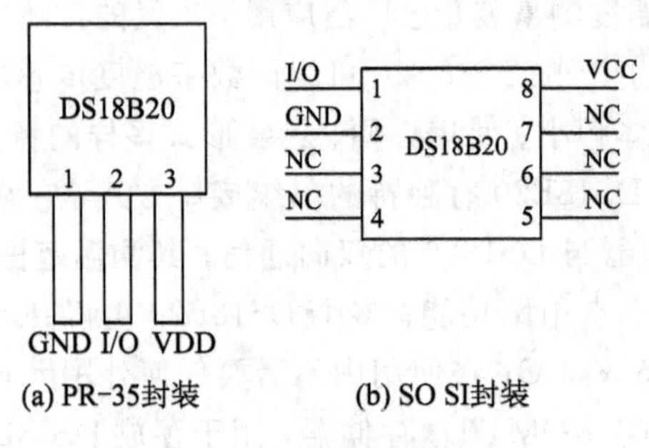

图 3-23　DS18B20 引脚图

3. DS18B20 的内部结构

DS18B20 的内部结构如图 3-24 所示，主要包括七部分：寄生电源、温度传感器、64 位激光(Laser)ROM 与单线接口、高速暂存器(即便携式 RAM，用于存放中间数据)、TH 触发寄存器和 TL 触发寄存器，分别用来存储用户设定的温度上下限值、存储和控制逻辑、位循环冗余校验码(CRC)发生器，如图 3-24 所示。

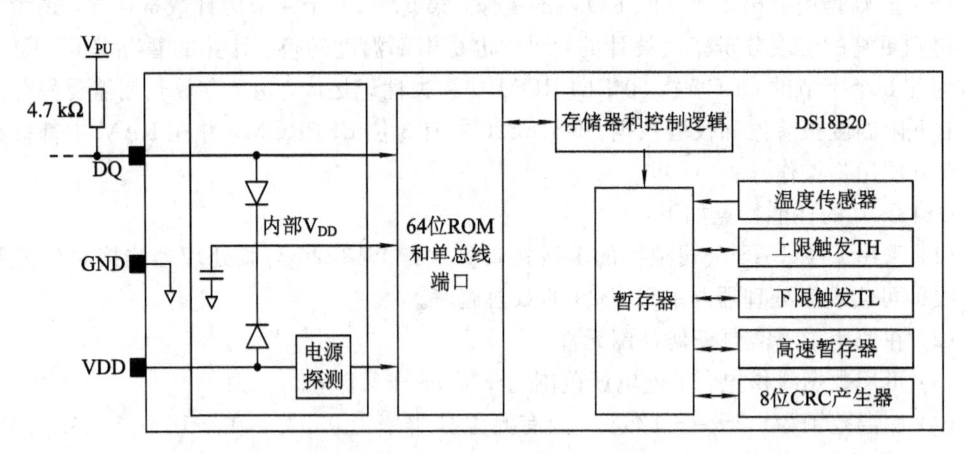

图 3-24　DS18B20 内部结构

4. DS18B20 的程序流程图

恒温控制器的温度控制采用 DS18B20 温度传感器实现，其内部程序设计流程图如图 3－25所示。

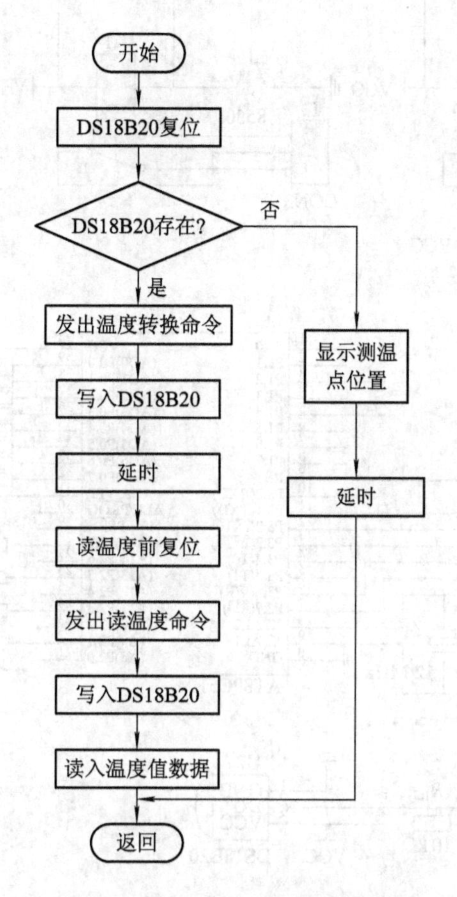

图 3－25　DS18B20 程序流程图

内容二　恒温控制器的制作与调试

基于 DS18B20 传感器和 51 单片机的的恒温箱，其恒温主要通过继电器来驱动负载实现，温度采集利用 DS18B20 传感器(也可以用防水性的)实现。在实验应用中，制冷可以利用风扇，加热可以用加热管等，开机后数码管实时显示当前温度，当温度过低或过高时，LED 灯和蜂鸣器发出报警提醒。当温度超过最高限定值时，风扇自动启动，给 DS18B20 传感器降温；当温度低于最高限定值时风扇停转。当温度低于最低限定值时，加热管自动启动对 DS18B20 传感器加热；当温度高于最低限定值时，加热管自动停止工作。

恒温箱有三个按键，分别是设备“set”、增加“＋”、减小“－”三个功能。设置方法：先按下“set”键进入设置状态，再根据需要按“＋”或“－”键设置限定温度值，最后按“set”键退出设置功能。

按照图 3－26 所示的原理图焊接元器件。

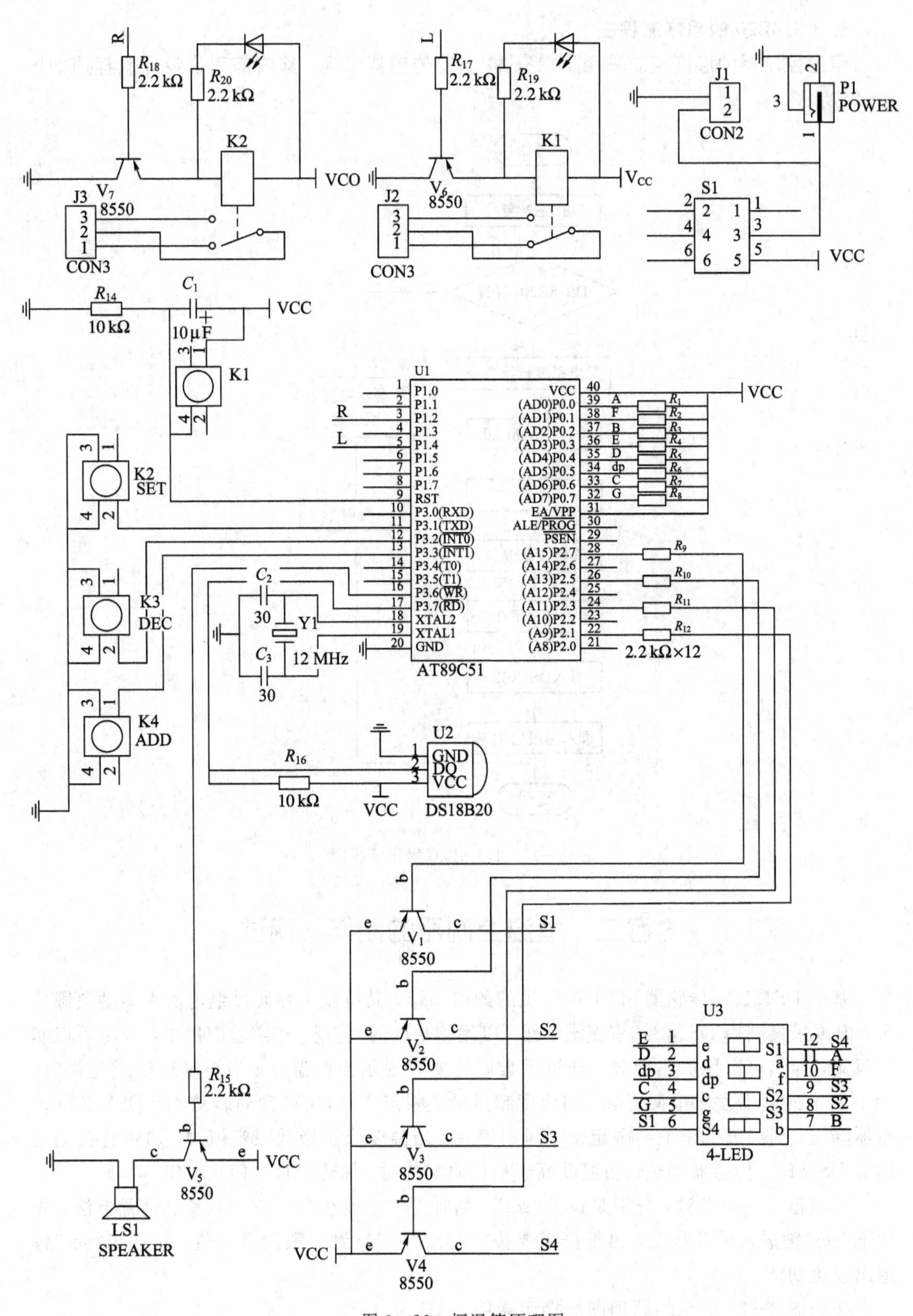

R
R_{18} 2.2 kΩ
R_{20} 2.2 kΩ
K2
VCO
V_7 8550
J3
CON3
L
R_{17} 2.2 kΩ
R_{19} 2.2 kΩ
K1
V_{CC}
V_6 8550
J2
CON3
J1
CON2
P1 POWER
S1
VCC
R_{14} 10 kΩ
C_1 10 μF
K1
K2 SET
K3 DEC
K4 ADD
U1
AT89C51
P1.0
P1.1
P1.2
P1.3
P1.4
P1.5
P1.6
P1.7
RST
P3.0(RXD)
P3.1(TXD)
P3.2(INT0)
P3.3(INT1)
P3.4(T0)
P3.5(T1)
P3.6(WR)
P3.7(RD)
XTAL2
XTAL1
GND
(AD0)P0.0
(AD1)P0.1
(AD2)P0.2
(AD3)P0.3
(AD4)P0.4
(AD5)P0.5
(AD6)P0.6
(AD7)P0.7
EA/VPP
ALE/PROG
PSEN
(A15)P2.7
(A14)P2.6
(A13)P2.5
(A12)P2.4
(A11)P2.3
(A10)P2.2
(A9)P2.1
(A8)P2.0
2.2 kΩ×12
C_2 30
C_3 30
Y1 12 MHz
U2
GND
DQ
VCC
DS18B20
R_{16} 10 kΩ
R_{15} 2.2 kΩ
V_5 8550
LS1 SPEAKER
V_1 8550
V_2 8550
V_3 8550
V4 8550
S1
S2
S3
S4
U3
4-LED

图 3－26　恒温箱原理图

思考与练习

1. 用K型(镍铬—镍硅)热电偶测量炉温时，自由端温度 $t_0=30$ ℃，由电子电位差计测得热电势 $E(t, 30\ ℃)=37.724$ mV，求炉温 t。

2. 热电偶主要分为哪几种类型，各有何特点？我国统一设计的热电偶有哪几种？

3. 利用分度号Pt100铂电阻测温，求测量温度分别为 $t_1=-100$ ℃和 $t_2=650$ ℃的铂电阻 R_{t1}、R_{t2} 的值。

4. 利用分度号Cu100的铜电阻测温，当被测温度为50 ℃时，铜电阻的 R_t 值为多大？

5. 正温度系数热敏电阻和负温度系数热敏电阻各有什么特性？各有哪些用途？哪一种热敏电阻可以做“可恢复熔丝”？

项目四 湿度传感器

知识学习目标

- 掌握湿度测量的基本概念；
- 掌握含水量检测方法；
- 了解陶瓷型湿度传感器、ZrO_2系厚膜型湿度传感器、半导体型湿度传感器。

实践训练目标

- 掌握误差的表示方法；
- 能根据要求安装、调试湿度传感器电路；
- 能根据要求设计简单的湿度传感器。

任务一 项目学习引导

内容一 基本概念

随着现代生产技术的发展及人们生活条件的提高，湿度的检测与控制成为生产和生活中必不可少的手段。例如，在大规模集成电路生产车间，当其相对湿度低于30%时，容易产生静电而影响生产；一些粉尘大的车间，当湿度小而产生静电时，容易发生爆炸，纺织厂为了减小棉纱断头，车间要保持相当高的湿度(60%～70%)；一些仓库(如存放烟草、茶叶和中药材等)在湿度过大时容易发生变质或霉变现象。在农业上，先进的工厂式育苗、蔬菜棚、食用菌的培养与生产以及水果和蔬菜的保鲜等都离不开湿度检测与控制。

湿度是指物质中所含水蒸气的量，目前的湿度传感器多数是测量气氛中的水蒸气含量。通常用绝对湿度、相对湿度和露点(或露点温度)来表示。

1. 绝对湿度

绝对湿度是指单位体积的气氛中含水蒸气的质量，其表达式为

$$H_a=\frac{m_V}{V}$$

式中：m_V为待测气氛中的水汽质量，V为待测气体的总体积。

2. 相对湿度(RH)

相对湿度为待测气氛中水汽分压与相同温度下水的饱和水汽压(即绝对湿度)的比值的百分数。这是一个无量纲量，常表示为%，其表达式为

$$H_r=\left(\frac{p_V}{p_W}\right)_T \times 100\% RH$$

式中：P_V 为某温度下待测气体的水汽分压，P_W 为与待测气体温度相同时饱和水汽分压。

3. 露点

在一定大气压下，将含水蒸气的空气冷却，当降到某温度时，空气中的水蒸气达到饱和状态，开始从气态变成液态而凝结成露珠，这种现象称为结露。此时的温度称为露点或露点温度。如果这一特定温度低于 0 ℃，水汽将凝结成霜，此时称其为霜点。通常对两者不予区分，统称为露点，其单位为℃。

湿敏元器件是指对环境湿度具有响应或转换成相应可测信号的元器件。

湿度传感器是由湿敏元件及转换电路组成的，具有把环境湿度转变为电信号的能力。其主要特性有以下几点：

(1) 感湿特性。感湿特性为湿度传感器特征量(如电阻值、电容值、频率值等)随湿度变化的关系，常用感湿特征量和相对湿度的关系曲线来表示，如图 4－1 所示。

(2) 湿度量程。湿度量程为湿度传感器技术规范规定的感湿范围(RH 值，相对湿度)。全量程为 0～100%。

(3) 灵敏度。灵敏度为湿度传感器的感湿特征量(如电阻、电容值等)随环境湿度变化的程度，也是该传感器感湿特性曲线的斜率。由于大多数湿度传感器的湿度特性曲线是非线性的，因此常用不同环境下的感湿特征量之比来表示其灵敏度的大小。

(4) 湿滞特性。湿度传感器在吸湿过程和脱湿过程中吸湿与脱湿曲线不重合，而是一个环形回线，这一特性就是湿滞特性，如图 4－2 所示。

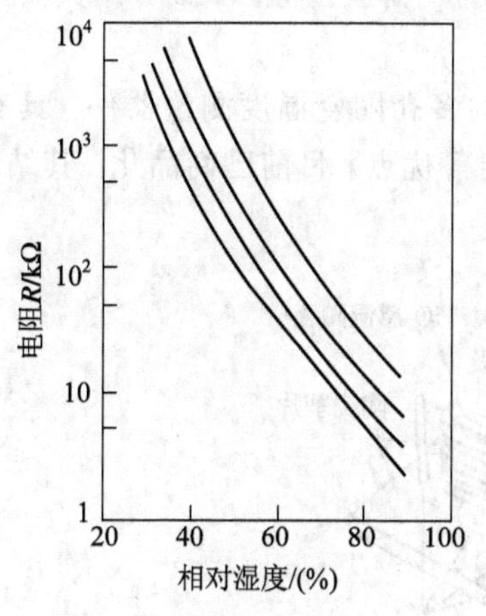

图 4－1　湿度传感器的感湿特性

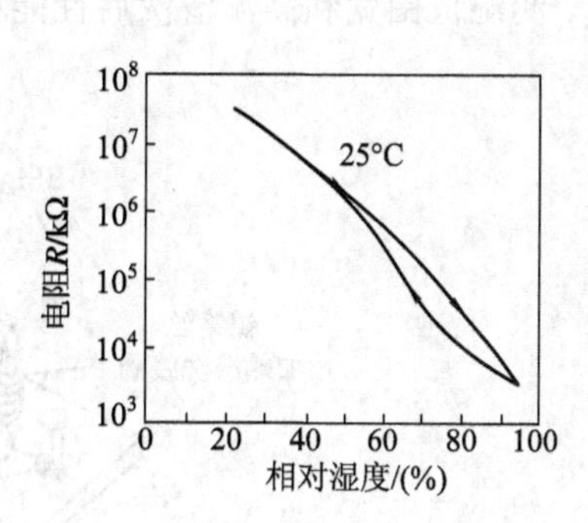

图 4－2　湿度传感器的湿滞特性

(5) 响应时间。响应时间为在一定环境温度下，当相对湿度发生跃变时，湿度传感器的感湿特征量达到稳定变化量的 90%所需的时间。

(6) 感湿温度系数。当环境湿度恒定时，温度每变化 1 ℃，引起湿度传感器感湿特征量的变化量为感湿温度系数。

(7) 老化特性。湿度传感器在一定温度、湿度气氛下存放一定时间后，其感湿特性将发生变化的特性即为老化特性。

综上所述，一个理想的湿度传感器应具备的性能和参数如下：

(1) 使用寿命长，长期稳定性好。

(2) 灵敏度高，感湿特性曲线的线性度好。

(3) 使用范围宽，湿度、温度系数小。

(4) 响应时间短。

(5) 湿滞回差小。

(6) 能在有害气氛的恶劣环境中使用。

(7) 一致性和互换性好，易于批量生产，成本低廉。

(8) 感湿特征量应在易测范围内。

湿度传感器的种类繁多，按输出的电学量可分为电阻型、电容型和频率型，按探测功能可分为绝对湿度型、相对湿度型和结露型等，按材料可分为陶瓷式、有机高分子式、半导体式和电解质式等。

内容二　温度传感器的分类及选用

1. 陶瓷型湿度传感器

陶瓷湿度传感器的感湿机理目前尚无定论。国内外学者主要提出了质子型和量子型两类导电机理，但这两种机理有时并不能独立地解释一些传感器的感湿特性，在此不再深入探究。只要知道这类传感器表面多孔，吸湿后电阻值将发生改变。这种湿敏元器件随外界温度变化而使电阻值变化的特性便是用来制造湿度传感器的依据。陶瓷湿度传感器较成熟的产品有 $MgCr_2O_4-TiO_2$ 系、ZrO_2 系厚膜型、Al_2O_3 薄膜型等。下面介绍其典型品种。

1) $MgCr_2O_4-TiO_2$ 系湿度传感器

$MgCr_2O_4-TiO_2$ 系湿度传感器是一种典型的多孔陶瓷湿度测量器件。具有灵敏度高、响应特性好、测湿范围宽和高温清洗后性能稳定等优点，目前已商品化。其结构如图 4-3 所示。

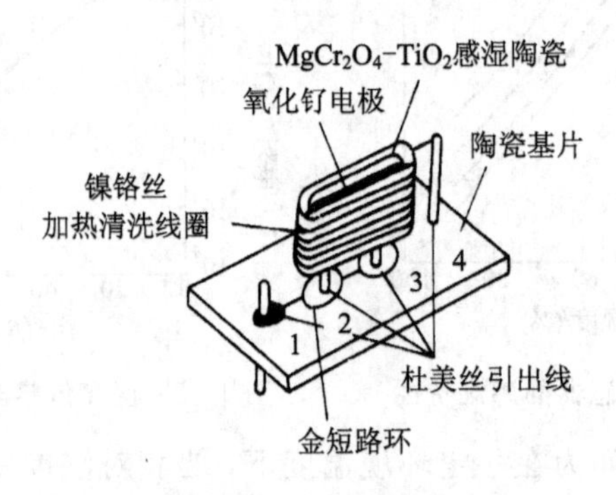

图 4-3　$MgCr_2O_4-TiO_2$ 湿度传感器结构示意图

$MgCr_2O_4-TiO_2$ 系湿度传感器是以 $MgCr_2O_4$ 为基础材料，加入一定比例的 TiO_2 (20%～35%mol/L)制成的。感湿材料被压制成 4 mm×4 mm×0.5 mm 的薄片，在1300℃左右烧成，在感湿片两面涂布氧化钌(RuO_2)多孔电极，并在 800 ℃下烧结。在感湿片外附设有加热清洗线圈，此清洗线圈主要是通过加热来排除附着在感湿片上的有害雾气及油雾、灰尘，恢复对水汽的吸附能力。

2）ZrO_2系厚膜型湿度传感器

由于烧结法制成的烧结体型陶瓷湿度传感器结构复杂，工艺上一致性差，特性分散。近来，国外开发了厚膜型湿度传感器，不仅降低了成本，而且提高了传感器的一致性。

ZrO_2系厚膜型湿度传感器的感湿层是用一种多孔ZrO_2系厚膜材料制成的，它可用碱金属调节阻值的大小并提高其长期稳定性。其结构如图4-4所示。

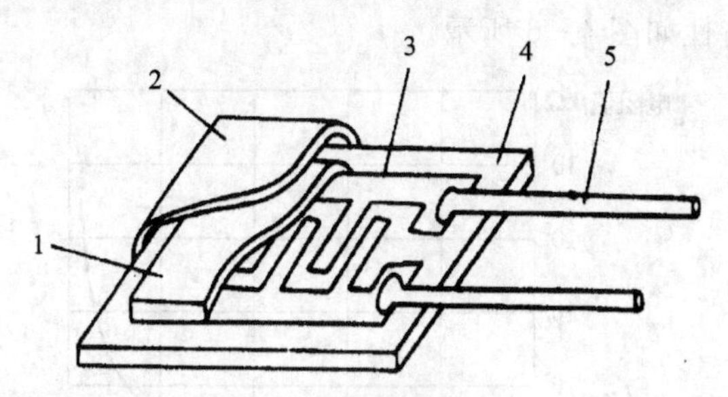

1—电极引线；2—印制的ZrO_2感湿层(厚为几十微米)；3—瓷衬底；
4—由多孔高分子膜制成的防尘过滤膜；5—用丝网印刷法印制的Au梳状电极

图4-4　ZrO_2湿度传感器的结构示意图

2. 有机高分子传感器

有机高分子湿度传感器常用的有高分子电阻式湿度传感器、高分子电容式湿度传感器和结露传感器等。

1）高分子电阻式湿度传感器

高分子电阻式传感器的工作原理是：由于水吸附在能作为电解质电解产生正、负离子的有极性基的高分子膜上，在低湿下，因吸附量少，不能产生荷电离子，所以电阻值较高。相对湿度增加时，吸附量也增加，集团化的吸附水就成为导电通道，高分子电解质的正负离子对主要起到载流子作用，这就使高分子湿度传感器的电阻值下降。

2）高分子电容式湿度传感器

高分子电容式湿度传感器是在高分子材料吸水后，元器件的介电常数随环境相对湿度的变化而变化，从而引起电容的变化。元器件的介电常数是水与高分子材料两种介电常数的总和。当含水量以水分子形式被吸附在高分子介质膜中时，由于高分子介质的介电常数(3～6)远远小于水的介电常数(81)，所以介质中水的成分对总介电常数的影响比较大，使元件对湿度有较好的敏感性能。高分子电容式湿度传感器的结构如图4-5所示。它在绝缘

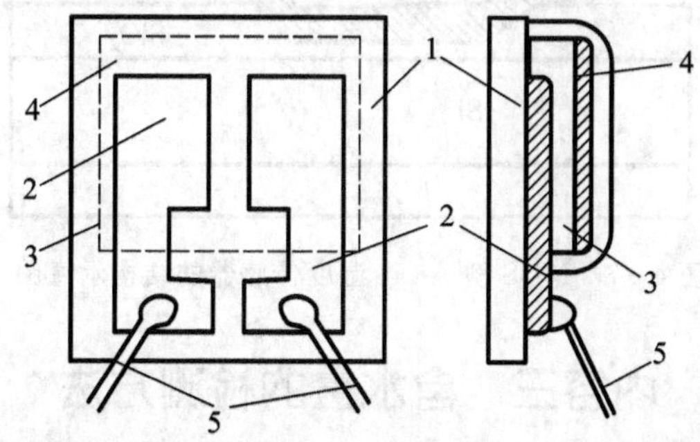

1—微晶玻璃衬底；2—下电极；3—敏感膜；4—多孔浮置电极；5—引线

图4-5　高分子电容式湿度传感器的结构示意图

衬底上制作一对平板金(Au)电极，然后在上面涂敷一层均匀的高分子感湿膜作电解质，在表层以镀膜的方法制作多孔浮置电极(Au膜电极)，形成串联电容。

3) 结露传感器

结露传感器利用了掺入碳粉的有机高分子材料吸湿后的膨胀现象。在高湿下，高分子材料的膨胀引起其中所含碳粉间距变化而产生电阻突变。利用这种现象可制成具有开关特性的湿度传感器。其特性如图 4－6 所示。

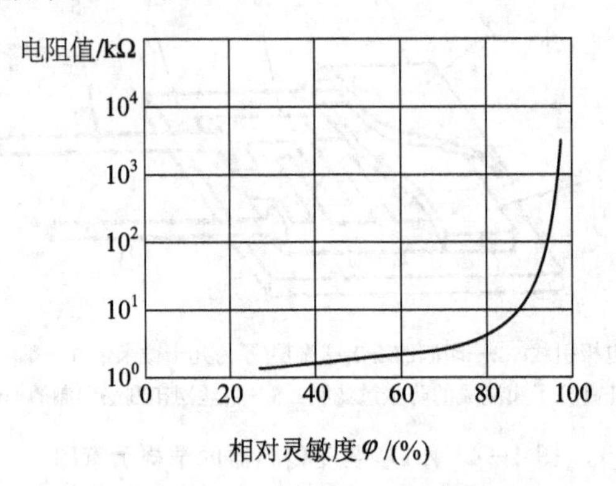

图 4－6　结露传感器的特性曲线

结露传感器是一种特殊的湿度传感器，它与一般湿度传感器不同之处在于它对低湿不敏感，仅对高温敏感。故结露传感器一般不用于测湿，而作为提供开关信号的结露信号器，用于自动控制或报警，例如用于检测磁带录像机、照相机结露及小汽车玻璃窗除露等。

3. 半导体湿度传感器

半导体湿度传感器品种也很多，这里以硅 MOS 型 Al_2O_3湿度传感器为例来说明其结构与工艺。由于传统的Al_2O_3湿度传感器气孔形状大小不一，分布不匀，所以一致性差，存在着湿滞大、一老化、性能漂移等缺点。硅 MOS 型 Al_2O_3湿度传感器是在 Si 单晶上制成 MOS 晶体管。其栅极是用热氧化法生长厚度为 80 nm 的 SiO_2膜，在此 SiO_2膜上用蒸发及阳极化方法制得多孔 Al_2O_3膜，然后再蒸镀上多孔金(Au)膜而制成的。此种传感器具有响应速度快、化学稳定性好、耐高低温冲击等特点。其结构如图 4－7 所示。

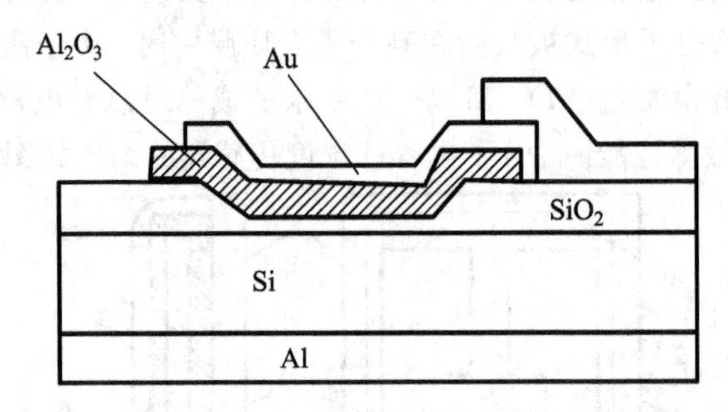

图 4－7　MOS 型 Al_2O_3湿度传感器的结构示意图

内容三　含水量的检测方法

通常将空气或其它气体中的水分含量称为“湿度”，将固体物质中的水分含量称为“含水量”。固体物质中所含水分的质量与总质量之比的百分数即含水量的值。固体中的含水量可用下列方法检测。

1. 称重法

将被测物质烘干前后的重量 G_H 和 G_D 测出，含水量的百分数便是：

$$W=\frac{G_H-G_D}{G_H}\times 100\%$$

这种方法很简单，但烘干需要时间，检测的实时性差，不适用于某些不能采用烘干法的产品。

2. 电导法

固体物质吸收水分后电阻变小，用测定电阻率或电导率的方法便可判断含水量。例如，用专门的电极安装在生产线上，可以在生产过程中得到含水量数据。但要注意被测物质的表面水分可能与内部含水量不一致，电极应设计成能测量纵深部位电阻的形式。

3. 电容法

水的介电常数远大于一般干燥固体物质，因此可用电容法测物质的介电常数，继而可测出该物质的含水量。这种方法很灵敏，造纸厂的纸张含水量便可用电容法测量。由于电容法是由极板间的电力线贯穿被测介质内部的，所以表面水分引起的误差较小。至于电容值的测定，可用交流电桥电路、谐振电路及伏安法等。

4. 红外吸收法

水分对波长为 1.94 μm 的红外射线吸收较强，并且可用几乎不被水分吸收的 1.81 μm 波长作为参比。由上述两种波长的滤光片对红外光进行轮流切换，根据被测物对这两种波长的能量吸收的比值便可判断含水量。

检测元器件可用硫化铅光敏电阻，但应使光敏电阻处在 10～15 ℃的某一温度下，为此要用半导体制冷器维持恒温。这种方法也常用于造纸业的连续生产线。

5. 微波吸收法

水分对波长为 1.36 cm 附近的微波有显著的吸收现象，它比植物纤维对此波段的吸收要大几十倍。利用这一原理可构成测木材、烟草、粮食、纸张等物质中含水量的仪表。采用微波法要注意的是被测物料的密度对检测结果的影响。使用这种方法的设备稍为复杂一些。

任务二 婴儿尿湿报警器

任务1 工作原理

宝宝小时候尿的次数很多，需要经常更换尿布，不然小屁股就会发红起湿疹，很不舒服。但是宝宝的小便很不规律，常常查看的话又会影响宝宝睡眠，这可能是多数年轻妈妈的苦恼。除此之外，对一些特殊患者的护理日间不带接尿器时小便困难，夜间怕尿床，都需要格外用心监护。尿湿报警器就解决了这方面的问题，如图 4-8 所示，它给人们的生活带来了方便。本任务中要制作一个简易的婴儿尿湿报警器电路。

图 4-8　婴儿尿湿报警器

该电路主要由湿度传感器和音乐报警器电路组成。湿度传感器两端的电阻随被测物品的湿度而变化，干燥时湿度传感器两端电阻非常大，处于绝缘状态；当被测物品含有水分时，湿度传感器受水分子作用具有导电能力，对音乐产生触发电信号，音乐片通过蜂鸣器放出音乐信号。婴儿尿湿报警器电路如图 4-9 所示。

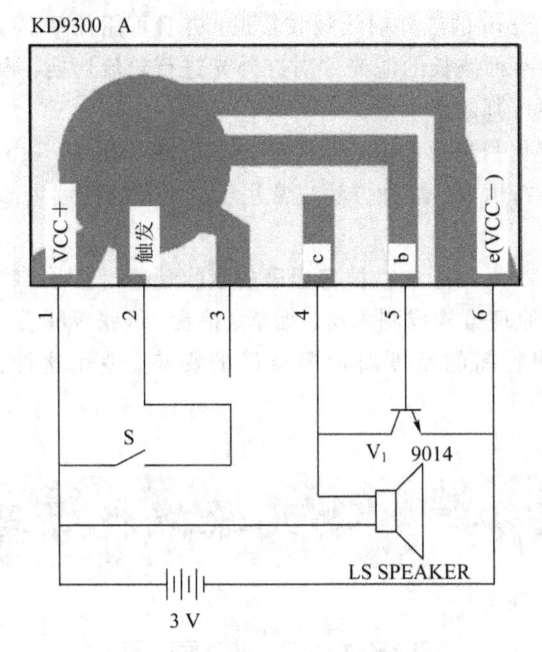

图 4-9　婴儿尿湿报警器电路原理图

内容二　尿湿报警器的制作与调试

1. 制作准备

制作婴儿尿湿报警器所需元器件清单见表 4-1。

表 4-1　婴儿尿湿报警器元器件清单

元器件		说明
音乐片	A	KD9300
湿度传感器	RS	—
蜂鸣器	SPEAKER	8Ω 0.5W
三极管	V_1	NPN 9013
稳压电源		3 V

2. 制作、调试过程

(1) 制作湿度传感器。湿度传感器可用印制板进行制作，在印制板上用刀刻(或腐蚀)成形状像两只手指交叉壮的金属图案，焊接引线就形成一个湿度传感器，如图 4-10 所示。条纹形状越密，其湿度传感器特性越强；条纹形状越疏，其湿度传感器特性越弱。也可采用废旧的电路板制作湿度传感器。

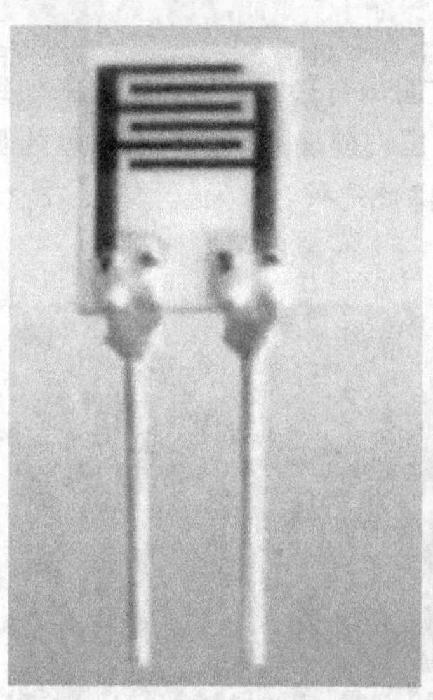

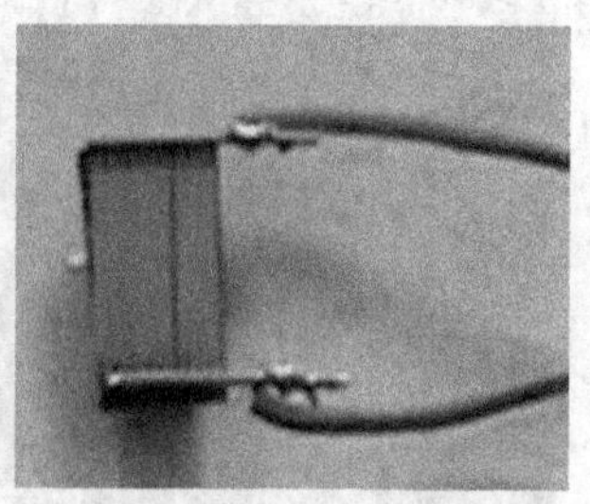

图 4-10　制作的湿度传感器

(2) 设计电路布局图。可以在布局设计用纸上进行设计。实物布局如图 4-11 所示。

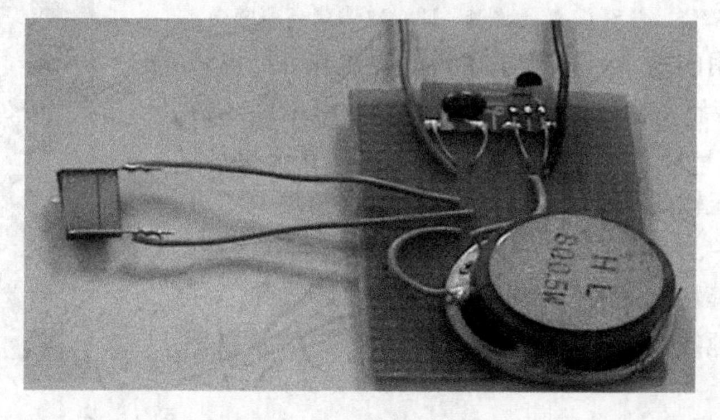

图 4-11　实物布局图

(3) 焊接元器件。在焊接元器件时要注意要合理布局，先焊小元器件，后焊大元器件，防止小元器件插接后焊接不便掉下来的现象发生。

(4) 检查。焊接完成后先自查，后请教师检查。如有问题，修改完毕，再请教师检查。

(5) 通电并调试电路。给电路接上电源，当电路制作正确时，在湿度传感器上滴上水，音乐片产生音乐通过喇叭自动报警。在调试过程中可能出现的常见问题有：如果电路不工作，可能音乐片连接错误，须按照音乐片引脚功能仔细连接；三极管发热，主要可能是引脚接错。该电路结构简单，无需过多调试即可完成电路功能。

3. 制作注意事项

(1) 音乐片有空孔，在实际电路中没有作用。

(2) 自制的传感器比买的要灵敏，可能较小的水迹就会产生报警现象，若在调试过程中手较湿，擦拭湿度传感器可能也会产生报警现象。

任务三　湿度测试仪

敦煌莫高窟(如图 4-12 所示)是人类文明的奇迹，但其石窟病害导致壁画受损现象是一直困扰文物保护人员并亟待解决的问题。国内外多家研究机构对敦煌莫高窟进行着常年温湿监测，这个过程中离不开湿度传感器。除此之外，像天气预报、农业生产、博物馆字画等都需要进行湿度的监控。本任务中将制作一个简单的湿度测试仪。

图 4-12　敦煌莫高窟壁画

本任务所使用的是 AM1001 湿度传感器模块，可以从网上购买。湿度传感器模块是相对湿度传感器与电路一体化的产品，如图 4-13 所示。模块的供给电压为直流电压，相对湿度通过电压输出进行计算，该模块具有精度高、可靠性高、一致性好、带温度补偿、长期使用稳定性好、使用方便及价格低廉等特点。该模块有三根引线，红线和黑线分别接电源线和地线，黄线是输出端。其主要技术参数见表 4-2。

图 4-13　AM1001 湿度传感器模块

表 4-2　AM1001 湿度传感器模块技术参数

指　标	说　明	特点及应用领域
供电电压(Vin)	DC 4.5～6 V	特点：功耗低、体积小、校准线性输出、可靠性高、使用方便、价格低廉 应用领域：空调、加湿器、除湿机、通信、大气环境监测、工业过程控制、农业、测量仪表等
消耗电流	约 2mA(MAX 3 mA)	
使用温度范围	0～50 ℃	
使用湿度范围	95%RH 以下(非凝露)	
湿度检测范围	20%～95%RH	
保存温度范围	0～50 ℃	
保存湿度范围	80%RH 以下(非凝露)	
湿度检测精度	±5%RH(25 ℃，30%～80%RH)	
电压输出范围	0.6～2.85 V DC(对应 20%～95%RH)	

本任务要制作的电路实物图如图 4-14 所示，从电池正极出来首先接三端稳压块 7805，从 7805 出来后接 AM1001 的黄色引线，黄色引线后接 LED，其中 AM1001 的红、黑线分别接电源正负极。

图 4-14　湿度测试电路实物图

1. 制作准备

制作这个电路所需的元器件见表 4-3。该电路的核心元器件是 AM1001 湿度传感器模块。该模块有三根引线，红色引线接电源正极，黑色引线接电源负极，黄色引线为输出端。准备一块 9 V 电池、一个三端稳压块 7805 和一个 LED(颜色不限)。

表 4-3　湿度测试仪元件清单

元器件及工具	说　明
湿度传感器模块	AM1001
发光二极管	LED
三端集成稳压块	7805
焊接用的各种工具	—

2. 制作、调试过程

(1) 湿度传感器模块 AM1001 使用注意事项。AM1001 是一个模块电路，因此在电路制作中难度不大，其应用的是 5 V 的电源电压。AM1001 模块的三根引线使用时一定要注意，红色引线接电池正极，黑色引线接电池负极，黄色引线为输出端，直接接 LED。

(2) 加 7805 的意义。在该电路中又接了一个三端稳压块 7805，接 7805 是为保护湿度传感器模块 AM1001 的，不管接的是直流电源还是 9 V 的电池，经过 7805 后输出的都是 5 V 直流的电压。因此在该电路中接了稳压块 7805。

（3）调试。加 9 V 电池后将湿度传感器模块置于潮气较大的环境下，LED 灯会亮，如用吹风机吹干湿度传感器模块，LED 灯将熄灭。

3. 制作注意事项

（1）LED 的极性。

（2）AM1001 三根引线不要接错。

（3）注意 7805 的接法。

思考与练习

1. 含水量检测与一般的湿度检测有何不同？
2. 烟雾检测与一般的气体检测有何区别？
3. 根据所学知识试画出自动吸排油烟机的电路原理框图，并分析其工作过程。
4. 目前湿度检测研究的主要方向是什么？

项目五　光电传感器

知识学习目标

- ➤ 掌握光电效应的基本概念；
- ➤ 掌握光电器件工作原理及特性；
- ➤ 掌握光纤传感器的工作原理。

实践训练目标

- ➤ 掌握光敏电阻的检测方法；
- ➤ 能分辨二极管及晶闸管的极性；
- ➤ 能完成家居防盗报警器电路的安装调试。

任务一　项目学习引导

内容一　基本概念

一、光电效应

光电元件的理论基础是光电效应。光可以认为是由一定能量的粒子(光子)所形成的，每个光子具有的能量 $h\gamma$ 正比于光的频率 γ(h 为普朗克常数)。光的频率越高，其光子的能量就越大。用光照射某一物体，可以看做物体受到一连串能量为 $h\gamma$ 的光子所轰击，组成该物体材料吸收光子能量而发生相应电效应的物理现象称为光电效应。通常把光电效应分为三类，即外光电效应、内光电效应和光生伏特效应。根据这些光电效应可制成不同的光电转换器件(光电器件)，如光电管、光电倍增管、光敏电阻、光敏晶体管及光电池等。

1. 外光电效应

光照射于某一物体上，使电子从这些物体表面逸出的现象称为外光电效应，也称光电发射。逸出来的电子称为光电子。外光电效应可由爱因斯坦光电方程来描述：

$$\frac{1}{2}mv^2=h\gamma-A$$

式中：m 为电子质量；v 为电子逸出物体表面时的初始速度；h 为布朗克常数，$h=6.626\times10^{-34}$ J·s；γ 为入射光频率；A 为物体逸出功率。

根据爱因斯坦假设，一个光子的能量只能给物体中的一个自由电子，使自由电子能量增加 $h\gamma$，这些能量一部分用于克服逸出功 A，另一部分作为光电子逸出时的初动能($mv^2/2$)。

由于逸出功与材料的性质有关，在材料选定后，要使物体表面有电子逸出，入射光的频率 γ 有一最低的限度，相应的波长称为红限波长。在 $h\gamma$ 大于 A（入射光频率超过红限频率）的情况下，光通量越大，逸出的电子数目越多，电路中光电流也越大。

2. 内光电效应

光照射于某一物体上，使其导电能力发生变化，这种现象称为内光电效应，也称光电导效应。

许多金属硫化物、硒化物及碲化物等半导体材料，如硫化镉、硒化镉、硫化铅、硒化铅等在受到光照时均会出现电阻下降的现象。电路中反偏的 PN 结在受到光照时也会在该 PN 结附近产生光生载流子(电子—空穴对)，从而对电路造成影响。利用上述现象可制成光敏电阻、光敏二极管、光敏晶体管、光敏晶闸管等光电转换器件。

3. 光生伏特效应

在光线作用下，物体产生一定方向电动势的现象称为光生伏特效应。具有该效应的材料有硅、硒、氧化亚铜、硫化镉、砷化镓等。例如，在一块 N 型硅上，用扩散的方法掺入一些 P 型杂质，而形成一个大面积的 PN 结，由于 P 层做得很薄，所以光线能穿透到 PN 结上。当一定波长的光照射 PN 结时，就产生电子—空穴对，在 PN 结内电场的作用下，空穴移向 P 区，电子移向 N 区，于是 P 区和 N 区之间产生电压，即光生电动势。利用该效应可制成各类光电池。

二、光电器件

利用光电效应可制成各种光电转换器件，即光电式传感器。

1. 光电管

光电管的外形如图 5-1 所示。金属阳极 A 和阴极 K 封装在一个玻璃壳内，当入射光照射在阴极时，光子的能量传递给阴极表面的电子，当电子获得的能量足够大时，就会克服金属表面对电子的束缚(称为逸出功)而逸出金属表面，形成电子发射，这种电子称为光电子。在光照频率高于阴极材料红限频率的前提下，溢出电子数量取决于光通量，光通量越大，溢出电子越多。当在光电管阳极间加适当正向电压(数十伏)时，从阴极表面溢出的电子被具有正向电压的阳极所吸引，在光电管中形成电流，称为光电流。光电流正比于光电子数，而光电子数又正比于光通量。

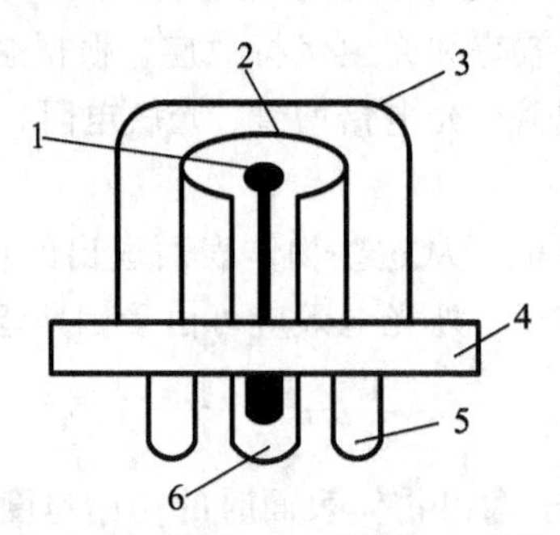

1—阳极A；2—阴极K；3—玻璃外壳；4—管座；5—电极引脚；6—定位销

图 5-1　一种常见光电管的外形

光电管电路符号及测量电路如图 5-2 所示。

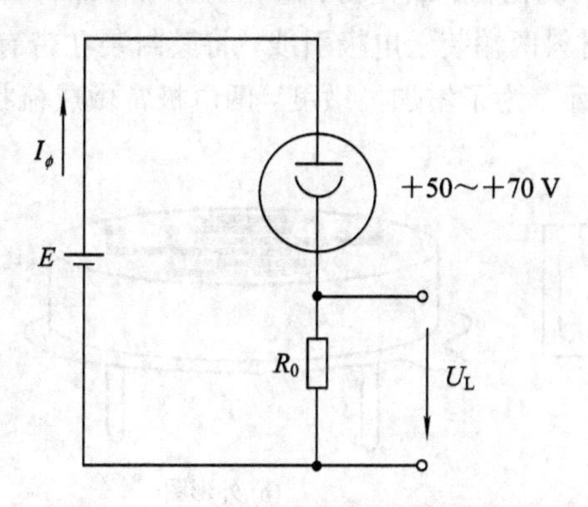

图 5-2　光电管电路符号及测量电路

2. 光电倍增管

光电倍增管有放大光电流的作用，灵敏度非常高，信噪比大，线性好，多用于微光测量。图 5-3 所示为光电倍增管的结构及工作原理。

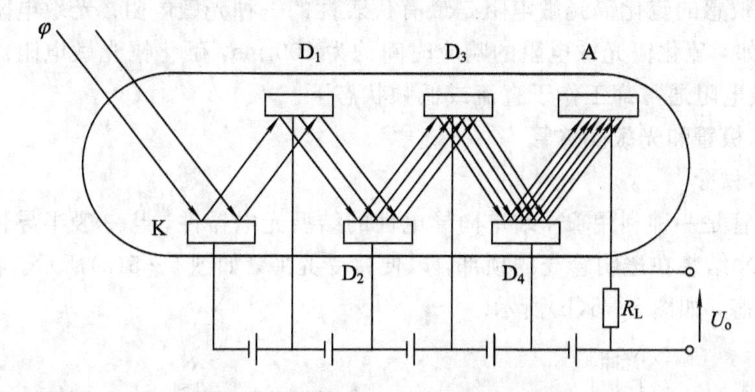

图 5-3　光电倍增管结构及工作原理

从图 5-3 中可以看到，光电倍增管也有一个阴极 K 和一个阳极 A。与光电管不同的是，在它的阴极和阳极间设置了许多二次发射电极 D_1、D_2、D_3、……，它们又称为第一倍增极、第二倍增极、……，相邻电极间通常加上 100 V 左右的电压，其电位逐级升高，阴极电位最低，阳极电位最高，两者之差一般在 600～1200 V。

当微光照射阴极 K 时，从阴极 K 上逸出的光电子被第一倍增极 D_1 所加速，以很高的速度轰击 D_1，入射光电子的能量传递给 D_1 表面的电子。D_1 发射出来的二次电子被 D_1、D_2 间的电场加速，射向 D_2，并再次产生二次电子发射，得到更多的二次电子。这样逐级前进，一直到最后达到阳极 A 为止。若每级的二次电子发射倍增率为 δ，共有 n 级(通常可达 9～12 级)，则光电倍增管阳极得到的光电流比普通光电管大 δ^n 倍，因此光电倍增管灵敏度极高，其光电特性基本上是一条直线。

光电管和光电倍增管同属于用外光电效应制成的光电转换器件。

3. 光敏电阻

光敏电阻的工作原理是基于内光电效应。在半导体光敏材料两端装上电极引线，将其封装在带有透明的管壳里就构成了光敏电阻，其原理图如图 5-4(a)所示。为了增加灵敏度，两电极常做成梳状。光敏电阻的外形如图 5-4(b)所示，图形符号如图 5-4(c)所示。

光敏电阻的材料有金属硫化物、硒化物、碲化物等半导体材料，如硫化镉(CdS)、硒化镉(CdSe)等。在半导体光敏材料两端装上电极引线，将其封装在带有透明窗的管壳里就构成了光敏电阻，如图 5-4(a)所示。为了增加灵敏度，两电极常做成梳状，如图 5-4(b)所示。

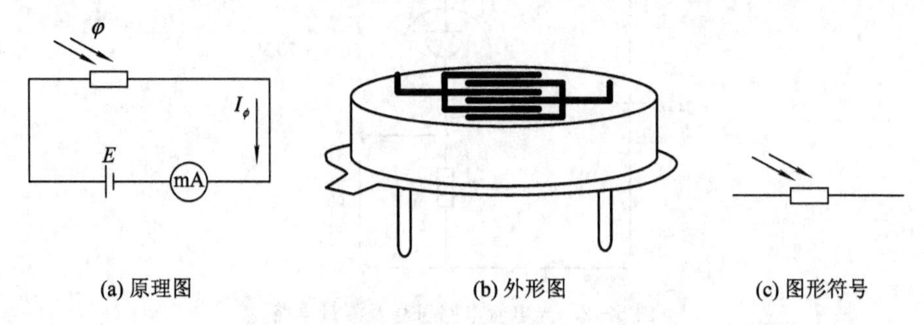

图 5-4　光敏电阻的原理、外形及图形符号

光敏电阻无光照时的暗电阻一般大于 1500 kΩ，在有光照时，其亮电阻为几千欧，两者差别较大。

对可见光敏感的硫化镉光敏电阻是最有代表性的一种光敏电阻。光敏电阻的光照响应速度较慢。例如，硫化镉光敏电阻的响应时间约为 100 ms，硒化镉光敏电阻的响应时间约为 10ms。光敏电阻通常都工作于直流或低频状态下。

4. 光敏二极管和光敏晶体管

1) 光敏二极管

光敏二极管是一种利用 PN 结单向导电性的结型光电器件，与一般半导体二极管不同之处在于其 PN 结装在透明管壳的顶部，以便接受光照，如图 5-5(a)所示。它在电路中处于反向偏置状态，如图 5-5(b)所示。

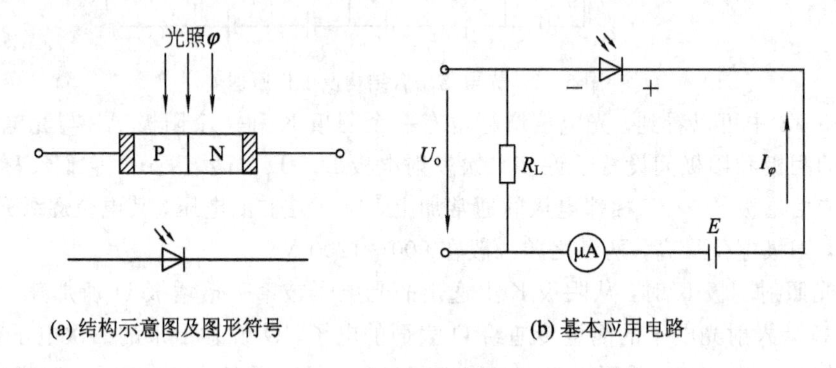

图 5-5　光敏二极管

在没有光照时，由于二极管反向偏置，所以其反向电流很小，这时的电流称为暗电流。当光照射在二极管的 PN 结附近时产生电子—空穴对，并在外电场的作用下漂移越过 PN 结，产生光电流。若入射光的照度增强，则光产生的电子—空穴对数量随之增加，光电流也相应增大。光电流与光照度成正比。

目前还研制出了一种雪崩式光敏二极管(APD)，由于 APD 利用了二极管 PN 结的雪崩效应(工作电压在 100 V 左右)，所以灵敏度极高，响应速度极快，可达到百兆赫兹，可用于光纤通信及微光测量。

2）光敏晶体管

光敏晶体管有两个PN结，从而可以获得电流增益。它的结构、等效电路、图形符号及应用电路分别如图5－6(a)、(b)、(c)、(d)所示。

光敏晶体管与一只普通晶体管制作在同一个管壳内，连接成复合管，如图5－6所示，称为达林顿型光敏晶体管。它的灵敏度更大($\beta=\beta_1\beta_2$)。但是达林顿光敏晶体管的漏电(暗电流)较大，频响较差，温漂也较大。

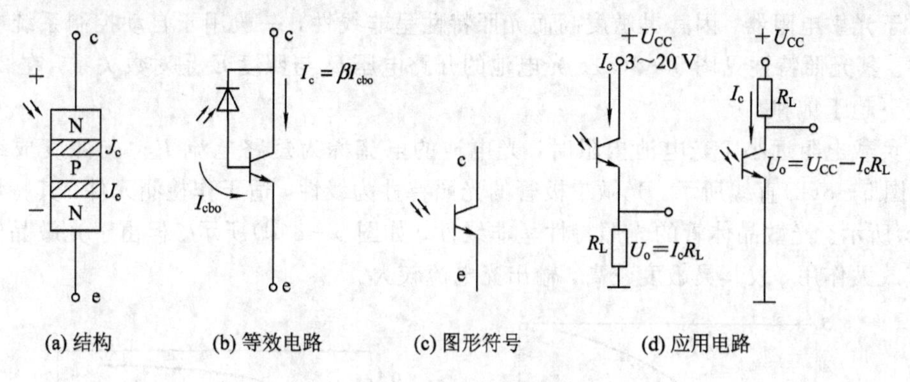

图5－6　光敏晶体管

5. 光电池

光电池的工作原理是基于光生伏特效应。当光照射在光电池上时，可以直接输出电动势及光电流。

图5－7所示是硅光电池的结构与图形符号。通常是在N型衬底上制造一薄层P型区作为光照敏感面。当入射光子的数量足够大时，P型区每吸收一个光子就产生一对光生电子—空穴对，光生电子—空穴对的浓度从表面向内部迅速下降，形成由表及里的自然趋势。PN结的内电场使扩散到PN结附近的电子—空穴对分离，电子被拉到N型区，空穴被拉到P型区，故N型区带负电，P型区带正电。如果光照是连续的，经短暂的时间(μs数量级)，在新的平衡状态被建立后，PN结两侧就有一个稳定的光生电动势输出。

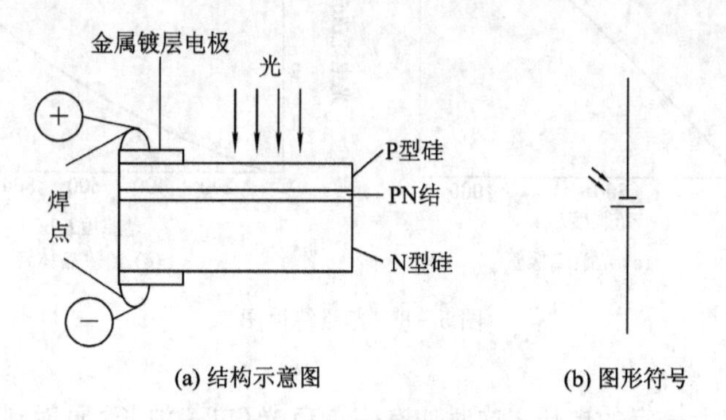

图5－7　硅光电池

光电池的种类很多，有硅、砷化镓、硒、氧化铜、锗、硫化镉光电池等。应用最广的是硅光电池，其具有性能稳定、光谱范围宽、频率特性好、传递效率高、能耐高温辐射、价格便宜等优点。

大面积的光电池组按功率和电压的要求进行串、并联，组成方阵，可以做成太阳能电池电源。太阳能电池在宇宙开发、航空、通信、交通、家用电器等方面得到了广泛应用。

三、光电器件的特性

1. 光照特性

当光电元件上加上一定电压时，光电流 I 与光电元件上光照度 E 之间的对应关系称为光照特性，一般可表示为

$$I = f(E)$$

对于光敏电阻器，因其灵敏度高而光照特性呈非线性，一般用于自动控制系统中的开关元件。其光照特性见图 5-8(a)。光电池的开路电压 U 与照度 E 是对数关系，在 2000 lx 的照度下趋于饱和。

在负载电阻远小于光电池内阻时，光电池的电流称为短路电流 I_{sc}，与照度成线性关系，如图 5-8(b)直线所示。光敏二极管的光照特性为线性，适于作检测元件，其特性如图 5-8(c)所示。光敏晶体管的光照特性呈非线性，如图 5-8(d)所示。但由于光敏晶体管内部具有放大作用，故其灵敏度较高，输出光电流较大。

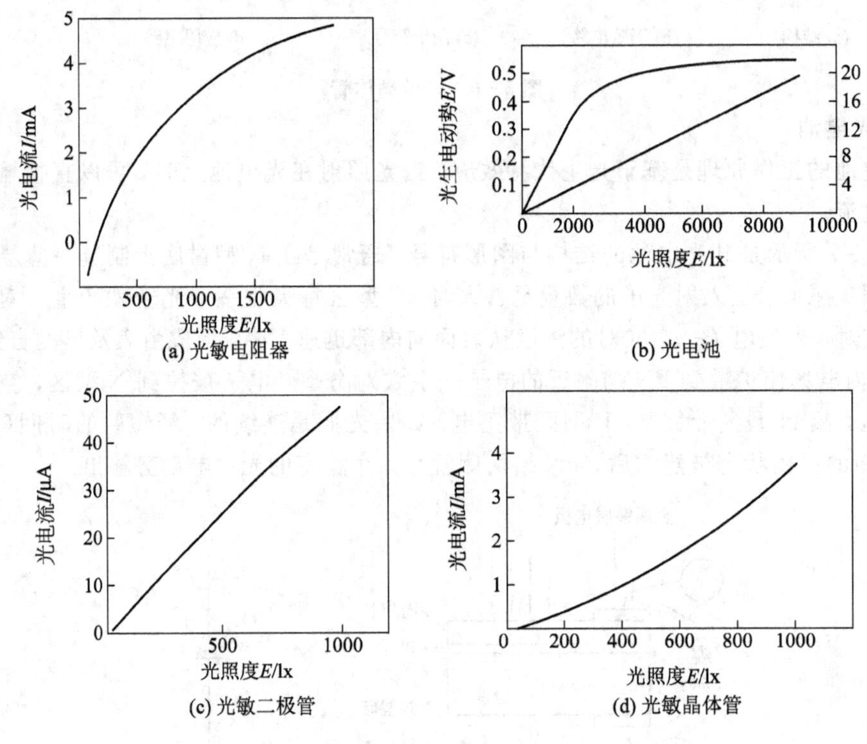

图 5-8　光照特性图

2. 光谱特性

光敏元件上加上一定的电压，这时如有一单色光(单一波长)照射到光敏元件上，若入射光功率相同，则光电流会随入射光波长的不同而变化。

入射光波长与光敏器件相对灵敏度或相对光电流间的关系即为该元件的光谱特性。各光敏器件的光谱特性如图 5-9 所示。由图 5-9 可见，元件材料不同，所能响应的峰值波长也不同。因此，应根据光谱特性来确定光源与光电器件的最佳匹配。在选择光敏元件时，应使最大灵敏度在需要测量的光谱范围内，才有可能获得最高灵敏度。

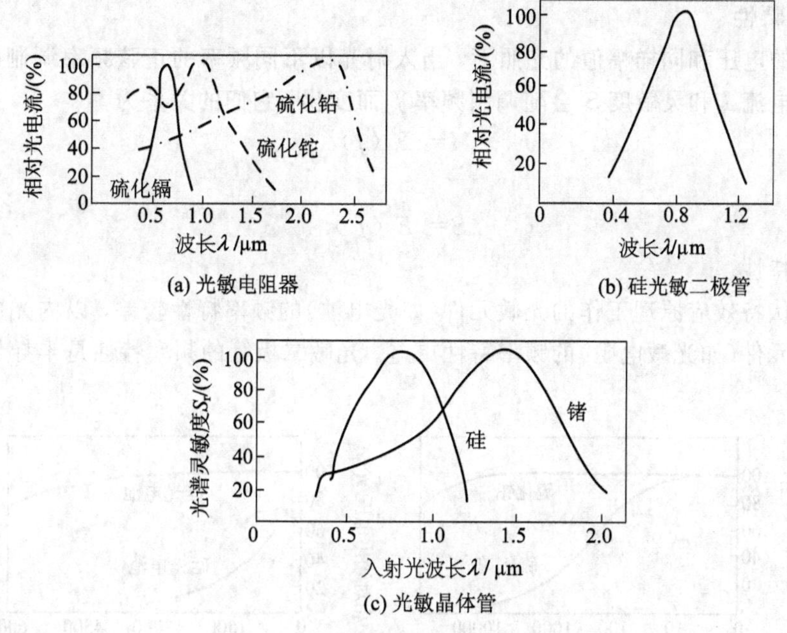

(a) 光敏电阻器

(b) 硅光敏二极管

(c) 光敏晶体管

图 5－9 各种光敏元件的光谱特性图

3. 伏安特性

在一定照度下，光电流 I 与光敏元件两端电压 U 的对应关系称为伏安特性。各种光敏元件的伏安特性如图 5－10 所示。伏安特性可以帮助我们确定光敏元件的负载电阻，设计应用电路。

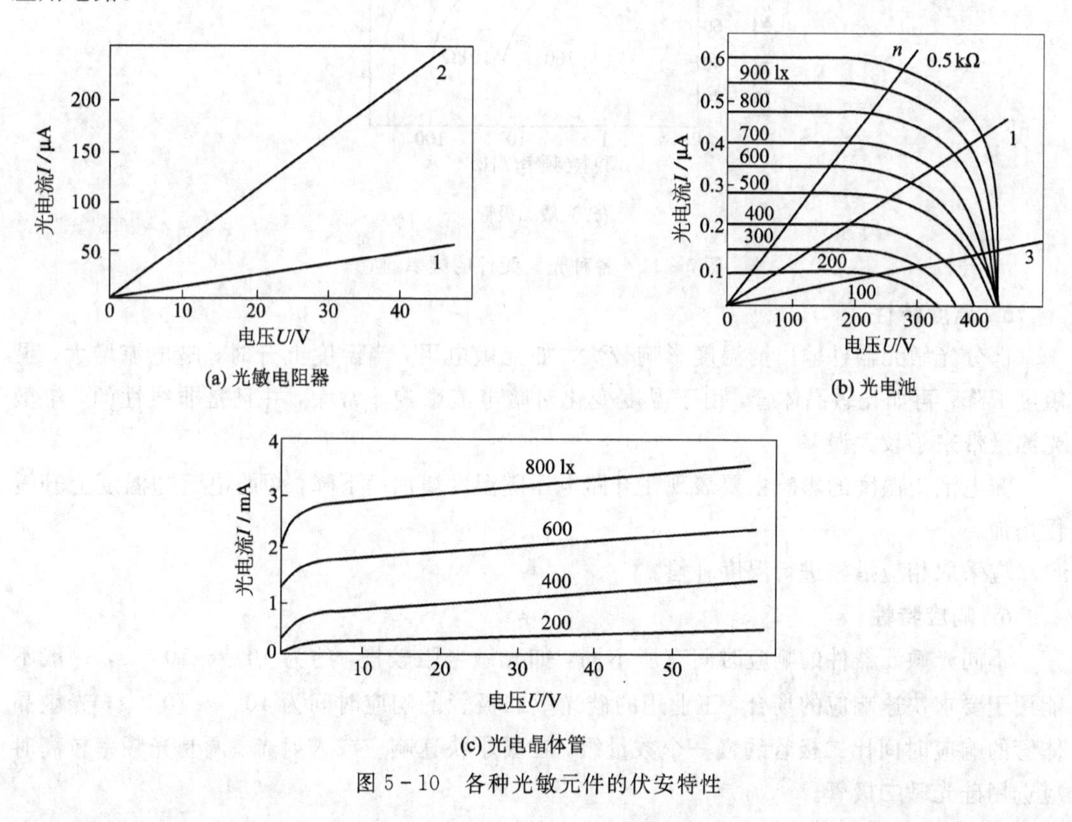

(a) 光敏电阻器

(b) 光电池

(c) 光电晶体管

图 5－10 各种光敏元件的伏安特性

4. 频率特性

在相同的电压和同样幅值的光照下，当入射光以不同频率的正弦频率调制时，光敏元件输出的光电流 I 和灵敏度 S 会随调制频率 f 而变化，它们的关系为

$$I=F_1(f)$$

或

$$S=F_2(f)$$

这称为频率特性。

以光生伏特效应原理工作的光敏元件(如光电池)的频率特性较差，以内光电效应原理工作的光敏元件(如光敏电阻)的频率特性更差。光敏二极管的频率特性是半导体光敏元件中最好的。

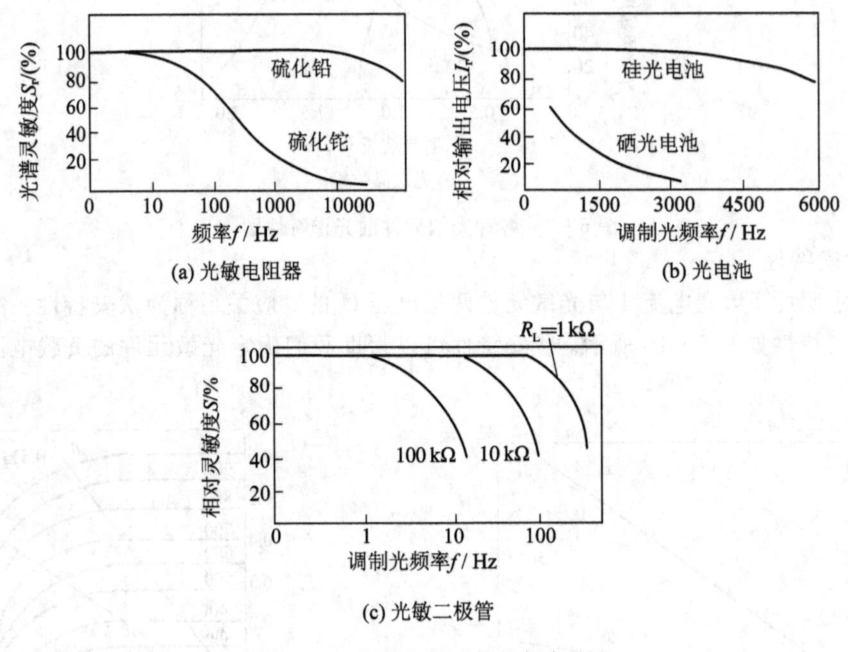

图 5-11　各种光敏元件的频率响应

5. 温度特性

部分光敏元器件输出受温度影响较大。如光敏电阻，当温度上升时，暗电流增大，灵敏度下降；再如光敏晶体管，由于温度变化对暗电流影响非常大，并且是非线性的，给微光测量带来了较大误差。

光电池受温度的影响主要表现在开路电压随温度增加而下降，短路电流随温度上升缓慢增加。

应采取相应措施进行温度补偿。

6. 响应特性

不同光敏元器件的响应时间有所不同，如光敏电阻较慢，约为 $10^{-1}\sim10^{-3}$ s，一般不能用于要求快速响应的场合。工业用的硅光敏二极管的响应时间为 $10^{-5}\sim10^{-7}$ s，光敏晶体管的响应时间比二极管约慢一个数量级，在要求快速响应或入射光、调制光频率较高时应选用硅光敏二极管。

四、光电耦合器件

将发光器件与光敏元件集成在一起便可构成光耦合器件，图 5-12 为其结构示意图。图(a)为窄缝透射式，可用于片状遮挡物体的位置检测或码盘、转速测量中；图(b)为反射式，可用于反光体的位置检测，对被测物不限制厚度；图(c)为全封闭式，用于电路的隔离。

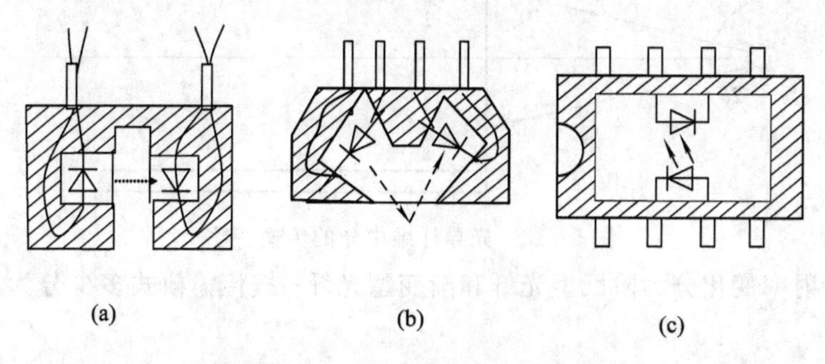

图 5-12　光耦合器典型结构

一般来说，目前常用的光电耦合器里的发光元件多半是发光二极管，光敏元件多为光敏二极管和光敏晶体管，少数采用光敏达林顿管或光控晶闸管。

对于光耦合器的特性，应注意以下各项参数：

(1) 电流传输比；

(2) 输入、输出间的绝缘电阻；

(3) 输入、输出间的耐压；

(4) 输入、输出间的寄生电容；

(5) 最高工作频率；

(6) 脉冲上升时间和下降时间。

内容二　光纤传感器

光纤传感器可分为功能型传感器和非功能型传感器。功能型传感器利用光纤本身的特性随被测量发生变化，即利用光纤作为敏感元件，又称为传感型光纤传感器。非功能型传感器利用其他敏感元件来感受被测量的变化，光纤仅作为光的传输介质，也称为传光型光纤传感器或混合型光纤传感器。

一、光纤传感元件

光导纤维是用比头发丝还细的石英玻璃制成的，每根光纤由圆柱形的内芯和包层组成。内芯的折射率略大于包层的折射率。

光是直线传播的。然而入射到光纤中的光线却能限制在光纤中，而且随着光纤的弯曲而走弯曲的路线，并能传送到很远的地方。光纤的直径比光的波长大很多，可以用几何光学的方法来说明光在光纤中的传播。当光从光密(折射率大)介质射向光疏(折射率小)介质，且入射角大于临界角时，光会产生全反射，即光不再离开光密介质。光纤圆柱形内芯

的折射率 n_1 大于包层的折射率 n_2。因此，如图 5－13 所示，在角 2θ 之间的入射光，除了在光纤玻璃中吸收和散射之外，大部分在界面上产生多次反射，以锯齿形的线路在光纤中传播。在光纤的末端以与入射角相等的出(反)射角射出光纤。

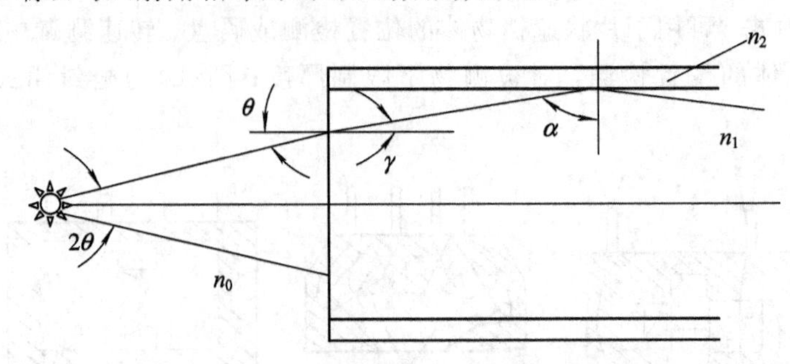

图 5－13　光导纤维中光的传输特性

光纤按折射率变化分为阶跃型光纤和渐变型光纤；按传输模式多少分为单模光纤与多模光纤。

光纤的主要参数如下：

1. 数值孔径

无论光源发射功率有多大，只有 2θ 张角之内的光功率能被光纤接收。角 2θ 与光纤内芯和包层材料的折射率有关，我们将 θ 的正弦定义为光纤的数值孔径(NA)。

$$\mathrm{NA}=\sin\theta=(n_1^2-n_2^2)^{\frac{1}{2}}$$

一般希望有大的数值孔径，以利于耦合效率的提高。但数值孔径越大，光信号畸变就越严重，所以要适当选择。

2. 光纤模式

光纤模式简单地说就是光波沿光纤传输的途径和方式。多模光纤中，同一光信号采用很多模式传输，会使这一光信号分裂为不同时间到达接收端的多个小信号，导致合成信号畸变。希望模式数量越少越好，尽可能在单模方式下工作，即单模光纤。阶跃型的圆筒光纤内传播的模式数量可简单表示为

$$v=\frac{\pi d(n_1^2-n_2^2)^{\frac{1}{2}}}{\lambda_0}$$

3. 传播损耗

由于光纤纤芯材料的吸收、散射以及光纤弯曲处的辐射损耗等影响，光信号在光纤中的传播不可避免地会有损耗。假设从纤芯左端输入一个光脉冲，其峰值强度(光功率)为 I_0，传播损耗后，光纤中任一点处的光强度为

$$I(L)=I_0\mathrm{e}^{-\alpha L}$$

二、常用光纤传感器

光纤传感器的种类很多，工作原理也各不相同，但都离不开光的调制和解调两个环节。光调制就是把某一被测信息加载到传输光波上。承载了被测信息的已调制光，传输到光探测系统后再经解调，便可获得所需的该被测信息。常用的光调制方法有强度调制、相位调制、频率调制、偏振调制等几种。

1. 光纤压力传感器

光纤压力传感器按光强度调制原理制成，结构如图 5-14 所示，其工作原理如下：

(1) 被测力作用于膜片，使光纤与膜片间的气隙减小，使棱镜与光吸收层之间的气隙发生改变。

(2) 气隙发生改变引起棱镜界面上全(内)反射的局部破坏，造成一部分光离开棱镜的上界面，进入吸收层并被吸收，致使反射回接收光纤的光强度减小。

(3) 接收光纤内反射光强度的改变可由桥式光接收器检测出来。

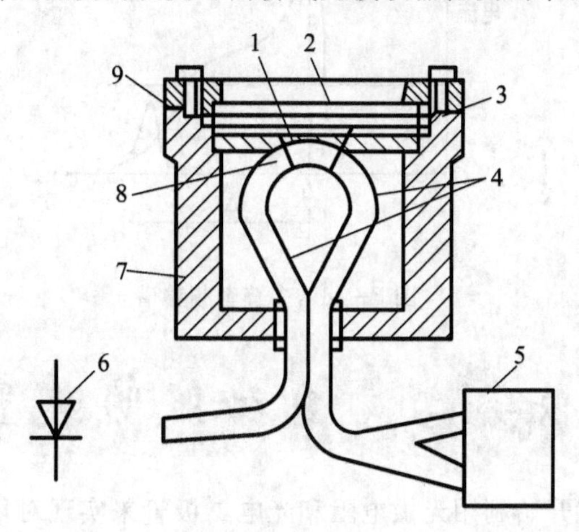

1—膜片；2—光吸收层；3—垫圈；4—光导纤维；5—桥式光接收线路；
6—发光二极管；7—壳体；8—棱镜；9—上盖

图 5-14　光纤压力传感器结构

(4) 桥式光接收器输出信号的大小只与光纤及膜片间的距离及膜片的形状有关。

光纤压力传感器不受电磁干扰，响应速度快、尺寸小、重量轻、耐热性好，由于没有导电元件，特别适合于有防爆要求的场合使用。

2. 光纤血流传感器

光纤血流传感器是利用频率调制原理，也就是利用光的多普勒效应制成的，在这里光纤只起传输作用，如图 5-15 所示。

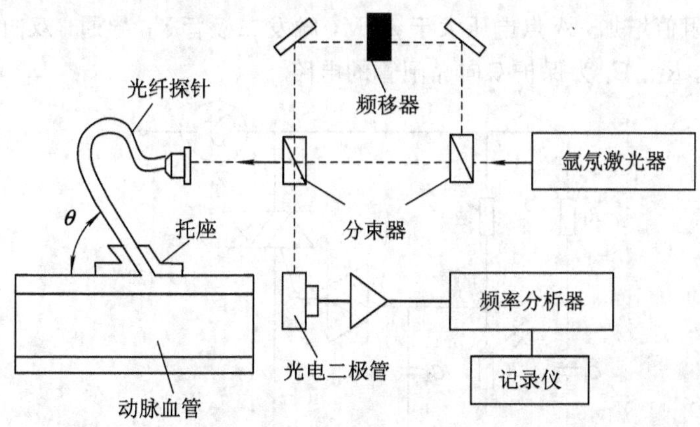

图 5-15　光纤血流传感器

激光器发出的光波频率为 f，激光束由分束器分为两束：一束作为测量光束，通过光纤探针进到被测血液中，由于血流速度，其反射光具有多普勒频移 Δf；另一束作为参考光由频移器产生参考频移。光电二极管接收该两束光信号，送入频率分析器分析，记录仪上显示对应于血流速度的多普勒频移谱，如图 5-16 所示。图中，I 表示输出的光电流，f_0 表示最大频移，Δf 的符号由血流方向确定。

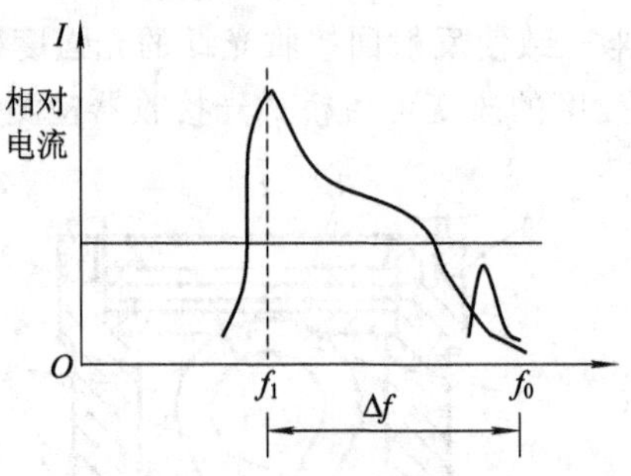

图 5-16　多普勒频移谱

任务二　自动照明装置

几十年前，人们就开始利用光敏电阻和光电二极管来实现对环境光的检测。随着这些年人们对绿色节能以及产品智能化的关注，环境光电传感器获得了越来越多的应用。在日常生活中，自动照明灯就是光电传感器的实际应用。

内容一　工作原理

自动照明灯适用于医院、学生宿舍及其他公共场所。它可在光线较强的情况下自动熄灭，而在夜晚或光线较弱的情况下自动点亮，给人们的生活带来了极大的方便。其电路图如图 5-17 所示。V_D 为触发二极管，触发电压约为 30 V 左右。白天，光敏电阻的阻值低，A 点分压低于 30 V，触发二极管截止，双向晶闸管 V_T 无触发电流，呈断开状态。晚上天黑，光敏电阻的阻值增加，A 点电压大于 30 V，触发二极管 V_D 导通，双向晶闸管 V_T 呈导通状态，电灯亮。R_1、C_1 为保护双向晶闸管的电路。

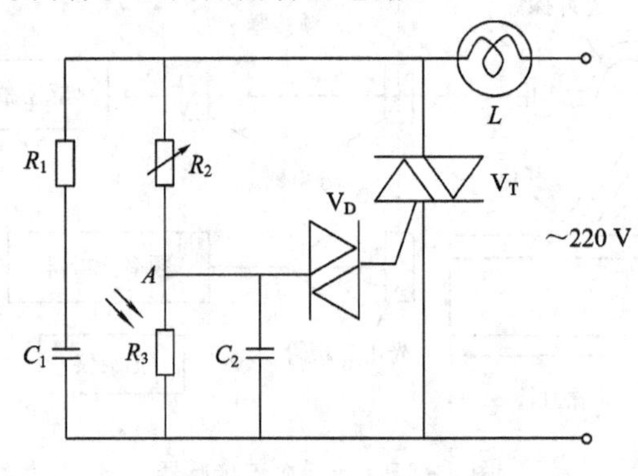

图 5-17　自动照明灯电路

内容二　自动照明装置的制作与调试

1. 光敏电阻的检测

(1) 用一张黑纸片将光敏电阻的透光窗口遮住，此时万用表的指针基本保持不动，阻值接近无穷大。此值越大说明光敏电阻性能越好。若此值很小或接近零，说明光敏电阻已经烧穿损坏，不能再继续使用。

(2) 将一个光源对准光敏电阻的透光窗口，此时万用表的指针应有较大幅度的摆动，阻值明显减小，此值越小说明光敏电阻性能越好。若此值很大甚至无穷大，则表明光敏电阻内部开路损坏，也不能再继续使用。

(3) 将光敏电阻透光窗口对准入射光线，用小黑片在光敏电阻的遮光窗上部晃动，使其间断受光，此时万用表指针应随黑纸片的晃动而左右摆动。如果万用表指针始终停在某一位置不随纸片晃动而摆动，说明光敏电阻的光敏材料已经损坏。

2. 二极管的极性判断

二极管具有单向导电特性，即正向电阻很小，反向电阻很大。利用万用表检测二极管正、反向电阻值，可以判别二极管电极极性，同时可以判断二极管是否损坏。

将万用表置于 $R\times100$ 挡或 $R\times1\text{k}$ 挡，红、黑表笔分别接二极管的两个电极，测出一个结果后，对调两表笔，再测出一个结果。两次测量的结果中，测量出的阻值较大的为反向电阻，测量出的阻值较小的为正向电阻，此时说明二极管性能优良。在阻值较小的测量中，黑表笔接的是二极管的正极，红表笔接的是二极管的负极。若二极管正、反向电阻值都很大，说明二极管内部断路；反之，阻值都很小说明二极管内部有短路故障，此两种情况下二极管都不能正常工作，需要更换二极管。

3. 晶闸管的引脚极性

晶闸管在工作过程中，它的阳极(A)和阴极(K)与电源和负载连接，组成晶闸管的主电路，晶闸管的门极 G 和阴极 K 与控制晶闸管的装置连接，组成晶闸管的控制电路。将万用表拨至 $R\times1$ 挡，测量任意两脚间的电阻，仅当黑表笔接 G 极、红表笔接 K 极时，电阻呈低阻值，对其他情况电阻值均为无穷大。由此可迅速判定 G、K 极，剩下的就是 A 极。(此处指的是指针表，电子式万用表红表笔与电池正极相连，指针表红表笔与电池负极相连。)

4. 画出布局设计图纸

按照设计要求，在图纸上画出布局设计图，并标注每个元件参数。

5. 焊接元器件

在焊接元器件时注意要合理布局，先焊小元器件，后焊大元器件，防止小元器件插接后掉下来的现象发生。

6. 检查

焊接完成后先自查，后请老师检查。如有问题，修改完毕，再请老师检查。

7. 通电并调试电路

给电路接上电源，当电路制作正确，在光线充足的环境下灯泡不亮，随着周围光线的逐渐减弱达到一定程度时，灯泡点亮。通过调节电位器值的大小可以调节周围环境光线强弱控制灯泡的自动照明。在调试过程中可能出现的常见问题有：如果电路不工作，可能是单向晶闸管连接错误；如果连接没有错误，但电路不工作，可能是周围环境太亮，需要有效遮挡光线。

任务三　防盗报警器

人人都需要有一个安全、舒适的生活环境和工作环境，人们的人身安全、财产安全需要得到保护。随着现代高新技术的进步以及人们防范意识的提高，各种安全技术防范设施应运而生。其中，安全防范报警系统就是最重要、最具代表性的安全技术防范设施之一。本任务中设计的家居防盗报警器的功能和要求分别如下所述。

防盗报警器的主要功能如下：

(1) 主机有四个控制按键，一个按键为布防，一个按键为遇到紧急情况紧急报警(或是测试键)，一个为撤防，一个为单片机的上电复位按键。

(2) 按下布防按键，30 s后进入监控状态(此时有人靠近不报警)，当有人靠近时，热释红外感应到信号，传回给单片机，单片机马上进行报警。按下撤防按键解除布防。

(3) 当遇到特殊紧急情况时，可按下紧急报警键(测试键)，蜂鸣器进行报警(前提是在布放状态下)。

(4) 布防时数码管显示“b”，撤防时数码管显示“c”，测试或报警时数码管显示“—”。

防盗报警器的设计要求如下：

(1) 等待状态：按下布防键后数码管显示字母“b” 30 s，之后数码管显示熄灭，进入布防状态(从按下按键到30 s计时到，可以重复按下布防键延长计时时间，不累计，指示重新计时30 s。也可按下撤防键取消布防)。

(2) 布防状态：感应模块有信号时，数码管显示数字“—”，蜂鸣器报警；

(3) 报警状态：按下撤防键，数码管显示字母“c”，蜂鸣器停止鸣响，系统进入等待布防状态。

(4) 紧急状态：当系统处于布防状态时，可以按下SOS键开启报警，此时蜂鸣器鸣响，数码管显示数字“—”。

内容一　工作原理

一、家居防盗报警器的硬件组成

家居防盗报警器主要由人体探测器(红外探测信号)、中央控制单元、数字显示单元、报警电路、按键控制电路和电源电路等部分组成。其组成框图如图5-18所示。

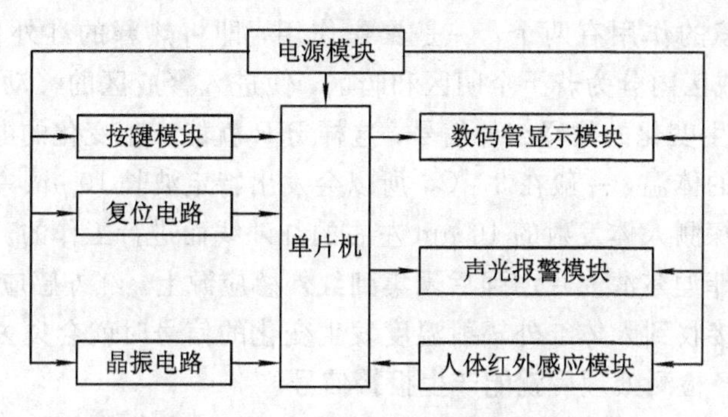

图 5-18　多路无线防盗报警器的组成框图

按键的功能就是对报警器进行布防或撤防。人体红外感应模块由红外探测器和三极管放大驱动器组成，工作方式是通过红外探测器把探测信号通过三极管放大给单片机。单片机处理后再判断接收的是按键信号还是探测器的异常信号，然后分别处理。若是异常信号，则开启报警电路与显示电路；若是按键信号，则实现撤防或布防的功能。

二、家居防盗报警器的硬件设计

1. 电源设计

考虑采用典型的变压器降压、全波整流、电容滤波及集成电路稳压的思路进行设计。由于单片机及后续的无线接收电路等都用 5 V 作为工作电源，所以在经整流和滤波电路后再用三端集成稳压电路进行稳压，为后续电路提供稳定可靠的 5 V 直流电源，三端稳压集成电路采用 LM7805。具体电路图如图 5-19 所示。

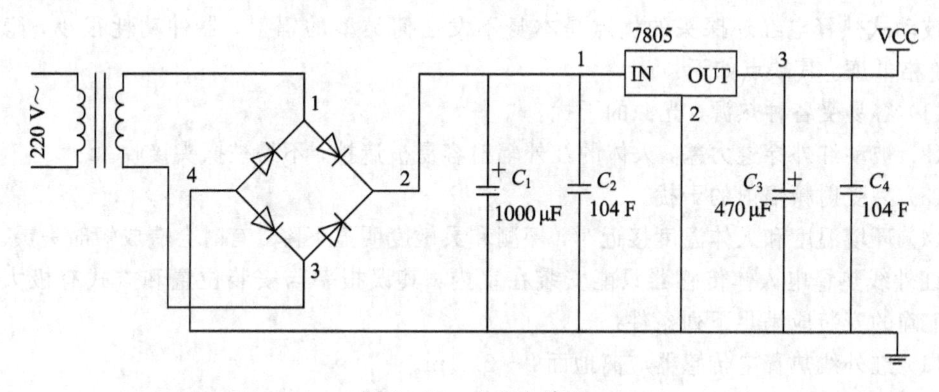

图 5-19　电源电路图

2. 人体红外采集电路设计

在自然界，任何高于绝对温度(−273 ℃)的物体都将产生红外光谱，不同温度的物体，其释放的红外能量的波长是不一样的，因此红外波长与温度的高低是相关的。

在被动红外探测器中有两个关键性的元件。一个是热释电红外传感器(PIR)，它能将波长为 8～12 μm 的红外信号变化转变为电信号，并对自然界中的白光信号具有抑制作用，因此在被动红外探测器的警戒区内，当无人体移动时，热释电红外感应器感应到的只是背景温度，当人体进入警戒区，通过菲涅尔透镜，热释电红外感应器感应到的是人体温度与背景温度的差异信号。因此，红外探测器的红外探测的基本概念就是感应移动物体与背景物体的温度的差异。另外一个器件就是菲涅尔透镜。菲涅尔透镜有两种形式，即折射式和反射式。菲涅尔透镜的作用有两个：一是聚焦作用，即将热释的红外信号折射(反射)在PIR上；二是将警戒区内分为若干个明区和暗区，使进入警戒区的移动物体能以温度变化的形式在PIR上产生变化的热释红外信号，这样PIR就能产生变化的电信号。

人体都有恒定的体温，一般在37 ℃，所以会发出特定波长10 μm左右的红外线，被动式红外探头就是靠探测人体发射的10 μm左右的红外线而进行工作的。人体发射的10 μm左右的红外线通过菲涅尔滤光片增强后聚集到红外感应源上。红外感应源通常采用热释电元件，这种元件在接收到人体红外辐射温度发生变化的信号时就会失去电荷平衡，向外释放电荷，后续电路经检测处理后就能产生报警信号。

人体红外采集关键都件的工作原理如下：

(1) 这种探头是以探测人体辐射为目标的。所以热释电元件对波长为10 μm左右的红外辐射必须非常敏感。

(2) 为了仅仅对人体的红外辐射敏感，在它的辐射照面通常覆盖有特殊的菲涅尔滤光片，使环境的干扰受到明显的控制作用。

(3) 被动红外探头，其传感器包含两个互相串联或并联的热释电元件。而且制成的两个电极化方向正好相反，环境背景辐射对两个热释电元件几乎具有相同的作用，使其产生的热释电效应相互抵消，于是探测器无信号输出。

(4) 人一旦侵入探测区域内，人体红外辐射通过部分镜面聚焦，并被热释电元件接收，但是两片热释电元件接收到的热量不同，热释电也不同，不能抵消，经信号处理而报警。

(5) 菲涅尔滤光片根据性能要求不同，具有不同的焦距(感应距离)，从而产生不同的监控视场，视场越多，控制越严密。

被动式热释电红外探头的优点是本身不发任何类型的辐射，器件功耗很小，隐蔽性好，价格低廉。其缺点如下：

(1) 容易受各种热源、光源的干扰。

(2) 被动红外穿透力差，人体的红外辐射容易被遮挡，不易被探头接收。

(3) 易受射频辐射的干扰。

(4) 环境温度和人体温度接近时，探测和灵敏度明显下降，有时会造成短时失灵。

红外线热释电人体传感器只能安装在室内，其误报率与安装位置和方式有极大的关系。正确的安装应满足下列条件：

(1) 红外线热释电传感器应离地面2～2.2 m。

(2) 红外线热释电传感器远离空调、冰箱、火炉等空气温度变化敏感的地方。

(3) 红外线热释电传感器和被探测的人体之间不得间隔家具、大型盆景、玻璃、窗帘等其他物体。

(4) 红外线热释电传感器不能直对门窗及有阳光直射的地方，否则窗外的热气流扰动和人员走动会引起误报，有条件的最好把窗帘拉上。红外线热释电传感器也不要安装在有强气流活动的地方。

(5) 安装探测器的天花板或墙要坚固，不能有晃动或震动。

3. 人体红外采集电路中的主要模块电路

红外线热释电传感器对人体的敏感程度还和人的运动方向关系很大。红外线热释电传感器对于径向移动反应最不敏感，而对于横切方向(即与半径垂直的方向)移动则最为敏感。在现场选择合适的安装位置是避免红外探头误报、求得最佳检测灵敏度极为重要的环节。

图 5-20 为人体感应模块电路图。本设计将人体感应模块的输出信号端利用三极管的放大原理将信号放大，来驱动信号给单片机。

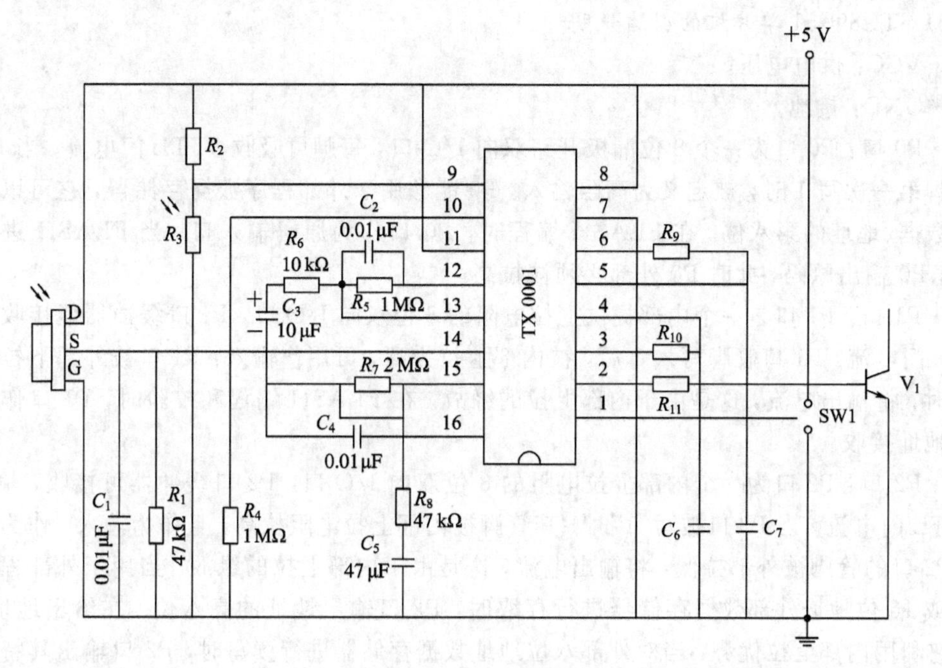

图 5-20　人体感应模块电路图

由于控制、显示、报警电路都是围绕单片机进行的，所以这是将它们放在一起进行阐述。

STC89C51 为主要的中央处理系统，单片机是在集成电路芯片上集成了各种元件的微型计算机，这些元件包括中央处理器 CPU、数据存储器 RAM、程序存储器 ROM、定时/计数器、中断系统、时钟部件的集成和 I/O 接口电路。由于单片机具有体积小、价格低、可靠性高、开发应用方便等特点，因此在现代电子技术和工业领域应用较为广泛，在智能仪表中单片机是应用最多、最活跃的领域之一。在控制领域中，现如今人们更注意计算机的低成本、小体积、运行的可靠性和控制的灵活性。在各类仪器、仪表中引入单片机，使仪器仪表智能化，提高测试的自动化程度和精度，提高计算机的运算速度，简化仪器仪表的硬件结构，提高其性能价格比。

1）STC89C51 单片机的主要功能、性能参数

① 内置标准 51 内核，机器周期：增强型为 6 时钟，普通型为 12 时钟。

② 工作频率范围：0～40 MHz，相当于普通 8051 的 0～80 MHz。

③ STC89C51RC 对应 Flash 空间：4 KB。

④ 内部存储器(RAM)：256 B。

⑤ 定时器/计数器：3 个 16 位。

⑥ 通用异步通信口(UART)：1 个。

⑦ 中断源：8 个。

⑧ 有 ISP(在系统可编程)/IAP(在应用可编程)，无需专用编程器/仿真器。

⑨ 通用I/O口：32/36个。

⑩ 工作电压：3.8～5.5 V。

⑪ 外形封装：40脚PDIP、44脚PLCC和PQFP等。

2）STC89C51单片机的引脚说明

· VCC：供电电压。

· GND：接地。

· P0口：P0口为一个8位漏极开路双向I/O口，每脚可吸收8TTL门电流。当P1口的管脚第一次写1时，被定义为高阻输入。P0能够用于外部程序数据存储器，它可以被定义为数据/地址的第八位。在FLASH编程时，P0口作为原码输入口；当FLASH进行校验时，P0输出原码，此时P0外部必须被拉高。

· P1口：P1口是一个内部提供上拉电阻的8位双向I/O口，P1口缓冲器能接收输出4TTL门电流。P1口管脚写入1后，被内部上拉为高，可用作输入：P1口被外部下拉为低电平时，将输出电流，这是由于内部上拉的缘故。在FLASH编程和校验时，P1口作为第八位地址接收。

· P2口：P2口为一个内部上拉电阻的8位双向I/O口，P2口缓冲器可接收，输出4个TTL门电流。当P2口被写"1"时，其管脚被内部上拉电阻拉高，且作为输入。作为输入时，P2口的管脚被外部拉低，将输出电流，这是由于内部上拉的缘故。当用于外部程序存储器或16位地址外部数据存储器进行存取时，P2口输出地址的高八位。在给出地址"1"时，它利用内部上拉优势，当对外部八位地址数据存储器进行读写时，P2口输出其特殊功能寄存器的内容。P2口在FLASH编程和校验时接收高八位地址信号和控制信号。

· P3口：P3口管脚是8个带内部上拉电阻的双向I/O口，可接收输出4个TTL门电流。当P3口写入"1"后，它们被内部上拉为高电平，并用作输入。作为输入，由于外部下拉为低电平，P3口将输出电流(ILL)，这是由于上拉的缘故。

I/O口作为输入口时有两种工作方式，即所谓的读端口与读引脚。读端口时实际上并不从外部读入数据，而是把端口锁存器的内容读入内部总线，经过某种运算或变换后再写回到端口锁存器。只有读引脚时才真正地把外部的数据读入到内部总线。图5-21中的两个三角形表示的就是输入缓冲器CPU将根据不同的指令分别发出读端口或读引脚信号以完成不同的操作，这是由硬件自动完成的。

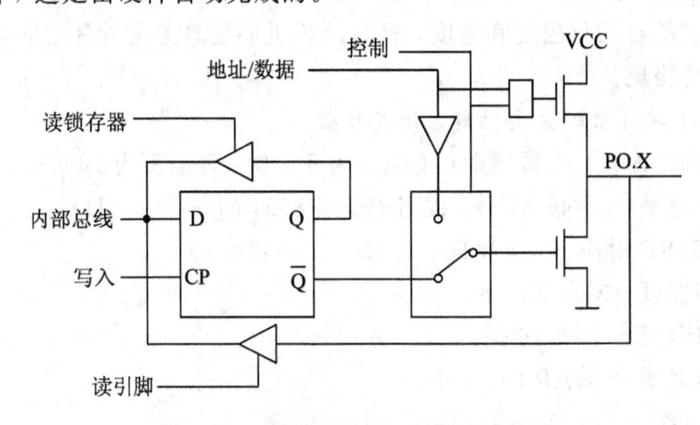

图5-21　单片机并行口的输入结构图

读引脚时也就是把端口作为外部输入线时首先要通过外部指令把端口锁存器置1，然后再实行读引脚操作，否则就可能读入出错。如果不对端口置1，端口锁存器原来的状态有可能为0(Q端为0，$\overline{Q}$端为1)，加到场效应管栅极的信号为1，该场效应管就导通对地呈现低阻抗，此时即使引脚上输入的信号为1，也会因端口的低阻抗而使信号变低使得外加的1信号读入后不一定是1。若先执行置1操作，则可以使场效应管截止引脚信号直接加到三态缓冲器中实现正确的读入，由于在输入操作时还必须附加一个准备动作，所以这类I/O口被称为准双向口。STC89C51的P0/P1/P2/P3口作为输入时都是准双向口。接下来再看另一个问题，从图中可以看出这四个端口还有一个差别，除了P1口外P0P2P3口都还有其他的功能。

· RST：复位输入。当振荡器复位器件时，要保持RST脚两个机器周期的高电平时间。

· ALE/PROG：当访问外部存储器时，地址锁存允许的输出电平用于锁存地址的低位字节。在FLASH编程期间，此引脚用于输入编程脉冲。在平时，ALE端以不变的频率周期输出正脉冲信号，此频率为振荡器频率的1/6。因此它可用作对外部输出的脉冲或用于定时目的。然而要注意的是，每当用作外部数据存储器时，将跳过一个ALE脉冲。如果想禁止ALE的输出可在SFR8EH地址上置0。此时，ALE只有在执行“MOVX，MOVC”指令时ALE才起作用，并且该引脚将被略微拉高。如果微处理器在外部执行状态ALE禁止，则置位无效。

· $\overline{\text{PSEN}}$：外部程序存储器的选通信号。在由外部程序存储器取指期间，每个机器周期两次$\overline{\text{PSEN}}$有效。但在访问外部数据存储器时，这两次有效的$\overline{\text{PSEN}}$信号将不出现。

· $\overline{\text{EA}}$/VPP：当$\overline{\text{EA}}$保持低电平时，CPU从片内程序存储器地址0000H单元开始执行程序。当地址超出4 KB时，将自动执行片外程序存储器的程序。当$\overline{\text{EA}}$输入低电平时，CPU仅访向片外存储器。在对87C51EPROM编程期间，此引脚也用于施加12 V编程电源(VPP)。

· XTAL1：反向振荡放大器的输入及内部时钟工作电路的输入。

· XTAL2：来自反向振荡器的输出。

3) 单片机最小系统

在STC89C51单片机内部有一振荡电路，只要在单片机的XTAL1和XTAL2引脚外接石英晶体(简称晶振)，就构成了自激振荡器并在单片机内部产生时钟脉冲信号。电容的作用是稳定频率和快速起振，电容值在5～30pF，典型值为30pF。晶振CYS的振荡频率范围为1.2～12 MHz，典型值为12 MHz和11.0592 MHz。

当在STC89C51单片机的RST引脚引入高电平并保持两个机器周期时，单片机内部就执行复位操作，按键手动复位有电平方式和脉冲方式两种。其中电平复位是通过RST端经过电阻与电源VCC接通而实现的。单片机最小系统电路如图5-22所示。

最小系统包括单片机及其所需的必要的电源、时钟、复位等部件，能使单片机始终处于正常的运行状态。电源、时钟等电路是使单片机能运行的必备条件，可以将最小系统作为应用系统的核心部分，通过对其进行存储器扩展、A/D扩展等，使单片机完成较复杂的功能。

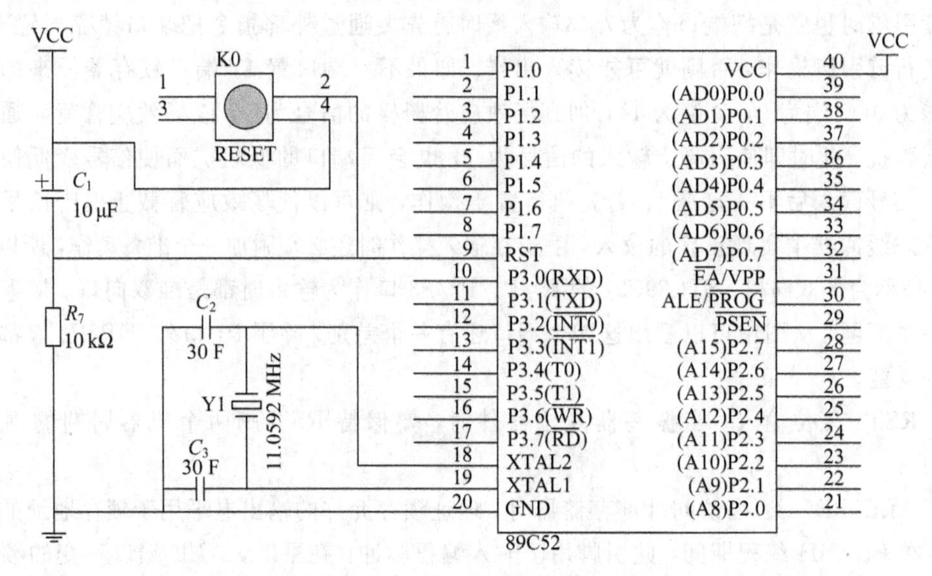

图 5-22　单片机最小系统电路

STC89C51 是片内有 ROM/EPROM 的单片机，因此，这种芯片构成的最小系统简单、可靠。用 STC89C52 单片机构成最小应用系统时，只要将单片机接上时钟电路和复位电路即可，结构如图 5-23 所示，由于集成度的限制，最小应用系统只能用作一些小型的控制单元。

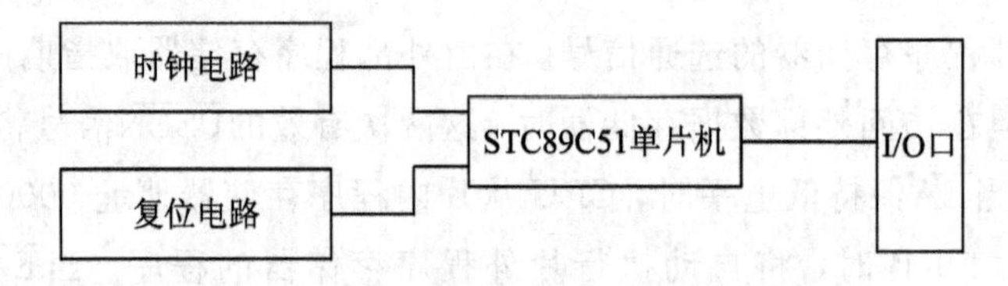

图 5-23　单片机最小系统原理框图

(1) 时钟电路。

STC89C51 单片机的时钟信号通常有两种产生方式：一是内部时钟方式，二是外部时钟方式。内部时钟方式如图 5-24 所示。

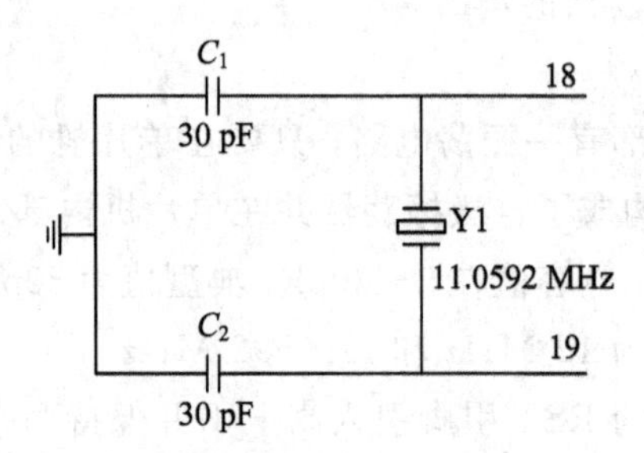

图 5-24　STC89C51 内部时钟电路

(2) 复位电路。

复位电路通常采用上电自动复位和按钮复位两种方式。

最简单的上电自动复位电路中上电自动复位是通过外部复位电路的电容充放电来实现的。只要 VCC 的上升时间不超过 1 ms，就可以实现自动上电复位。

除了上电复位外，有时还需要按键手动复位。本设计就采用的是按键手动复位。按键手动复位有电平方式和脉冲方式两种。其中电平复位是通过RST(9)端与电源VCC接通而实现的。按键手动复位电路见图5-25。时钟频率为11.0592 MHz时C取10 μF，R取10 kΩ。

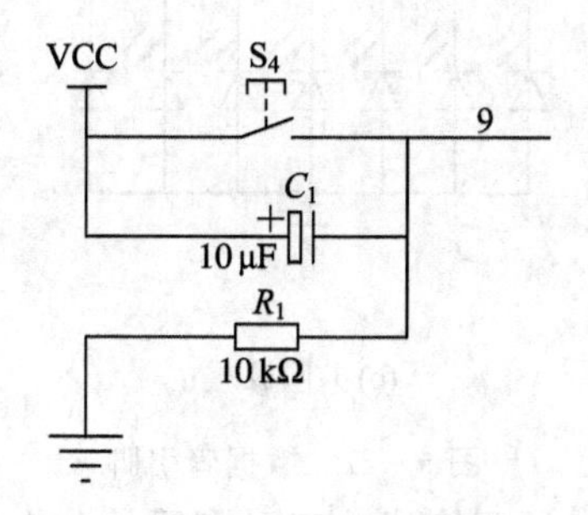

图5-25　STC89C51复位电路

4) STC89C51中断技术概述

中断技术主要用于实时监测与控制，要求单片机能及时地响应中断请求源提出的服务请求，并作出快速响应、及时处理。这是由片内的中断系统来实现的。当中断请求源发出中断请求时，如果中断请求被允许，单片机暂时中止当前正在执行的主程序，转到中断服务处理程序处理中断服务请求。中断服务处理程序处理完中断服务请求后，再回到原来被中止的程序之处(断点)，继续执行被中断的主程序。图5-26为整个中断响应和处理过程。

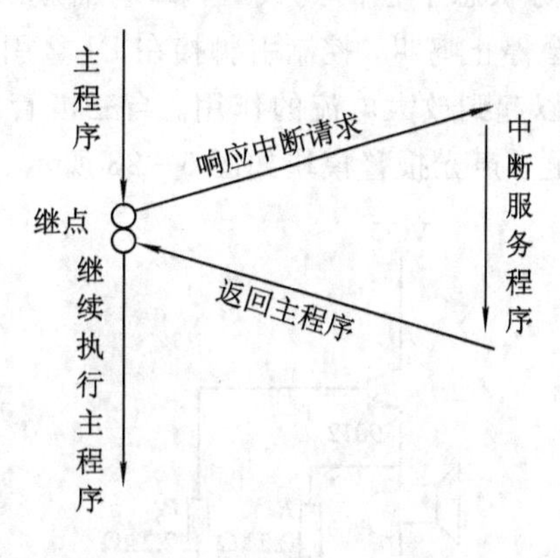

图5-26　中断响应和处理过程

如果单片机没有中断系统，单片机的大量时间可能会浪费在查询是否有服务请求发生的定时查询操作上。采用中断技术完全消除了单片机在查询方式中的等待现象，大大地提高了单片机的工作效率和实时性。

5) 显示电路

显示电路由一位共阳数码管显示，单片机控制数码管每段的高低电平，从而实现数码管的显示。常用的七段显示器的结构如图5-27(a)所示。发光二极管的阳极连在一起的称为共阳极显示器(如图5-27(b)所示)，阴极连在一起的称为共阴极显示器(如图5-27(c)所示)。1位显示器由八个发光二极管组成，其中七个发光二极管a～g控制七个笔画(段)的亮或暗，另一个控制一个小数点的亮和暗，这种笔画式的七段显示器能显示的字符较少，字符的开头有些失真，但控制简单，使用方便。

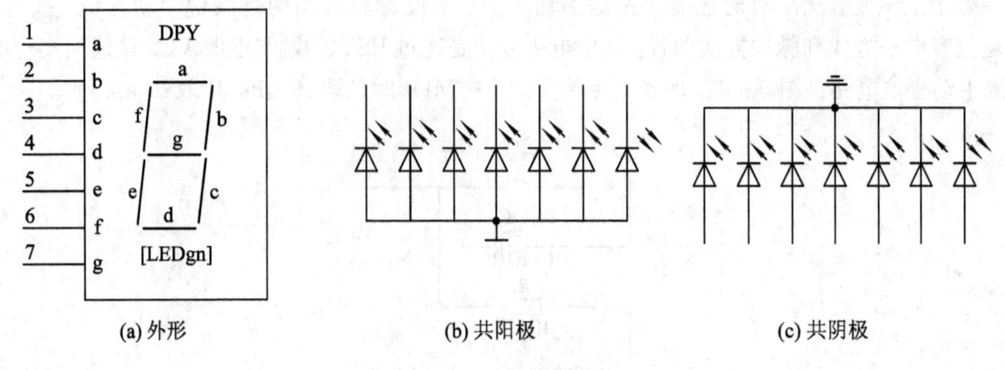

(a) 外形　(b) 共阳极　(c) 共阴极

图 5-27　数据管引脚

此外，要画出电路图，首先还要搞清楚其引脚图的分布，在了解了正确的引脚图后才能进行正确的字型段码编码，这样才能显示出正确的数字。

数码管使用注意事项：

① 数码管表面不要用手触摸，不要用手去弄引角。

② 焊接温度为 260℃，焊接时间为 5 s。

③ 表面有保护膜的产品，可以在使用前撕下来。

6）报警电路

该设计有报警电路，布防状态下检测到人时，蜂鸣器就会发声提示，LED 同时会亮起，直到主人按下撤防，才会停止鸣叫，控制引脚接在 P1.2 引脚上，利用三极管当做开关电路可以保护单片机，还可以起到放大电流的作用。当三极管基极为高电平时，发射极截止；为低电平时，发射极导通。声光报警模块如图 5-28 所示。

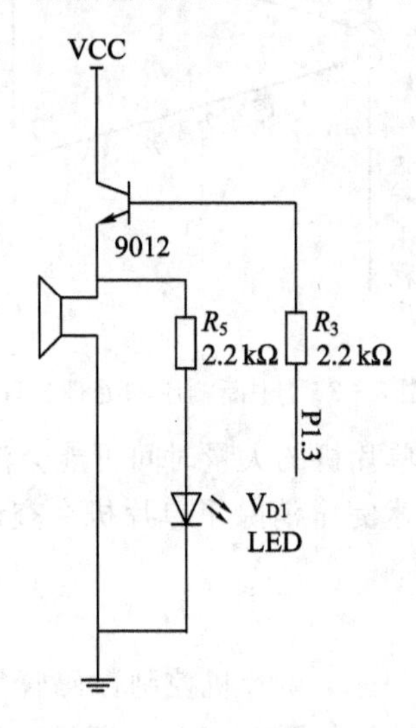

图 5-28　声光报警模块

三、家居防盗报警器的程序设计

家居防盗报警器程序设计流程图如图 5-29 所示。

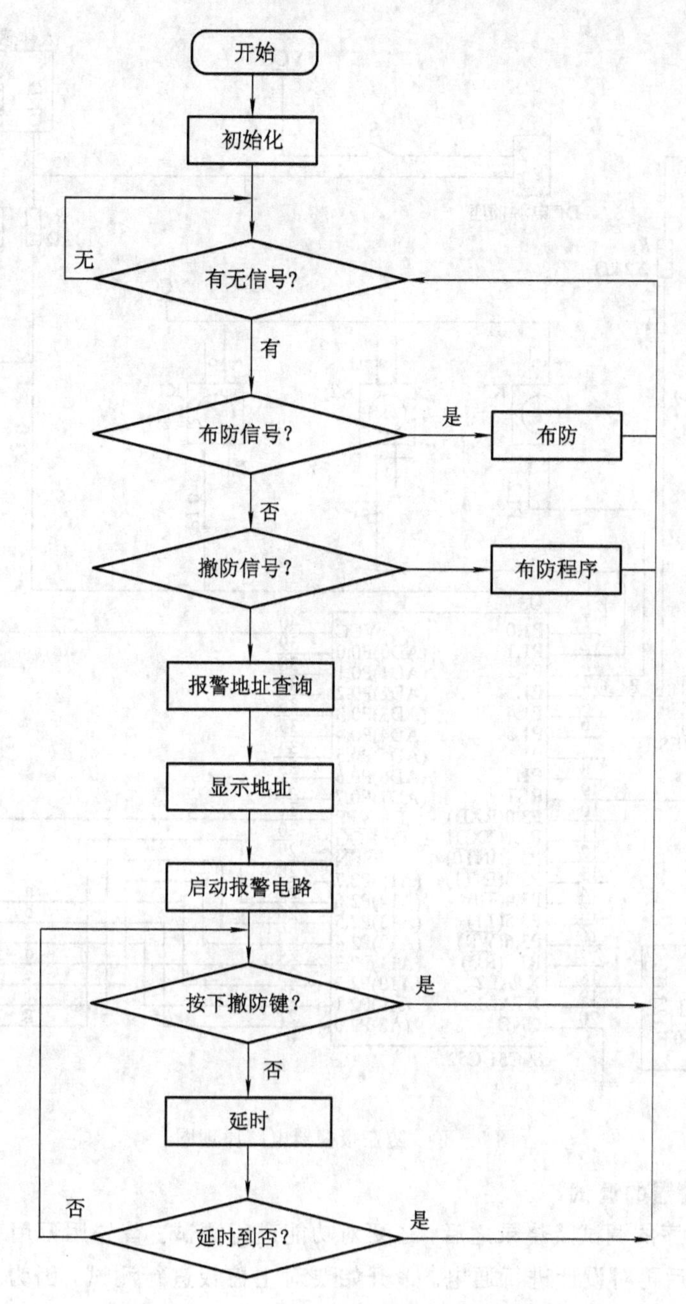

图 5-29　家居防盗报警器程序设计流程图

内容二　防盗报警器的制作与调试

1. 防盗报警器的制作

按照图 5-30 所示的电路原理图连接电路。

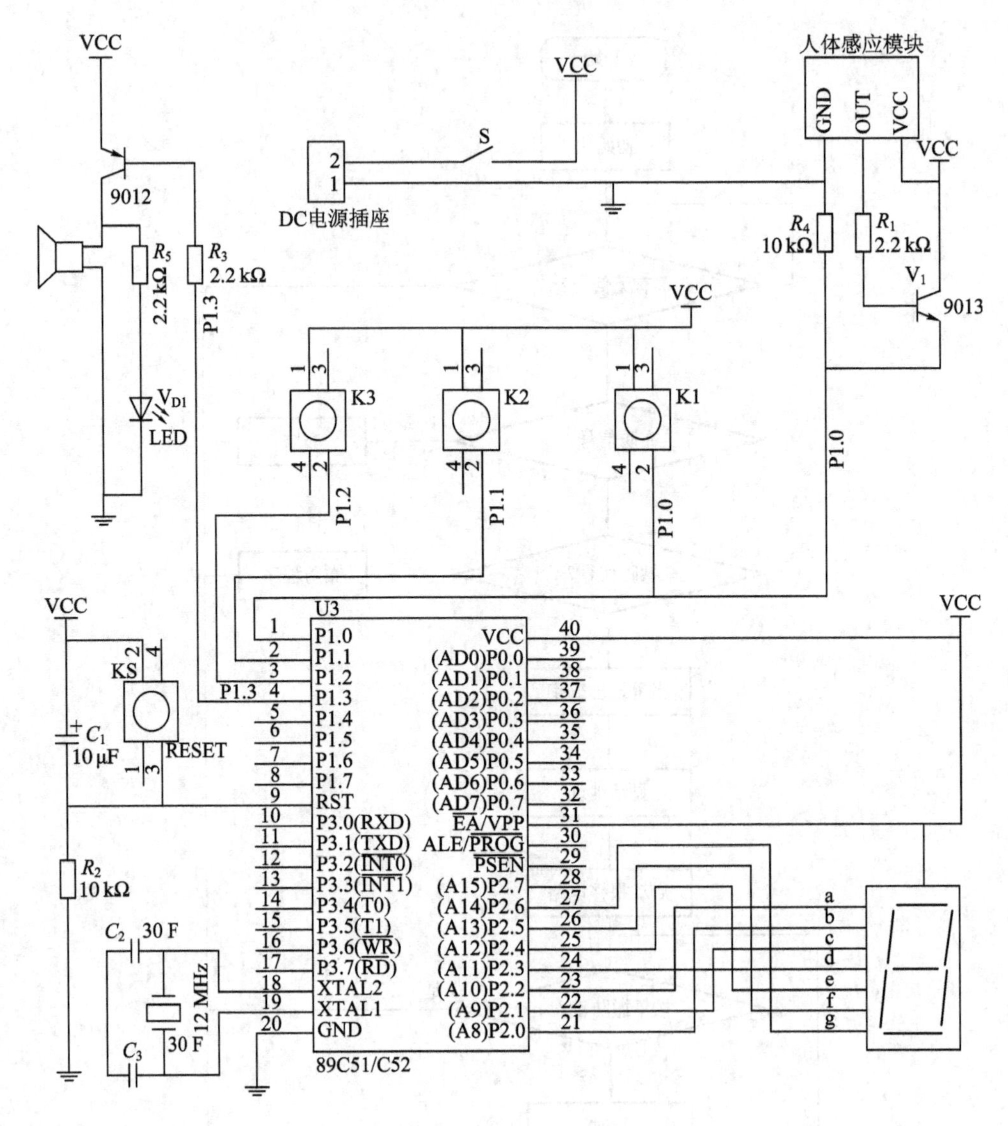

图 5-30　防盗报警器电路原理图

2. 防盗报警器的调试

在完成对程序的调试及烧录之后，还要对功能进行测试。首先用万用表测试电源和地有没有短路，然后再对设计进行通电。最开始要对主控板进行测试，因为它是核心，按下按键看数码管是否显示正常。当显示“b”时会显示 30 s，当“b”灭掉之后按下“sos”按键看系统会不会报警，如果报警则系统基本正常，再按下“c”撤防。按键功能正常后，再测试人体感应部分。按下布放按键后，将设计放在无人的地方(或是用东西盖住)，当“b”灭掉之后，让人体感应模块感应人体，主控机会显示“—”。

3. 制作注意事项

(1) 用万用表检测时发现有短路现象，经过排查，发现数码管接错，数码管的两个“com”接口是相通的，都接电源或只接一个。将两个接口分别接电源和地，改正后，无短路现象。

(2) 程序烧录不了，当用同学的电脑烧录时，又可以烧录，最后发现是串口的 com 端口选择错误。每个电脑的端口都不一样，要用“串口调试助手”测试。

(3) 蜂鸣器一直在响，问题应该出现在驱动模块。最后确定是三极管出了问题，设计中应该用 PNP 型三极管结果却误选了 NPN 型的，换过之后可以正常报警。

当布防灭掉之后就报警，人体感应模块根本没有检测到人体为什么会报警。通过电路的排除和查阅资料，最终确定是人体感应模块的延时调到了最大，由于刚开机的时候会检测到人体，就一直有电平输出，放在无人的地方时还处于延时状态，布防后还保持输出信号，所以会报警。

思考与练习

1. 光电效应有哪几种？相对应的光电器件各有哪些？

2. 试述光敏电阻、光敏二极管、光敏晶体管和光电池的工作原理，以及在实际应用时各自的特点。

3. 光电耦合器分为哪两类？各有什么用途？

4. 什么是光电元件的光谱特性？

5. 目前湿度检测研究的主要方向是什么？某光电开关电路如图 5－31(a)所示，施密特触发反相器 CD40106 的输出特性如图 5－31(b)所示。

(1) 分析该电路的工作原理；

(2) 列表说明各元件的作用；

(3) 光照从小到大逐渐增加时，继电器 K 的状态如何改变？反之，当光照由大变小时继电器的状态又如何改变？

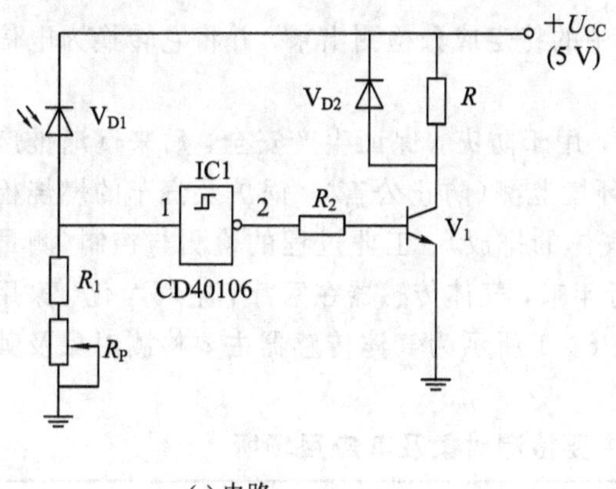

(a) 电路

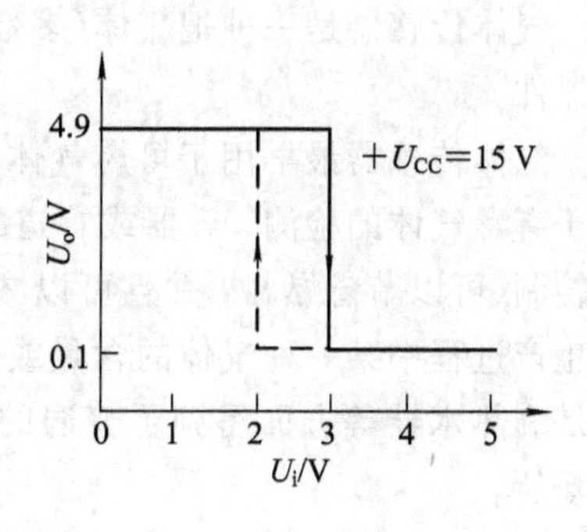

(b) CD40106的输出特性

图 5－31　光电开关电路及特性

项目六 气体传感器

知识学习目标

➤ 掌握气体检测的基本概念；
➤ 掌握气体传感器的结构及分类；
➤ 掌握烟雾量检测方法。

实践训练目标

➤ 掌握气体传感器的安装方法；
➤ 能根据要求调试气体传感器电路；
➤ 能根据要求设计简单的气体传感器检测电路。

任务一 项目学习引导

内容一 基本概念

气体传感器是一种把气体(多数为空气)中的特定成分检测出来，并将它转换为电信号的器件。

气体传感器最早用于可燃气体泄漏报警，用于防灾，保证生产安全，后来逐渐推广到用于有毒气体的检测、容器或管道的检漏、环境监测(防止公害)、锅炉及汽车的燃烧检测与控制(可以节省燃料，并且可以减少有害气体的排放)、工业过程的检测与控制(测量分析生产过程中某一种气体的含量或浓度)。近年来，气体传感器在医疗、空气净化、家用燃气灶和热水器等方面得到了普遍的应用。表 6-1 所示为气体传感器主要检测对象及其应用场所。

表 6-1 气体传感器的主要检测对象及其应用场所

分 类	检测对象气体	应用场合
易燃易爆气体	液化石油气、焦炉煤气、发生炉煤气、天然气	家庭
	甲烷	煤矿
	氢气	冶金、试验室
有毒气体	一氧化碳(不完全燃烧的煤气)	煤气灶等
	硫化氢、含硫的有机化合物	石油工业、制药
	卤素、卤化物、氨气等	冶炼厂、化肥厂

续表

分 类	检测对象气体	应用场合
环境气体	氧气(缺氧)	地下工程、家庭
	水蒸气(调节湿度,防止结露)	电子设备、汽车、温室
	大气污染(SO_x,NO_x,CL_2 等)	工业区
工业气体	燃烧过程气体控制,调节燃/空比	内燃机、锅炉
	一氧化碳(防止不完全燃烧)	内燃机、冶炼厂
	水蒸气(食品加工)	电子灶
其他用途	烟雾,司机呼出酒精	火灾预报,事故预报

气体传感器的性能必须满足下列条件:

(1) 能够检测并及时给出报警、显示与控制信号;

(2) 对被测气体以外的共存气体或物质不敏感;

(3) 性能稳定、重复性好;

(4) 动态特性好、响应迅速;

(5) 使用、维护方便,价格便宜。

内容二 气体传感器的分类

1. 半导体气体传感器

半导体气体传感器是利用半导体气敏元件同气体接触,造成半导体性质变化的特新,来检测气体的成分或浓度。半导体气体传感器大体可分为电阻式和非电阻式两大类。电阻式是用氧化锡、氧化锌等金属氧化物材料制作的敏感元件,利用其阻值的变化来检测气体的浓度。气敏元器件有多孔质烧结体、厚膜以及目前正在研制的薄膜等。非电阻式半导体气体传感器是一种半导体器件,它们在与气体接触后,如二极管的伏安特性或场效应管的电流—电压特性等将会发生变化,根据这些特性的变化可测定气体的成分或浓度。半导体气体传感器的分类如表 6-2 所示。

表 6-2 半导体气体传感器的分类

类 型	主要的物流特性	传感器举例	工作温度	代表性被测气体
电阻式	表面控制型	氧化锡、氧化锌	室温～450℃	可燃性气体
	体控制型	$LaI-xSrxCoO_3$、FeO 氧化钛、氧化钴、氧化镁、氧化锡	300～450℃ 700℃以上	酒精、可燃性气体、氧气
非电阻式	表面电位	氧化银	室温	乙醇
	二极管整流特性	铂/硫化镉、铂/氧化钛	室温～200℃	氢气、一氧化碳、酒精
	晶体管特性	铂栅 MOS 场效应管	150℃	氢气、硫化氢

1) *表面控制型气体传感器*

表面控制型气体传感器表面电阻的变化,取决于表面原来吸附气体与半导体材料之间的电子交换。这类传感器工作在空气中,而在空气中的氧(O_2,电子兼容性大的气体)接受来自半导体材料的电子而吸附负电荷，其结果表现为N型半导体材料是表面空间电荷区域的传导电子减少，使表面电导率低，从而使器件处于高阻状态。一旦器件与被测气体接触，就会与吸附的氧起反应，将被氧束缚的电子释放出来，使敏感膜表面的电导率增大，器件电阻减小。这种类型的传感器多数以可燃性气体为检测对象，但如果吸附能力强，那么即使是非可燃性气体，也能作为检测对象。这类传感器具有检测灵敏度高、响应速度快、使用价值大等优点。目前常用的材料为氧化锡和氧化锌等较难还原的氧化物，也有研究用有机半导体材料的。在这类传感器中，一般均参有少量贵金属(如Pt等)作为激活剂。这类器件目前已商品化的有SnO_2、ZnO等气体传感器。

2）体电阻控制型气体传感器

体控制型电阻式气体传感器是利用体电阻的变化来检测气体的半导体器件。例如，利用SnO_2气敏器件可设计酒精探测器，当酒精气体被检测到时，气敏器件电阻值降低，测量回路有信号输出，提供给电表显示或指示灯发亮。气敏器件工作时要提供加热电源。

体电阻控制型气体传感器的检测对象主要有：液化石油气，主要是丙烷；煤气，主要是CO、H_2；天然气，主要是甲烷。

上述两种电阻型半导体气体传感器的优点是价格便宜，使用方便，对气体浓度变化响应快，灵敏度高。其缺点是稳定性差，容易老化，对气体识别能力不强，特性分散性大等。为了解决这些问题，目前正从提高识别能力、提高稳定性、开发新材料、改进工艺及器件结构等方面进行研究。

3）非电阻型气体传感器

非电阻式气体传感器是目前正在研究、开发的气体传感器。目前主要有二极管、场效应管FET及电容型几种。

二极管气体传感器是利用一些气体被金属与半导体的界面吸收，引起电子迁移，由此引起能级弯曲，使功函数和电导率发生变化，从而使二极管整流电流随气体浓度变化的特性而制成的。

场效应管FET型气体传感器是根据栅压域值的变化来检测未知气体的。

电容型气体传感器是根据$CaO-BaTiO_3$等复合氧化物随CO_2浓度变化、其静电容量有很大变化而制成的。

2. 固体电解质式气体传感器

固体电解质式气体传感器内部不是依赖电子进行传导，而是靠阴离子或阳离子进行传导的。因此，把利用这种传导性能好的材料制成的传感器称为固体电解质传感器。

3. 接触燃烧式气体传感器

一般将在空气中达到一定浓度、接触火种可引起燃烧的气体称为可燃气体。如甲烷、乙炔、甲醇、乙醇、乙醚、一氧化碳及氢气等均为可燃性气体。

接触燃烧式气体传感器是将白金等金属线圈埋设在氧化催化剂中构成的。使用时对金属线圈通以电流，使之保持在300～600℃的高温状态，同时将元件接入电桥电路中的一个桥臂，调节桥路使其平衡。一旦有可燃性气体与传感器表面接触，燃烧热量进一步使金属丝升温，造成器件阻值增大，从而破坏了电桥的平衡。其输出的不平衡电流或电压与可燃性气体浓度成比例，检测出这种电流和电压就可测得可燃性气体的浓度。

4. 电化学式气体传感器

电化学式气体传感器包括离子电极型、加伐尼电池型、定位电解法型等。

1) 离子电极型气体传感器

离子电极型气体传感器由电解液、固定参照电极和 pH 电极组成。通过透气膜使被测气体和外界达到平衡。以被测气体为 CO_2 为例，在电解液中达到如下化学平衡：

$$CO_2 + H_2O = H^+ + HCO_3^-$$

根据质量作用法则，HCO_3^- 的浓度一定与在设定的范围内 H^+ 浓度和 CO_2 分压成比例，根据 pH 值就能知道 CO_2 的浓度。

2) 加伐尼电池型气体传感器

加伐尼电池型气体传感器由隔离膜、铅电极(阳)、电解液、白金电极(阴)组成一个加伐尼电池。以氧传感器为例，当被测气体通过聚四氟乙烯隔膜扩散到达负极表面时，即可发生还原反应。在白金电极上被还原成 OH^- 离子，正极上铅被氧化成 $Pb(OH)_2$，溶液中产生电流。这时流过电路的电流和透过聚四氟乙烯膜的氧的速度成比例，负极上氧分压几乎为零，氧透过的速度和外部的被测氧分压成比例。

3) 定位电解法气体传感器

定位电解法气体传感器又称控制电位电解法气体传感器。它由工作电极、辅助电极、参比电极以及聚四氟乙烯制成的透气隔离膜组成，在电极间(工作电极、辅助电极和参比电极) 充以电解液。传感器工作电极(敏感电极)的电位由恒电位器控制，使其与参比电极电位保持恒定。待测气体分子通过透气膜到达敏感电极表面时，发生电化学反应(氧化反应)，同时在辅助电极上发生还原反应。这种反应产生的电解电流大小受扩散过程的控制，而扩散过程与待测气体浓度有关，只要测量敏感电极上产生的扩散电流，就可以确定待测气体浓度。在敏感电极和辅助电极之间加一定电压后，如果改变所加电压，氧化还原反应选择性地进行，就可以定量检测气体浓度和种类。

5. 集成型气体传感器

集成型气体传感器有两类：一类是把敏感部分、加热部分和控制部分集成在同一基底上，以提高器件的性能；另一类是把多个具有选择性的元件用厚膜或薄膜的方法制在一个衬底上，用微机处理和信号识别的方法对被测气体进行有选择性的测定，这样既可以对气体进行识别又可以提高检测灵敏度。

6. 烟雾传感器

烟雾是比气体分子大得多的微粒悬浮在气体中形成的，与一般气体的成分不同，必须利用微粒的特点检测。烟雾传感器多用于火灾报警器，是以烟雾的有无决定输出信号的传感器，不能定量地连续测量。

1) 散射式

在发光管和光敏元件之间设置遮光屏，无烟雾时光敏元件接收不到光信号，有烟雾时借助微粒的散射光使光敏元件发出电信号，如图 6－1 所示。这种传感器的灵敏度与烟雾种类无关。

2) 离子式

用放射性同位素镅 Am241 放射出微量的 α 射线，使附近空气电离，当平行平板电极间有直流电压时，产生离子电流 I_K。有烟雾时，微粒将离子吸附，而且离子本身也吸收 α 射线，其结果是离子电流 I_K 减小。

若由一个密封装有纯净空气的离子室作为参比元器件，将两者的离子电流进行比较，则可以排除外界干扰，得到可靠的检测结果。这类传感器的灵敏度与烟雾种类有关。

离子式烟雾传感器的工作原理如图 6－2 所示。

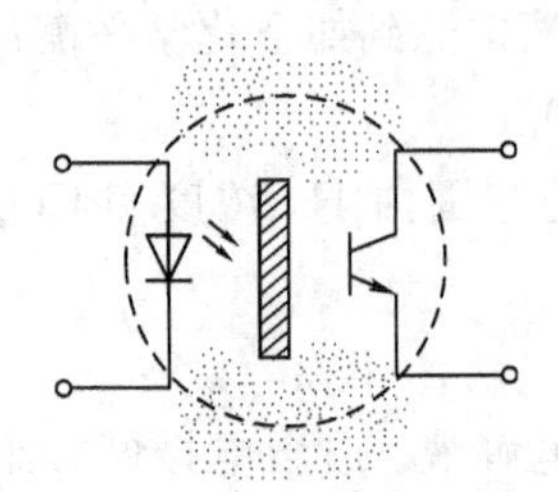

图 6－1　散射式烟雾传感器的工作原理

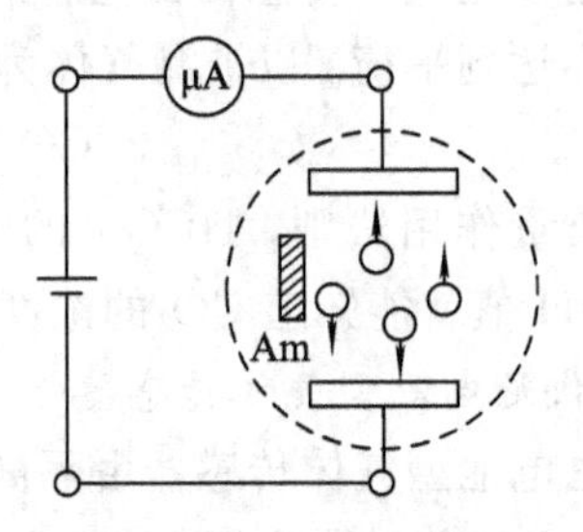

图 6－2　离子式烟雾传感器的工作原理

任务二　酒精检测器

近年来，我国越来越多的人有了自己的私家车，而酒后驾车造成的交通事故也频繁发生。为此，我国将酒驾列入刑法范围，所以需要设计一智能仪器以检测驾驶员体内的酒精含量。本设计任务研究的是一种以气敏传感器和单片机 A/D 转换器为主，检测驾驶员呼出气体的酒精浓度，并具有声光报警功能的空气酒精浓度监测仪。其可检测出空气环境中的酒精浓度值，并可根据不同的环境设定不同的阈值，对超过阈值的情况进行声光报警来提示危害。

本设计分为两部分：硬件设计部分和软件设计部分。硬件部分利用 MQ3 气敏传感器测量空气中的酒精浓度，并转换为电压信号，经 A/D 转换器转换成数字信号后传给单片机系统，由单片机及其相应外围电路进行信号的处理，显示酒精浓度值以及超阈值声光报警。程序采用模块化设计思想，各个子程序的功能相对独立，便于调试和修改。而硬件电路又大体可分为单片机小系统电路、A/D 转换电路、声光报警电路、LED 显示电路和按键电路，各部分电路的设计及原理将会在硬件电路设计部分详细介绍。

内容一　工作原理

一、酒精测试仪总体方案设计

1. 酒精浓度检测仪设计要求分析

设计的酒精浓度测试仪应具有如下特点：

(1) 数据采集系统以单片机为控制核心，外围电路带有 LED 显示以及键盘响应电路，无需其他计算机，用户就可以与之进行交互工作，完成数据的采集、存储、计算、分析等过程。

(2) 系统具有低功耗、小型化、高性价比等特点。

(3) 从便携式的角度出发，系统成功使用了数码管显示器以及小键盘。由单片机系统控制键盘和 LED 显示来实现人机交互操作，界面友好。

（4）软件设计简单易懂。

2. 酒精浓度检测仪设计方案

设计时，考虑酒精浓度是由传感器把非电量转换为电量来检测的，传感器输出的是0～5 V的电压值且电压值稳定，外部干扰小等。因此，可以直接把传感器输出电压值经过A/D转换器转换得到数据送入单片机进行处理。此外，还需接入LED数码管显示、键盘设定及报警电路等。

酒精浓度检测仪的基本工作原理如图6-3所示。

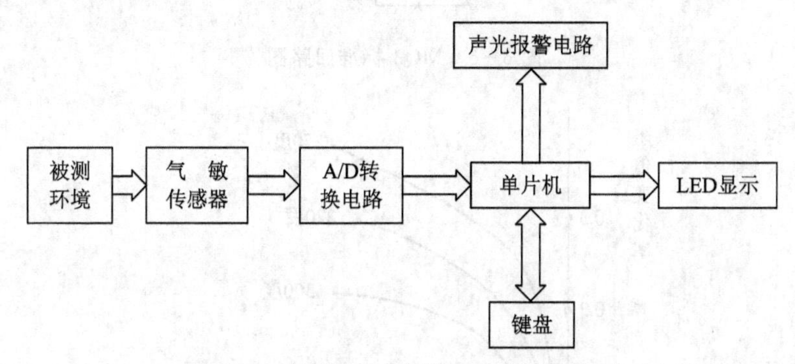

图6-3　酒精浓度检测仪基本工作原理图

二、硬件设计

1. 传感器的选择

本系统直接测量的是呼气中的酒精浓度，再转换为血液中的酒精含量浓度，故采用气敏传感器。考虑到周围空气中的气体成分可能影响传感器测量的准确性，所以传感器只能对酒精气体敏感，对其他气体不敏感，故选用MQ3型气敏传感器。这种传感器具有很高的灵敏度、良好的选择性、长期的使用寿命和可靠的稳定性。MQ3型气敏传感器由微型Al_2O_3、陶瓷管和SnO_2敏感层、测量电极和加热器构成的敏感元件固定在塑料或不锈钢的腔体内，加热器为气敏元件的工作提供了必要的工作条件。传感器的标准回路由两部分组成。其一为加热回路，其二为信号输出回路，它可以准确反映传感器表面电阻值的变化。传感器表面电阻R_S的变化，是通过与其串联的负载电阻R_L上的有效电压信号V_{RL}输出而获得的。负载电阻R_L可调为0.5～200 kΩ。加热电压U_h为5 V。上述这些参数使得传感器输出电压为0～5 V。MQ3型气敏传感器的结构和外形、标准回路、传感器阻值变化率与酒精浓度、外界温度的关系如图6-4、图6-5和图6-6所示。为了使测量的精度达到最高、误差最小，需要找到合适的温度，一般在测量前要将传感器预热5分钟。

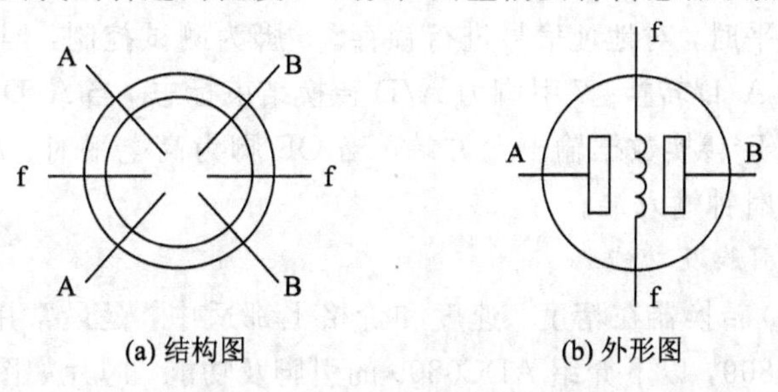

(a) 结构图　　(b) 外形图

图6-4　MQ3结构与外形图

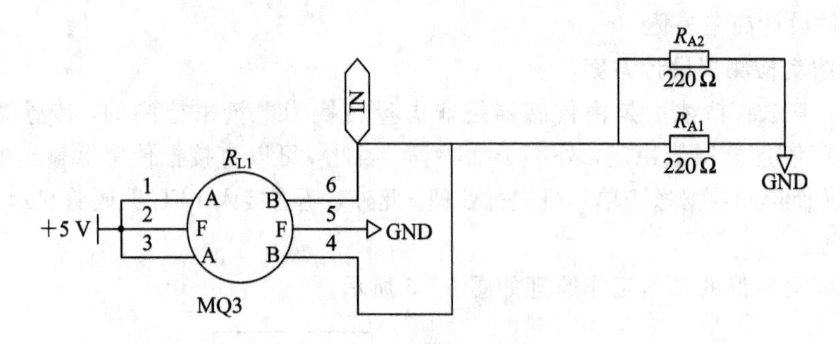

图 6-5 MQ3 标准回路图

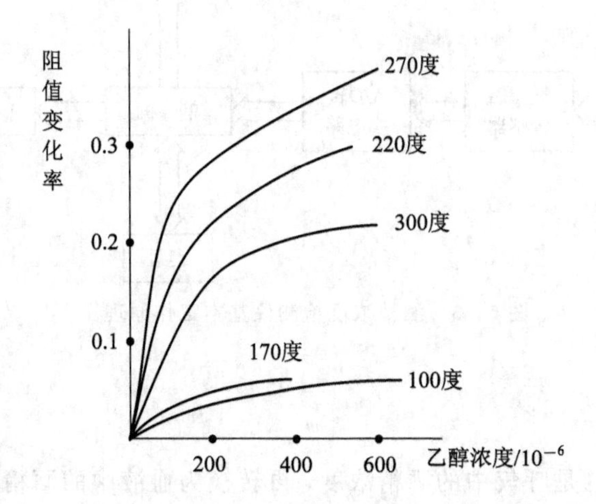

图 6-6 传感器阻值变化率与酒精浓度、外界温度之间的关系

2. A/D 转换电路

在单片机应用系统中，被测量对象的有关变化量，如温度、压力、流量、速度等非电物理量，须经传感器转换成连续变化的模拟电信号(电压或电流)，这些模拟电信号必须转换成数字量后才能在单片机中用软件进行处理。实现模拟量转换成数字量的器件称为 A/D 转换器(ADC)。

A/D 转换器大致分为三类：一是双积分 A/D 转换器，优点是精度高，抗干扰性好，价格便宜，但速度慢；二是逐次逼近型 A/D 转换器，精度、速度、价格适中；三是 Σ－ΔA/D 转换器。

该设计中选用的 ADC0809 属第二类，是 8 位 A/D 转换器。ADC0809 具有 8 路模拟信号输入端口，地址线(23～25 脚)可决定哪一路模拟信号进行 A/D 转换。22 脚为地址锁存控制，当输入为高电平时，对地址信号进行锁存。6 脚为测试控制，当输入一个 2 μs 的高电平脉冲时，就开始 A/D 转换。7 引脚为 A/D 转换结束标志，当 A/D 转换结束时，7 脚输出高电平。9 脚为 A/D 转换数据输出允许端，当 OE 脚为高电平时，A/D 转换数据输出。10 脚为 ADC0809 的时钟输入端。

1) ADC0809 的引脚及功能

逐次比较型 A/D 转换器在精度、速度和价格上都适中，是最常用的 A/D 转换器件。芯片采用的是 ADC0809，以下介绍 ADC0809 的引脚及功能。芯片如图 6-7 所示。

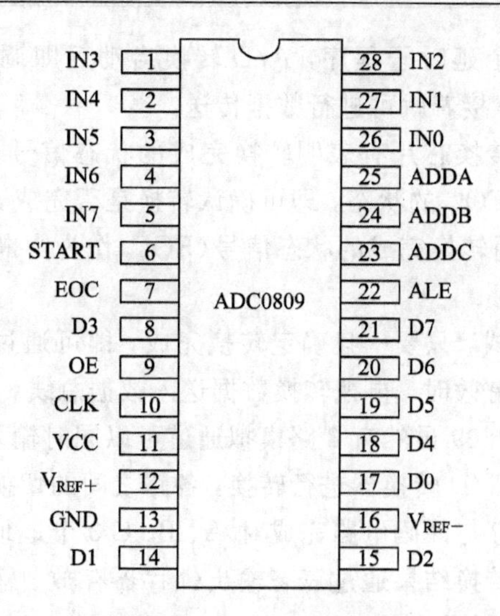

图 6-7　ADC0809 的引脚

ADC0809 是一种逐次比较式 8 路模拟输入、8 位数字量输出的 A/D 转换器。由图6-7 可见，ADC0809 共有 28 个引脚，采用双列直插式封装。主要引脚功能如下：

· IN0～IN7 是 8 路模拟信号输入端。

· D0～D7 是 8 位数字量输入端。

· ADDA、ADDB、ADDC：3 位地址输入线，用于选通 8 路模拟输入中的一路。

· ALE：地址锁存允许信号，输入，高电平有效。

· START：A/D 转换启动脉冲输入端，输入一个正脉冲(至少 100 ns 宽)使其启动(脉冲上升沿使 ADC0809 复位，下降沿启动 A/D 转换)。

· EOC：A/D 转换结束信号，输出。当 A/D 转换结束时，此端输出一个高电平(转换期间一直为低电平)。

· OE：数据输出允许信号，输入，高电平有效。当 A/D 转换结束时，此端输入一个高电平，才能打开输出三态门，输出数字量。

· CLK：时钟脉冲输入端。要求时钟频率不高于 640 kHz。

· V_{REF+}、V_{REF-}：基准电压。

· VCC：电源，单一+5 V。

· GND：地。

首先输入 3 位地址，并使 ALE=1，将地址存入地址锁存器中。此地址经译码选通 8 路模拟输入之一到比较器。START 上升沿将逐次逼近寄存器复位。下降沿启动 A/D 转换，之后 EOC 输出信号变低，指示转换正在进行。直到 A/D 转换完成，EOC 变为高电平，指示 A/D 转换结束，结果数据已存入锁存器，这个信号可用作中断申请。当 OE 输入高电平时，输出三态门打开，转换结果的数字量输出到数据总线上。

转换数据的传送 A/D 转换后得到的数据应及时传送给单片机进行处理。数据传送的关键问题是如何确认 A/D 转换的完成，因为只有确认完成后，才能进行传送。为此可采用下述三种方式。

(1) 定时传送方式。对于一种 A/D 转换器来说，转换时间作为一项技术指标是已知的和固定的。例如，ADC0809 转换时间为 128 μs，相当于 6 MHz 的 MCS-51 单片机共 64 个机器周期。可据此设计一个延时子程序，A/D 转换启动后即调用此子程序，延迟时间一到，转换肯定已经完成了，接着就可进行数据传送。

（2）查询方式。A/D 转换芯片有表明转换完成的状态信号，如 ADC0809 的 EOC 端。因此，采用查询方式测试 EOC 的状态，即可确认转换是否完成，并接着进行数据传送。

（3）中断方式。把表明转换完成的状态信号（EOC）作为中断请求信号，以中断方式进行数据传送。

不管使用上述哪种方式，只要一旦确定转换完成，即可通过指令进行数据传送。首先送出口地址并当 OE 信号有效时，再把转换数据送入数据总线，供单片机接收。

需要注意的是：ADC0809 虽然有 8 路模拟通道可以同时输入 8 路模拟信号，但每个瞬间只能换 1 路，共用一个 A/D 转换器进行转换，各路之间的切换由软件改变 C、A、B 引脚上的代码来实现。地址锁存与译码电路完成对 A、B、C 3 个地址位进行锁存和译码，其译码输出用于通道选择，其转换结果通过三态输出锁存器存放、输出，因此可以直接与系统数据总线相连，图 6－8 为通道选择表。

C	B	A	被选择的通道
0	0	0	IN0
0	0	1	IN1
0	1	0	IN2
0	1	1	IN3
1	0	0	IN4
1	0	1	IN5
1	1	0	IN6
1	1	1	IN7

图 6－8　通道选择表

2）ADC0809 的结构及转换原理

ADC0809 的结构框图如图 6－9 所示。ADC0809 采用逐次比较的方法完成 A/D 转换，由单一的＋5 V 电源供电。其片内有锁存功能的 8 路选 1 的模拟开关，由 C、B、A 引脚的功能来决定所选的通道。ADC0809 完成一次转换约需 100 μs，输出具有 TTL 三态锁存缓冲器，可直接连接到 MCS－51 的数据总线上。

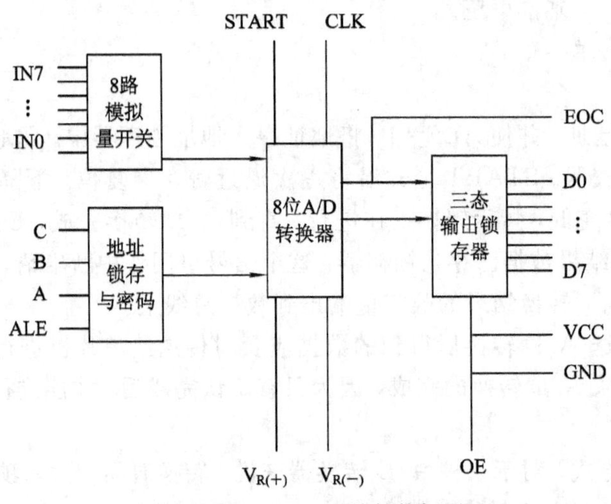

图 6－9　ADC0809 的结构框图

通过适当的外接电路，ADC0809可对0～5 V的模拟信号进行转换。

3）ADC0809连线图

ADC0809与单片机的连线图如图6-10所示。

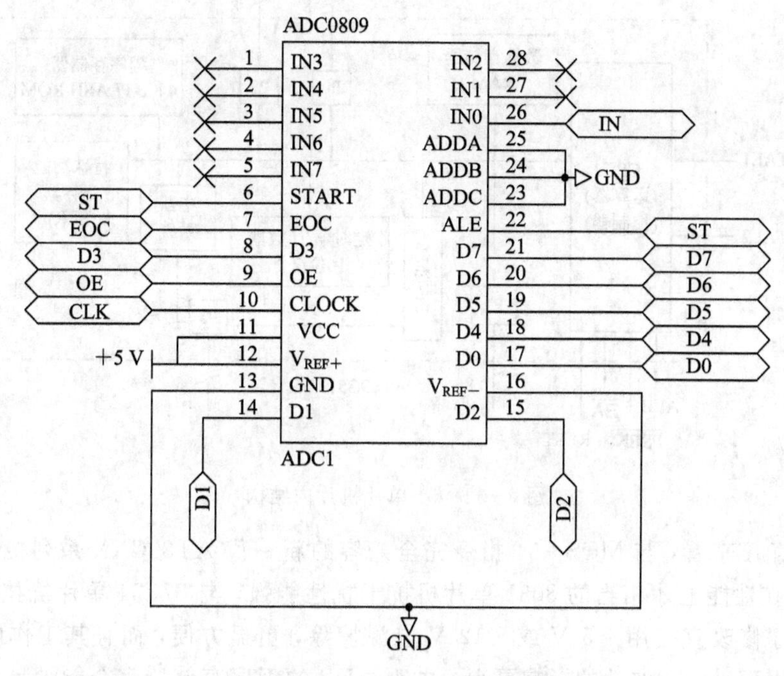

图6-10　ADC0809的连线图

3. 89C51单片机系统

单片机是一种集成电路芯片，采用超大规模技术把具有数据处理能力(如算术运算、逻辑运算、数据传送、中断处理）的微处理器(CPU)、随机存取数据存储器(RAM)、只读程序存储器(ROM)、输入/输出电路(I/O口)以及定时计数器、串行通信口(SCI)、显示驱动电路(LCD或LED驱动电路)、脉宽调制电路(PWM)、模拟多路转换器及A/D转换器等电路集成到一块单块芯片上，构成一个小而完善的计算机系统。这些电路能在软件的控制下准确、迅速、高效地完成程序设计者事先规定的任务。

1）单片机片内结构

51单片机的片内结构如图6-11所示。它把那些作为控制应用所必需的基本内容都集成在一个尺寸有限的集成电路芯片上。按功能划分，它由如下功能部件组成：

① 微处理器(CPU)；

② 数据存储器(RAM)；

③ 程序存储器(ROM/EPROM)；

④ 4个8位并行I/O口(P0口、P1口、P2口、P3口)；

⑤ 一个串行口；

⑥ 2个16位定时器、计数器；

⑦ 中断系统；

⑧ 特殊功能寄存器(SFR)。

上述功能部件都是通过片内单一总线连接而成的，其基本结构依旧是CPU加上外围芯片的传统结构模式。但 CPU 对各种功能部件的控制是采用特殊功能寄存器的集中控制方式。

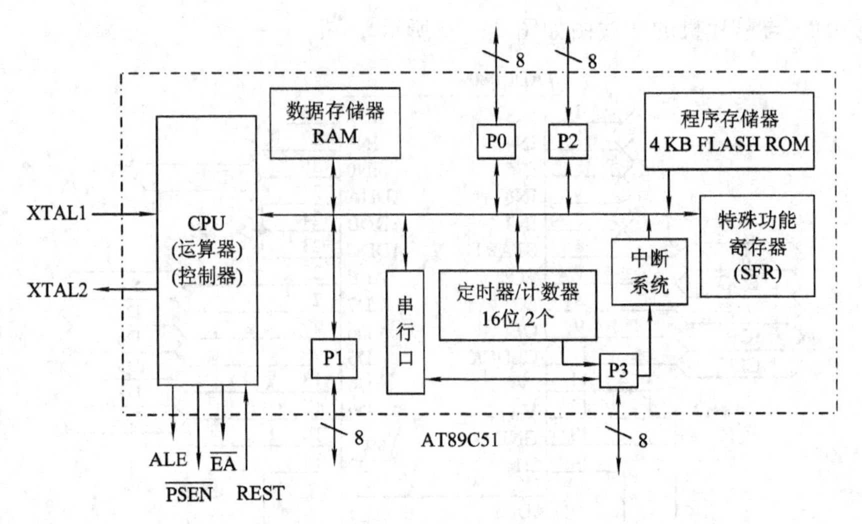

图 6－11　51 单片机片内结构

从硬件角度来看，与 MCS－51 指令完全兼容的新一代 AT89CXX 系列机，比在片外加 EPROM 在性能上才相当的 8031 单片机抗干扰性能强，与 87C51 单片机技能相当，但功耗小。程序修改直接用＋5 V 或＋12 V 电源擦除，更显方便，而且其工作电压放宽至 2.7～6 V，因而受电压波动的影响更小。并且 4 KB 的程序存储器完全能满足单片机系统的软件要求，故 AT89C51 单片机是构造本检测系统的更理想的选择。

2）89C51 芯片介绍

掌握 MCS－51 单片机，应首先了解 MCS－51 的引脚，熟悉并牢记各引脚的功能。MCS－51 系列中各种型号芯片的引脚是互相兼容的。制作工艺为 HMOS 的 MCS－51 的单片机都采用 40 只引脚的双列直插封装方式，如图 6－12 所示。

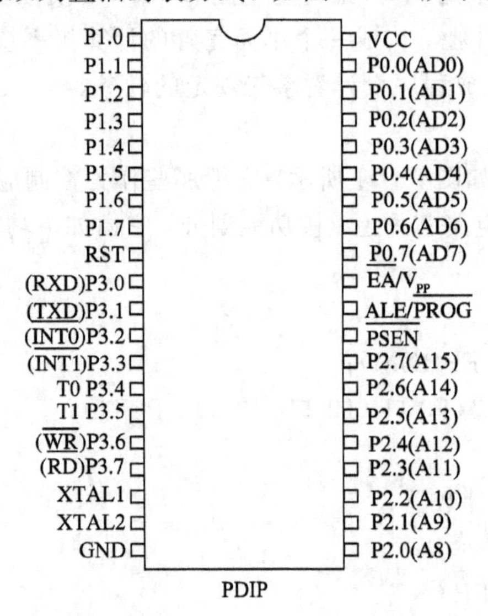

图 6－12　AT89C51 芯片引脚图

40只引脚按其功能来分，可分为以下三类：

① 电源及时钟引脚：VCC、GND、XTAL1、XTAL2。

电源引脚接入单片机的工作电源。VCC接+5 V电源，VSS接地。

时钟引脚XTAL1、XTAL2外接晶体与片内的反相放大器构成了1个晶体振荡器，它为单片机提供了时钟控制信号。两个时钟引脚也可外接独立的晶体振荡器。XTAL1接外部的一个引脚，该引脚内部是一个反相放大器的输入端。这个反相放大器构成了片内振荡器。如果采用外接晶体振荡器，则此引脚接地。XTAL2接外部晶体的另一端，在该引脚内部接至内部反相放大器的输出端。若采用外部时钟振荡器，则该引脚接受时钟振荡器的信号，即把此信号直接接到内部时钟发生器的输入端。

② 控制引脚：$\overline{PSEN}$、ALE、$\overline{EA}$、RESET(RST)。此类引脚提供控制信号，有的还具有复用功能。

· RST引脚：RESET(RST)是复位信号输入端，高电平有效。当单片机运行时，在此引脚加上持续时间大于两个机器周期(24个振荡周期)的高电平时，就可以完成复位操作。在单片机工作时，此引脚应为小于等于0.5 V的低电平。V_{PD}为本引脚的第二功能，即备用电源的输入。当主电源发生故障，降低到某一规定值的低电平时，将+5 V电源自动接入RST端，为内部RAM提供备用电源，以保证片内RAM的信息不丢失，从而使单片机在复位后能正常进行。

· ALE/$\overline{PROG}$引脚：ALE引脚输出为地址锁存允许信号，当单片机上电正常工作后ALE引脚不断输出正脉冲信号。当单片机访问外部存储器时，ALE输出信号的负跳沿用于单片机发出的低8位地址经外部锁存器锁存的锁存控制信号。即使不访问外部锁存器，ALE端仍有正脉冲信号输出，此频率为时钟振荡器频率的1/6。$\overline{PROG}$为该引脚的第二功能。在对片内EPROM型单片机编程写入时，此引脚作为编程脉冲输入端。

· $\overline{PSEN}$引脚：程序存储器允许输出控制端。在单片机访问外部程序存储器时，此引脚输出脉冲负跳沿作为读外部程序存储器的选通信号。此引脚接外部程序存储器的OE(输出允许端)。

· $\overline{EA}/V_{PP}$引脚：$\overline{EA}$功能为片内程序存储器选择控制端。当$\overline{EA}$引脚为高电平时，单片机访问片内程序存储器，但在PC值超过0FFFH时，即超出片内程序存储器的4 KB地址范围时将自动转向执行外部程序存储器内的程序。当$\overline{EA}$引脚为低时，单片机只访问外部程序存储器，不论是否有内部程序存储器。

③ I/O口引脚：P0、P1、P2、P3，为4个8位I/O口的外部引脚。P1口、P2口、P3口是3个8位准双向的I/O口，各口线在片内均有固定的上拉电阻。当这3个准双向I/O口作输入口使用时，要向该口先写1，另外准双向口I/O口无高阻的“浮空”状态。

由于单片机具有体积小、质量轻、价格便宜、耗电少等突出特点，所以本系统采用89C51单片机。89C51内部有4 KB的EPROM和128 B的RAM，所以一般都要根据所需存储容量的大小来扩展ROM和RAM。本电路$\overline{EA}$接高电平，没有扩展片外ROM和RAM。

3) 晶振电路和复位电路

最小系统包括单片机及其所需的必要的电源、时钟、复位等部件，能使单片机始终处于正常的运行状态。

4. LED 显示电路

LED 数码管(LED Segment Displays)是由多个发光二极管封装在一起组成的"8"字形的器件，引线已在内部连接完成，只需引出它们的各个笔划和公共电极。数码管分为动态显示和静态显示驱动两种。静态驱动也称直流驱动，是指每个数码管的每一个段码都由一个单片机的 I/O 端口进行驱动，或者使用如 BCD 码二—十进制译码器译码进行驱动。静态驱动的优点是编程简单，显示亮度高，缺点是占用 I/O 端口多，如驱动 5 个数码管静态显示则需要 5×8=40 根 I/O 端口来驱动(一个 STC89C52 的 I/O 端口只有 32 个)，实际应用时必须增加译码驱动器进行驱动，这会增加硬件电路的复杂性。数码管动态显示接口是单片机中应用最为广泛的一种显示方式之一，动态驱动是将所有数码管的 8 个显示笔划"a, b, c, d, e, f, g, dp"的同名端连在一起，另外为每个数码管的公共极 COM 增加位选通控制电路，位选通由各自独立的 I/O 线控制，当单片机输出字形码时，所有数码管都接收到相同的字形码，但究竟是哪个数码管会显示出字形，取决于单片机对位选通 COM 端电路的控制，所以我们只要将需要显示的数码管的选通控制打开，该位就显示出字形，没有选通的数码管就不会亮。通过分时轮流控制各个数码管的 COM 端，就使各个数码管轮流受控显示，这就是动态驱动。在轮流显示过程中，每位数码管的点亮时间为 1～2 ms，由于人的视觉暂留现象及发光二极管的余辉效应，尽管实际上各位数码管并非同时点亮，但只要扫描的速度足够快，给人的印象就是一组稳定的显示数据，不会有闪烁感。动态显示的效果和静态显示是一样的，能够节省大量的 I/O 端口，而且功耗更低。

本设计利用三极管驱动数码管，用 4.7 kΩ 电阻起到限流作用，使得数码管亮度适中。数码管显示电路如图 6-13 所示。

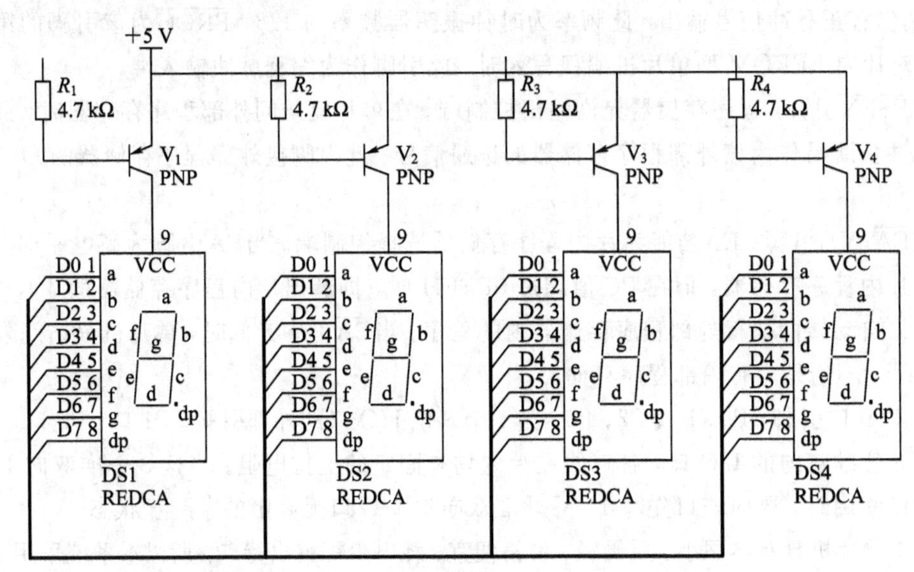

图 6-13　数码管显示电路

5. 键盘电路

本设计采用按键接低的方式来读取按键，单片机初始时，因为为高电平，当按键按下时，会给单片机一个低电平，单片机对信号进行处理

单片机键盘有独立键盘和矩阵式键盘两种。独立键盘每一个I/O口上只接一个按键，按键的另一端接电源或接地(一般接地)，这种接法程序比较简单且系统更加稳定；而矩阵式键盘式接法程序比较复杂，但是占用的I/O少。根据本设计的需要这里选用了独立式键盘接法。

独立式键盘的实现方法是利用单片机I/O口读取口的电平高低来判断是否有键按下。将常开按键的一端接地，另一端接一个I/O口，程序开始时将此I/O口置于高电平，平时无键按下时I/O口保持高电平。当有键按下时，此I/O口与地短路迫使I/O口为低电平。按键释放后，单片机内部的上拉电阻使I/O口仍然保持高电平。在程序中查寻此I/O口的电平状态就可以了解是否有按键动作。

在用单片机对键盘处理时涉及了一个重要的过程，即键盘的去抖动。这里说的抖动是机械的抖动，是当键盘在未按到按下的临界区产生的电平不稳定的正常现象，并不是我们在按键时通过注意可以避免的。这种抖动一般为10～200 ms，这种不稳定电平的抖动时间对于人来说太快了，而对于时钟是微秒的单片机而言则是漫长的。硬件去抖动就是用部分电路对抖动部分加以处理，软件去抖动不是去掉抖动，而是避开抖动部分的时间，等键盘稳定了再对其处理。所以这里选择了软件去抖动，实现方法是先查寻按键当有低电平出现时立即延时10～200 ms以避开抖动(经典值为20 ms)，延时结束后再读一次I/O口的值，这一次的值如果为1则表示低电平的时间不到10～200 ms，视为干扰信号。当读出的值是0时则表示有按键按下，调用相应的处理程序。硬件电路如图6-14所示。

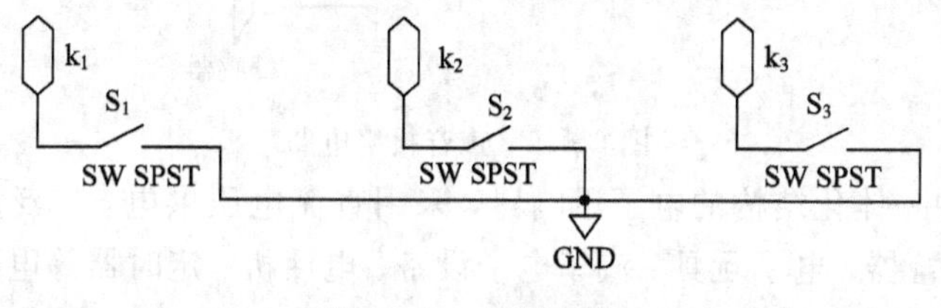

图6-14　按键电路

6. 报警电路

1) 灯光提示电路

灯光提示电路如图6-15所示。

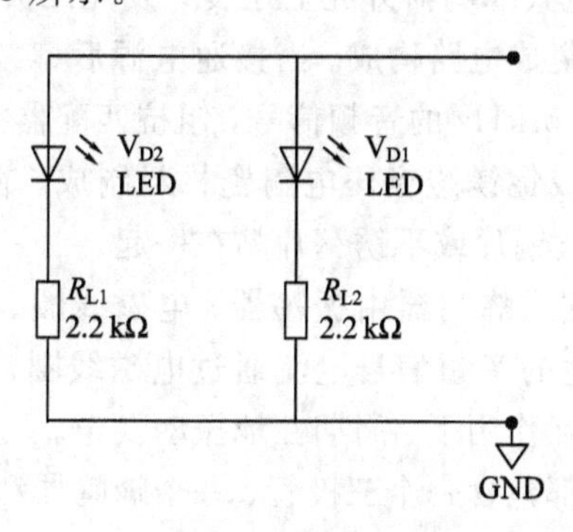

图6-15　灯光提示电路

LED(Light Emitting Diode，发光二极管)是一种能够将电能转化为可见光的固态的半导体器件，它可以直接把电转化为光；它改变了白炽灯钨丝发光与节能灯三基色粉发光的原理，而采用电场发光。据分析，LED的特点非常明显：寿命长、光效高、辐射低与功耗低。作为目前全球最受瞩目的新一代光源，LED因其高亮度、低热量、长寿命、无毒、可回收再利用等优点，被称为21世纪最有发展前景的绿色照明光源。我国的LED产业起步于20世纪70年代，经过近40年的发展，产品广泛应用于景观照明和普通照明领域，我国已成为世界第一大照明电器生产国和第二大照明电器出口国。近几年来，随着人们对半导体发光材料研究的不断深入、LED制造工艺的不断进步以及新材料(氮化物晶体和荧光粉)的开发和应用，各种颜色的超高亮度LED取得了突破性进展，其发光效率提高了近1000倍，色度方面已实现了可见光波段的所有颜色，其中最重要的是超高亮度白光LED的出现，使LED应用领域跨越至高效率照明光源市场成为可能。曾经有人指出，高亮度LED将是人类继爱迪生发明白炽灯泡后最伟大的发明之一。本设计利用LED指示烟雾报警。

2) 声音报警电路

声音报警电路如图6-16所示。

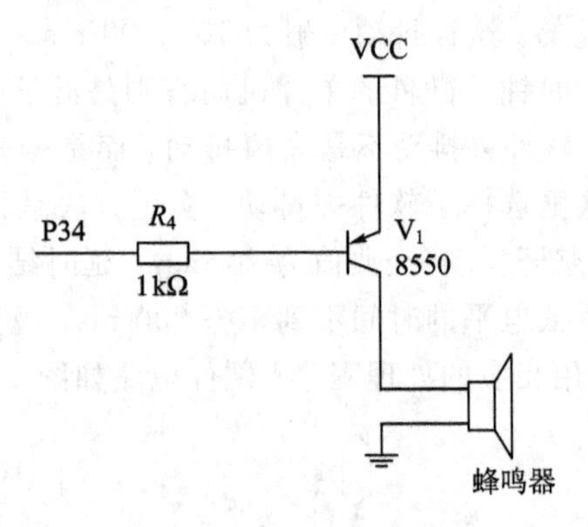

图6-16　声音报警电路

蜂鸣器是一种一体化结构的电子讯响器，采用直流电压供电，广泛应用于计算机、打印机、复印机、报警器、电子玩具、汽车电子设备、电话机、定时器等电子产品中作发声器件。蜂鸣器主要分为压电式蜂鸣器和电磁式蜂鸣器两种类型。蜂鸣器在电路中用字母“H”或“HA”(旧标准用“FM”、“LB”、“JD”等)表示。

(1) 压电式蜂鸣器。压电式蜂鸣器主要由多谐振荡器、压电蜂鸣片、阻抗匹配器及共鸣箱、外壳等组成。有的压电式蜂鸣器外壳上还装有发光二极管。

多谐振荡器由晶体管或集成电路构成。当接通电源后(1.5～15 V直流工作电压)，多谐振荡器起振，输出1.5～2.5 kHz的音频信号，阻抗匹配器推动压电蜂鸣片发声。

压电蜂鸣片由锆钛酸铅或铌镁酸铅压电陶瓷材料制成。在陶瓷片的两面镀上银电极，经极化和老化处理后，再与黄铜片或不锈钢片粘在一起。

(2) 电磁式蜂鸣器。电磁式蜂鸣器由振荡器、电磁线圈、磁铁、振动膜片及外壳等组成。接通电源后，振荡器产生的音频信号电流通过电磁线圈，使电磁线圈产生磁场。振动膜片在电磁线圈和磁铁的相互作用下，周期性地振动发声。

蜂鸣器的驱动电路一般都包含一个三极管、一个蜂鸣器和一个限流电阻等几部分。

蜂鸣器为发声元件，在其两端施加直流电压(有源蜂鸣器)或者方波(无源蜂鸣器)就可以发声，其主要参数是外形尺寸、发声方向、工作电压、工作频率、工作电流、驱动方式(直流/方波)等。这些都可以根据需要来选择。本设计采用有源蜂鸣器。

三极管V_1起开关作用，其基极的低电平使三极管饱和导通，使蜂鸣器发声；而基极高电平则使三极管关闭，蜂鸣器停止发声。

三、软件程序设计流程图

图 6-17、图 6-18 所示分别为主程序流程图和子程序流程图。

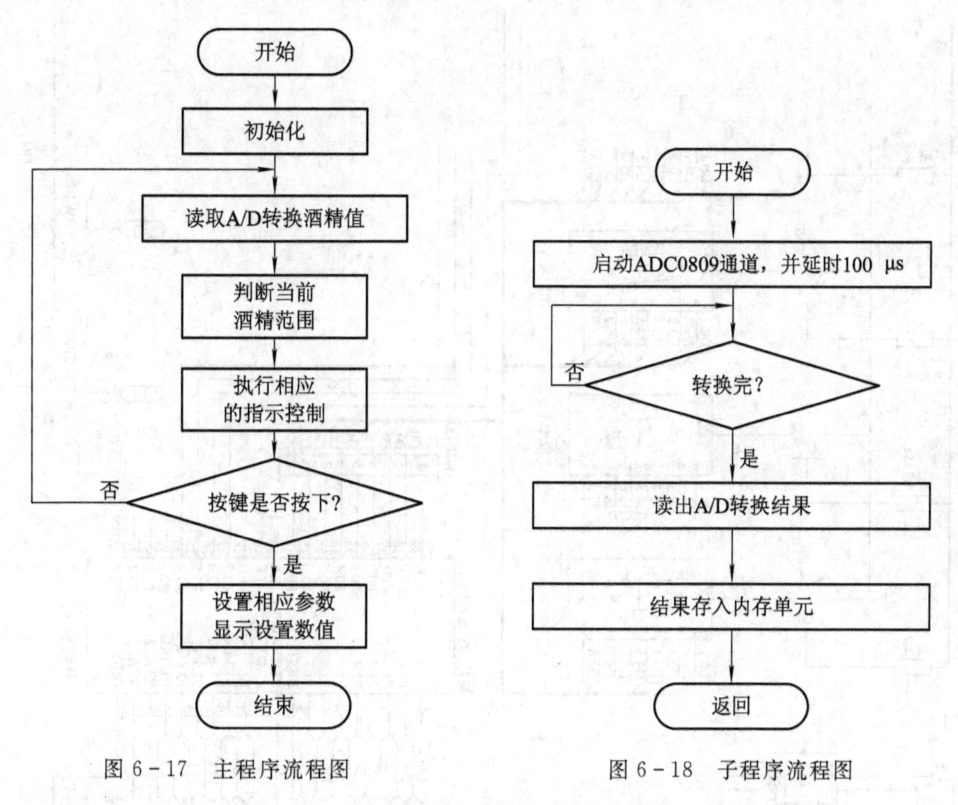

图 6-17　主程序流程图　　　　图 6-18　子程序流程图

内容二　酒精检测仪的制作与调试

按照图 6-19 所示的电路原理图焊接元件。

调试过程中首先要检测硬件电路的设计原理是否正确、能否达到预期效果以及实现方法是否简便等；其次在焊接所有线电路之后，认真检查电路的焊接情况。本任务采用分块调试的方法，分别对酒精探测电路、控制电路以及单片机控制电路进行调试。在对每个模块进行调试的过程中又采用了由局部到整体、由简单到复杂的调试方法，最后再将各个模块总和成一个整体。

在调试过程中遇到的问题有：

(1) 由于在焊电路之前没有认真查看 STC89C51 的引脚，使得引脚的顺序全部焊错了，最后只好重新买器件重焊。

(2) 酒精值一直显示很高，经过查阅资料和换元件测试发现，酒精传感器初次使用得通电几小时以上才可以正常使用，要做老化试验。

(3) 在解码程序的编写过程中，随着理解的深入也作了相应的修改。

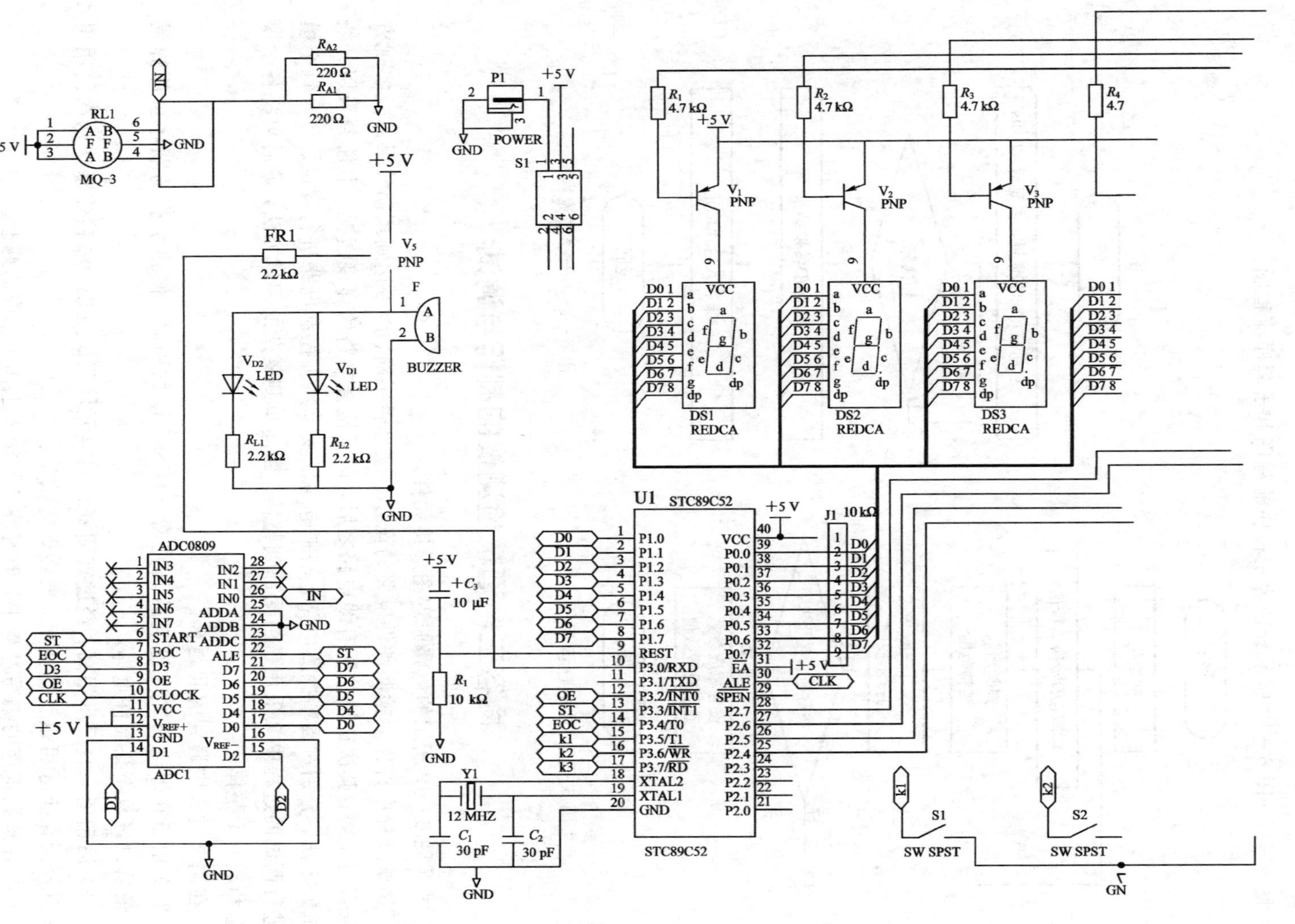

图6-19　酒精检测仪电路原理图

任务三 煤气报警器

随着现代家庭用火、用电量的增加，家庭火灾发生的频率越来越高，烟雾报警器也随之被广泛应用于各种场合。

本设计所研究的无线多功能火灾报警器采用STC89C51为核心控制器，利用气体传感器MQ-2、ADC0809模/数转换器等实现基本功能。通过这些传感器和芯片，当环境中烟雾浓度或可燃气体浓度等发生变化时系统会发出相应的灯光报警信号和声音报警信号，以此来实现烟雾报警。当烟雾达到一定的范围时，系统还可以驱动继电器工作，继电器可以驱动负载，如换气风扇、报警信号灯、消火栓水龙头开关等，实现智能报警控制。

内容一 工作原理

本任务主要是实现烟雾报警和火灾发生时的报警及控制，下面分别对系统的功能要求、系统的技术要求及系统实现方案进行阐述。

1. 系统的功能要求

本系统的研制主要包括以下几项功能：

(1) 火情探测功能：为了提高火灾报警的准确性和及时性，火灾报警系统需要使用各种方法进行火灾探测。在实际使用中，根据不同的防火场所，用户可以选用温度探测法、可燃气体检测法及烟雾探测法等合适的火灾探测方法来有效地探测火灾。

(2) 灯光报警功能：当室内烟雾浓度过大、有火情产生、故障等异常情况发生时，报警器要进行灯光报警。当烟雾超过最大设定值时，可以驱动火灾控制负载工作。

2. 系统的技术要求

在了解这个系统的工作原理及功能之后，就可以基本确定系统的技术要求。系统采用的单片机处理器成本都比较低，可以满足批量生产和各类工程的需求。对于一个完整的系统而言，为提高市场的竞争力，这个系统应符合体积小、功耗低、数传性能可靠和成本低廉等技术要求。具体指标和参数如下：

(1) 体积小：探测器的体积要尽可能小，这样占用的空间才能减小，使用和更换才会方便。

(2) 功耗低：系统可以采用三节5号干电池供电或5 V电源供电。

(3) 可靠性高：由于不确定的电磁干扰可能存在于系统工作环境中，为了保证系统长时间的可靠工作以及减少误报次数，所以选择多指示灯，指示不同的状态。

3. 系统的组成及方案设计

本设计主要由烟雾探测传感器电路、单片机电路、声光报警电路、负载驱动电路等组成，如图6-20所示。

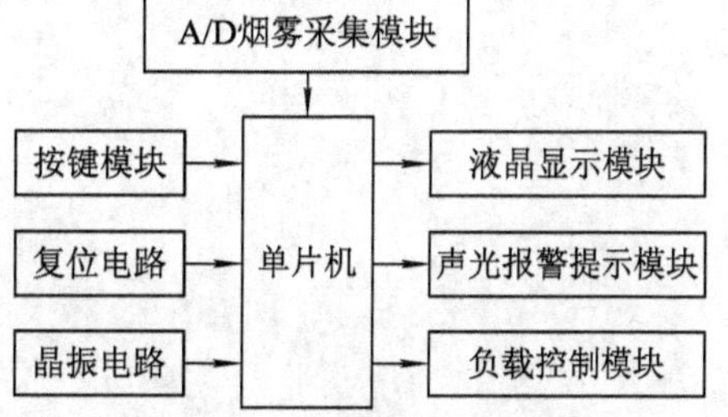

图6-20 系统组成结构图

4. 总体电路

图6-21所示为总体电路，其中图(a)为采用

Protel99se 所画，图(b)为 Proteus 仿真图。

实时显示当前的烟雾值，共有 4 个报警值(可以通过按键设定)，默认绿灯大于 2 小于 15 时亮起，一般显示的烟雾值不会小于 2，小于 2 时就得检测系统是否正常工作；黄灯为 15～30 时亮起，当被检测室内有人吸烟时会亮起；红灯为 30～60，当被检测室内吸烟较大或煤气轻度泄露等原因时，红灯会亮起；当室内烟量大于 60，此时可能时煤气泄露或起火，蜂鸣器会报警，同时继电器会吸合，负载换气风扇将会工作，应及时换气，以避免灾害的发生。

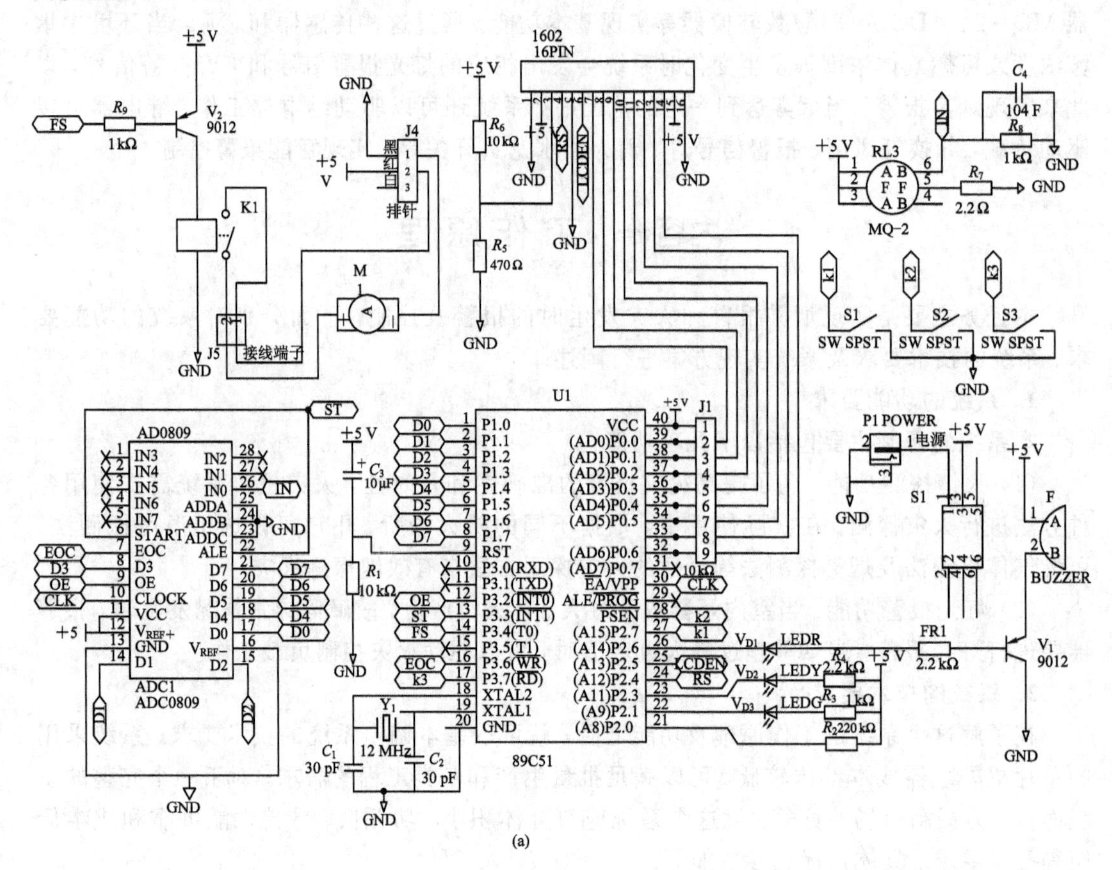

(a)

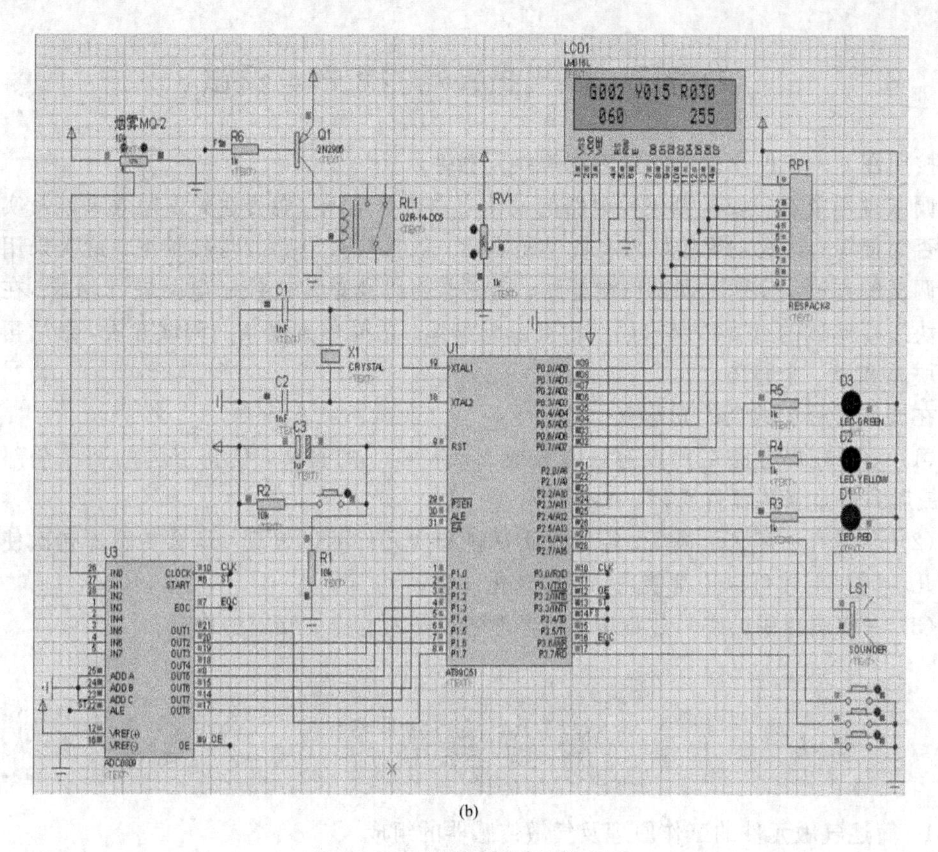

(b)

图 6－21　电路原理图及仿真图

5. 软件程序流程图

软件程序流程图如图 6－22 所示。

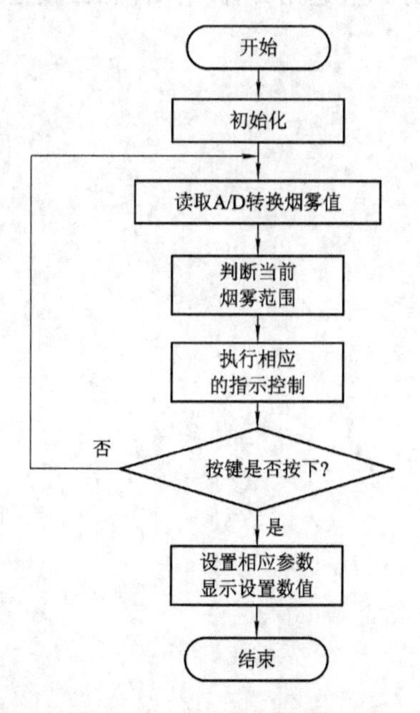

图 6－22　软件程序流程图

内容二　煤气报警器的制作与调试

按照图 6-21 所示的电路原理图焊接元器件。

调试过程中首先要检测硬件电路的设计原理是否正确、能否达到预期效果以及实现方法是否简便等；其次在焊接好现有线电路之后，认真检查电路的焊接情况。这次采用的是分块调试的方法，分别对烟雾探测电路、控制电路以及单片机控制电路进行调试。在对每个模块进行调试的过程中又采用了由局部到整体、由简单到复杂的调试方法，最后再将各个模块总和成一个整体。

在调试过程中遇到的问题有：

(1) 由于在焊电路之前没有认真查看 STC89C51 的管脚，使得引脚的顺序全部焊错了，最后只好重新买器件重焊。

(2) 烟雾值一直显示很高，经过查阅资料和换元件测试发现，烟雾传感器初次使用得通电几小时以上才可以正常使用，要做老化试验。

(3) 在解码程序的编写过程中，随着理解的深入也作了相应的修改。

思考与练习

1. 简述气敏元件的工作原理及气敏传感器的组成。
2. 为什么多数气敏元件都附有加热器？加热方式有哪些？
3. 简要说明气体传感器有哪些种类，并说明它们各自的工作原理和特点。
4. 简要说明在不同场合分别应选用哪种气体传感器较适宜。

项目七　传感器与遥控装置

知识学习目标

- ➤ 掌握红外传感器的概念；
- ➤ 掌握微波传感器的工作原理；
- ➤ 掌握超声波传感器的工作原理。

实践训练目标

- ➤ 掌握无线门铃硬件设计；
- ➤ 掌握无线门铃软件设计与仿真；
- ➤ 能根据要求安装调试无线遥控门铃电路。

任务一　项目学习引导

内容一　红外探测的基本概念

随着科学技术的发展，红外传感器技术的应用正向着各个领域延伸，特别是在测量、家用电器、安全保卫等方面得到了广泛的应用。近年来，性能优良的红外光电器件大量出现。以大规模集成电路为代表的微电子技术的发展，使红外线的发射、接收以及控制的可靠性得以提高，从而促进了红外传感器的迅速发展。

一、红外辐射

红外辐射是一种人眼不可见的光线，俗称红外线，它是介于可见光中红色光和微波之间的光线。红外线的波长范围大致为 0.76～1000 μm，对应的频率大致为 4×10^{14}～3×10^{11} Hz，工程上又把红外线所占据的波段分为近红外、中红外、远红外和极远红外四部分，如图 7-1 所示。

红外辐射本质上是一种热辐射。任何物体，只要它的温度高于绝对零度(－273℃)，就会向外部空间以红外线的方式辐射能量，很多物体向外辐射的能量大部分是通过红外线辐射这种形式来实现的。物体的温度越高，辐射出来的红外线越多，辐射的能量就越强。另一方面，红外线被物体吸收后可以转化成热能。

红外线作为电磁波的一种形式，红外辐射和所有的电磁波一样，是以波的形式在空间直线传播的，具有电磁波的一般特性，如反射、折射、散射、干涉和吸收等。红外线在真空中传播的速度等于波的频率与波长的乘积。

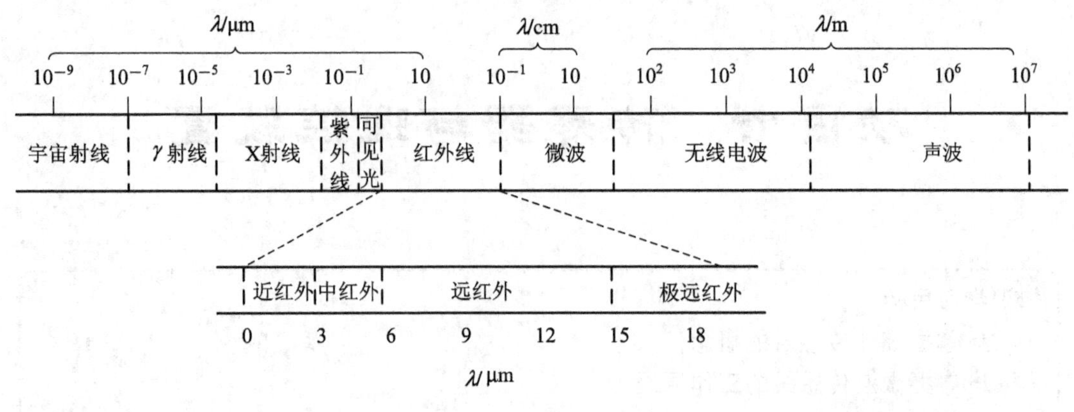

图 7-1　电磁波谱图

二、红外探测器

红外传感器是利用红外辐射实现相关物理量测量的一种传感器。红外传感器一般由光学系统、探测器、信号调理电路及显示单元等组成。红外探测器是红外传感器的核心。红外探测器是利用红外辐射与物质相互作用所呈现的物理效应来探测红外辐射的。红外探测器的种类很多，按探测机理的不同分为两大类：热探测器和光子探测器。

1. 热探测器

红外线被物体吸收后将转变为热能。热探测器正是利用红外辐射的这一热效应，当探测器的敏感元件吸收辐射能后引起温度升高，进而使敏感元件的相关物理参数发生相应变化，通过测量物理参数以及其值的变化就可确定探测器所吸收的红外辐射。

热探测器的主要优点是响应波段宽，响应范围可扩展到整个红外区域，可以在常温下工作，使用方便，应用相当广泛。但与光子探测器相比，热探测器的探测率比光子探测器的峰值探测率低，响应时间长。

热探测器主要有四类：热释电型、热敏电阻型、热电阻型和气体型。其中，热释电型探测器在热探测器中探测率最高，频率响应最宽，所以这种探测器备受重视，发展很快。这里主要介绍热释电型探测器。

热释电红外探测器是一种检测物体辐射红外能量的传感器，是根据热释电效应制成的。早在 1938 年，日本人 Yeoy Ta 就提出过利用热释电效应探测红外辐射，但并未受到重视，直到 20 世纪 60 年代，随着激光、红外技术的迅速发展，才又推动了对热释电效应的研究和对热释电晶体的应用。热释电晶体已广泛用于红外光谱仪、红外遥感以及热辐射探测器，它可以作为红外激光的一种较理想的探测器。

在外加电场作用下，电介质中的带电粒子(电子、原子核等)将受到电场力的作用，总体上讲，正电荷趋向于阴极，负电荷趋向于阳极，其结果使电介质的一个表面带正电、一个表面带负电，如图 7-2 所示，把这种现象称为电介质的“电极化”。

对于大多数电介质来说，在电压去除后，极化状态随即消失，但是有一类称为“铁电体”的电介质，在外加电压去除后仍保持着极化状态，如图 7-3 所示。

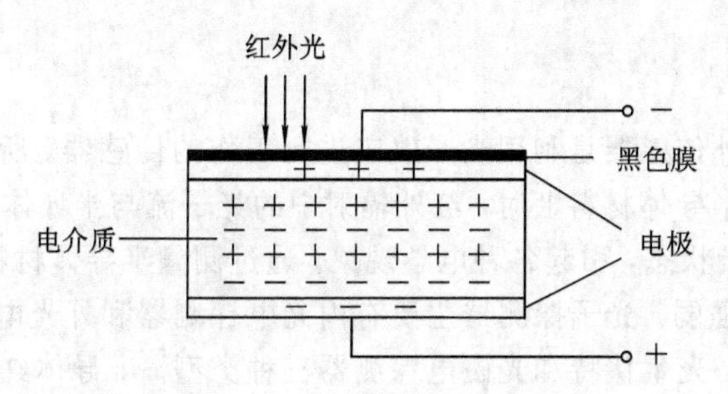

图 7-2　电介质的极化与热释电

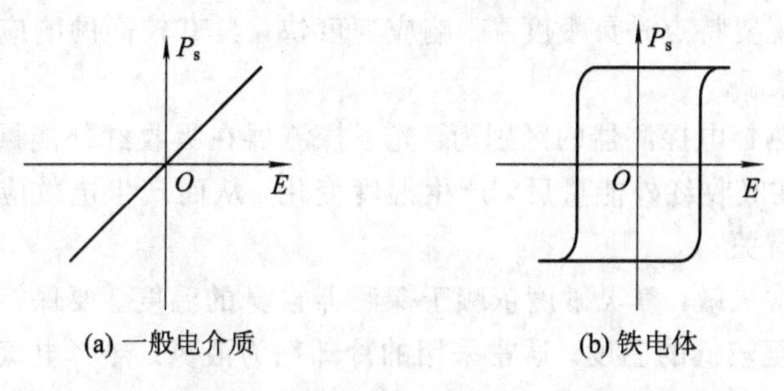

图 7-3　电介质的极化矢量与所加电场的关系

一般来说，铁电体的极化强度 P_s(单位面积上的电荷)与温度有关，温度越高，极化强度降低。温度升高到一定程度，极化将突然消失，这个温度称为“居里温度”或“居里点”，在居里点以下，极化强度 P_s 是温度的函数，利用这一关系制成的热敏类探测器称为热释电探测器。

热释电探测器的制造是把敏感元件切成薄片。在研磨成 5～50 μm 的极薄片后，把元件的两个表面做成电极，类似于电容器的构造。为了保证晶体对红外线的吸收，有时也用黑化以后的晶体或在透明电极表面涂上黑色膜。当红外光照射到已经极化了的铁电薄片上时，引起薄片的温度升高，使其极化强度(单位面积上的电荷)降低，表面的电荷减少，这相当于释放一部分电荷，所以叫热释电型传感器。释放的电荷可以用放大器转变成输出电压。如果红外光继续照射，使铁电膜片的温度升高到新的平衡值，表面电荷也就达到了新的平衡浓度，不再释放电荷，也就不再有输出信号。这区别于其他光电类或热敏类探测器，这些探测器在受到辐射后都将经过一定的响应时间到达另一个稳定状态，这时输出信号最大。而热释电探测器则与此相反，在稳定状态下，输出信号下降到零，只有在薄片温度的升降过程中才有输出信号。因此，在设计制造和应用热释电探测器时，都要设法使铁电薄片具有最有利的温度变化。热释电型传感器输出信号的强弱取决于薄片温度变化的快慢，从而反映入射的红外辐射的强弱，所以热释电型传感器的电压响应率正比于入射光辐射率变化的速度，不取决于晶体与辐射是否达到平衡。

对于热释电探测器的敏感元件的尺寸，应尽量减小体积，可以减小灵敏面(提高电压响应率)或减小厚度(提高电流响应率)，从而减小热容，提高探测率。但元件灵敏面有个下限，当减小到元件阻抗大于放大器输入阻抗时，响应率和探测率都得不到改善；另外，理论上元件厚度越薄越好，但厚度过薄将使入射红外光的吸收不完全，对某些陶瓷材料还会出现针孔，因此，对不同情况应有一个最佳厚度。总体上讲，元件尺寸要与放大器性能相配合。

热释电型传感器常用于根据人体红外感应实现自动电灯开关、自动水龙头开关、自动门开关等领域。

2. 光子探测器

光子探测器型红外传感器是利用光子效应进行工作的传感器。所谓光子效应，就是当有红外线入射到某些半导体材料上时，红外辐射中的光子流与半导体材料中的电子相互作用，改变了电子的能量状态，引起各种电学现象。通过测量半导体材料中电子性质的变化，可以知道红外辐射的强弱。光子探测器主要有内光电探测器和外光电探测器两种。内光电探测器又分为光电导、光生伏特和光磁电探测器三种类型。半导体红外传感器广泛应用于军事领域，如红外制导、响尾蛇对空及对地导弹、夜视镜等设备。

光子探测器的主要特点是灵敏度高、响应速度快，具有较高的响应频率，但探测波段较窄，一般工作于低温。

光子探测器和热释电探测器的区别为：光子探测器在吸收红外能量后，直接产生电效应；热释电探测器在吸收红外能量后，产生温度变化，从而产生电效应，温度变化引起的电效应与材料特新有关。

光子探测器非常灵敏，其灵敏度依赖于探测器自身的温度。要保持高灵敏度，就必须将光子探测器冷却至较低的温度。通常采用的冷却剂为液氮。热释电探测器一般没有光子探测器那么高的灵敏度，但在室温下也有足够好的性能，因此不需要低温冷却，而且热释电探测器的响应频段宽，响应范围可以扩展到整个红外区域。

内容二　微波传感器的工作原理

一、微波

如图 7-1 所示，微波是介于红外线与无线电波之间的一种电磁波，其波长为 1 mm～1 m，通常按照波长特征将其细分为分米波、厘米波和毫米波三个波段。微波在微波通信、卫星通信、雷达等无线通信领域得到了广泛的应用。

另一方面，微波作为一种电磁波，具有电磁波的所有性质，利用微波与物质互相作用所表现出来的特性，人们制成了微波传感器，即微波传感器就是利用微波特性来检测某些物理量的器件或装置。

根据微波的特点，微波传感器是一种新型非接触式测量传感器，因此在工业领域，微波传感器可实现对材料的无损检测及物位检测等；在地质勘探方面，可实现微波断层扫描。微波传感器作为一种新型传感器，正得到越来越广泛的应用。

二、微波传感器的原理及组成

1. 微波传感器的原理

微波具有以下特点：

(1) 需要定向辐射装置；

(2) 遇到障碍物容易反射；

(3) 绕射能力差；

(4) 传输特性好，传输过程中受烟雾、灰尘等的影响较小；

(5) 介质对微波的吸收大小与介质介电常数成正比，如水对微波的吸收作用最强。

微波传感器的基本测量原理：由发射天线发出微波信号，该微波信号在传播过程中遇到被测物体时将被吸收或反射，导致微波功率发生变化，通过利用接收天线，接收到通过被测物体或由被测物体反射回来的微波，并将它转换为电信号，再经过信号调理电路，即可显示出被测量，实现了微波检测。

根据微波传感器的工作原理，可将其分为反射式和遮断式两种。

(1) 反射式微波传感器。反射式微波传感器是通过检测被测物反射回来的微波功率或微波信号从发出到接收到经过的时间间隔来测量被测量的一类微波传感器。通常它可以测量物体的位置、位移、厚度等参数。

(2) 遮断式微波传感器。由于微波的绕射能力差，且能被介质吸收，利用这两种特性，如果在发射天线和接收天线之间有物体，则微波信号可能被阻断或被吸收。因此，遮断式微波传感器是通过检测接收天线收到的微波功率大小来判断发射天线与接收天线之间有无被测物体以及被测物体的厚度、含水量等参数的。

2. 微波传感器的组成

微波传感器通常由微波发生器(即微波振荡器)、微波天线及微波检测器三部分组成。

(1) 微波发生器：是产生微波的装置。由于微波波长很短，即频率很高(300 MHz～300 GHz)，要求振荡回路中具有非常微小的电感与电容，因此不能用普通的电子管与晶体管构成微波振荡器。构成微波振荡器的器件有调速管、磁控管或某些固态器件，小型微波振荡器也可以采用体效应管。

微波发生器产生的振荡信号需要用波导管(管长为 10 cm 以上，可用同轴电缆)传输。

(2) 微波天线：用于将微波振荡器产生的振荡信号通过天线发射出去。为了保证发射的微波具有尖锐的方向性，要求微波天线有特殊的结构和形状。常用的微波天线如图 7-4 所示。喇叭形天线结构简单，制造方便，可以看做是波导管的延续。喇叭形天线在波导管与空间之间起匹配作用，有利于获得最大能量输出；抛物面天线类似凹面镜产生平行光，有利于改善微波发射的方向性。

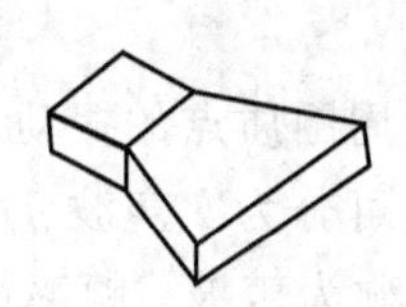
(a) 扇形喇叭天线

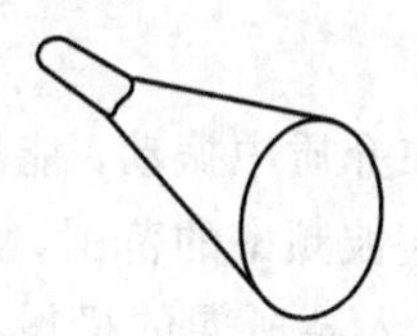
(b) 圆锥形喇叭天线

(c) 旋转抛物面天线

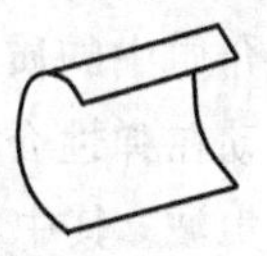
(d) 抛物柱面天线

图 7-4　常用的微波天线

(3) 微波检测器：用于探测微波信号的装置。微波在传播过程中表现为空间电场的微小变化，所以使用电流—电压特性呈现非线性的电子元件作为探测它的敏感探头。

根据工作频率的不同，有多种电子元件可供选择(如较低频率下的半导体 PN 结元件、较高频率下的隧道结元件等)，但都要求它们在工作频率范围内必须有足够快的响应速度。

三、微波传感器的特点

1. 优点

(1) 微波传感器是一种非接触式传感器，如进行活体检测时大部分不需要取样。

(2) 微波传感器的波长为 1 mm～1 m，对应的频率范围为 300 MHz～300 GHz，因此有极宽的频谱。

(3) 可在恶劣的环境下工作(高温、高压、有毒、有放射线等)，它基本不受烟雾、灰尘和温度的影响。

(4) 频率高，时间常数小，反应速度快，可用于动态检测与实时处理。

(5) 测量信号本身是电信号，无需进行非电量转换，简化了处理环节。

(6) 输出信号可以方便地调制在载波信号上进行反射和接收，传输距离远，可实现遥测和遥控。

(7) 不会带来显著的辐射。

2. 缺点

(1) 存在零点漂移，给标定带来困难。

(2) 测量环境对测量结果影响较大，如温度、气压、取样位置等。

内容三　超声波传感器的工作原理

超声波传感器是一种以超声波作为检测手段的新型传感器。利用超声波的各种特性，可做成各种超声波传感器，再配上不同的测量电路，制成各种超声波仪器及装置，广泛地应用于冶金、船舶、机械、医疗等各个工业部分的超声探测、超声清洗、超声焊接、超波检测和超波医疗等方面。

一、超声波及其物理特性

1. 超声波的概念

介质中的质点以弹性力互相联系。某质点在介质中振动，能激起周围质点的振动。质点振动在弹性介质内的传播形成机械波。根据声波频率的范围，声波可分为次声波、声波和超声波。其中，频率在 $16\sim2\times10^4$ Hz，能为人耳所闻的机械波，称为声波；频率低于 16 Hz的机械波，称为次声波；频率高于 2×10^4 Hz 的机械波，称为超声波。各种波的频率范围如图 7-5 所示。

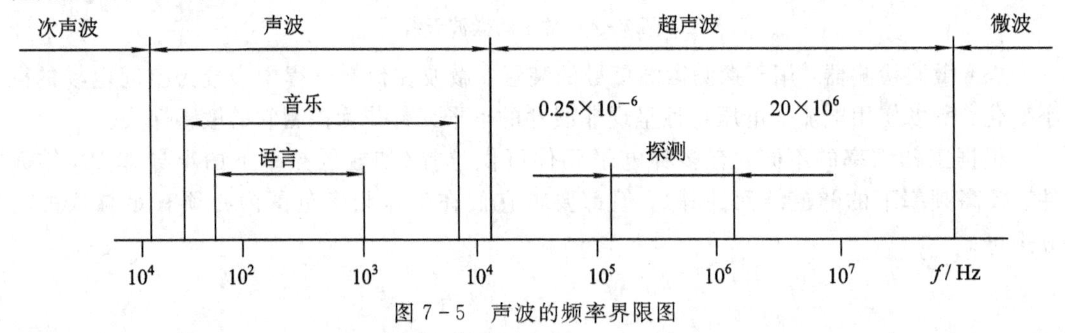

图 7-5　声波的频率界限图

声波的频率很高，与光波的某些特性就越相似。超声波波长、频率与波速的关系为

$$\lambda=\frac{c}{f}$$

式中：λ 为波长，c 为波速，f 为频率。

超声波的特性是频率高，波长短，绕射小。它最显著的特性是方向性好，且在液体、固体中衰减很小，穿透本领大，碰到介质分界面会产生明显的反射和折射，因而广泛应用于工业检测中。

2. 超声波的物理性质

1）超声波的波形

由于声源在介质中的施力方向与波在介质中的传播方向不同，声波的波形也有所不同。常有以下几种波形：

① 纵波：质点振动方向与波的传播方向一致的波。它能在固体、液体和气体中传播。

② 横波：质点的振动方向垂直于传播方向的波。它只能在固体中传播。

③ 表面波：质点的振动方向介于纵波与横波之间，沿着表面传播的波。

为了测量各种状态下的物理量，多采用纵波。

2）超声波的传播速度

纵波、横波及表面波的传播速取决于介质的弹性常数及介质密度。气体和液体中只能传播纵波，气体中声速为 344 m/s，液体中声速为 900～1900 m/s。在固体中，纵波、横波和表面波三者的声速成一定关系。通常可认为横波声速为纵波声速的一半，表面波声速为横波声速的 90%。

3）超声波的反射和折射

超声波从一种介质传播到另外一种介质时，在两介质的分界面上一部分超声波被反射，另一部分则透过分界面，在另一种介质内继续传播。这两种情况分别称为超声波的反射和折射，如图 7-6 所示。其中，α 是入射角，α' 是反射角，β 是折射角。

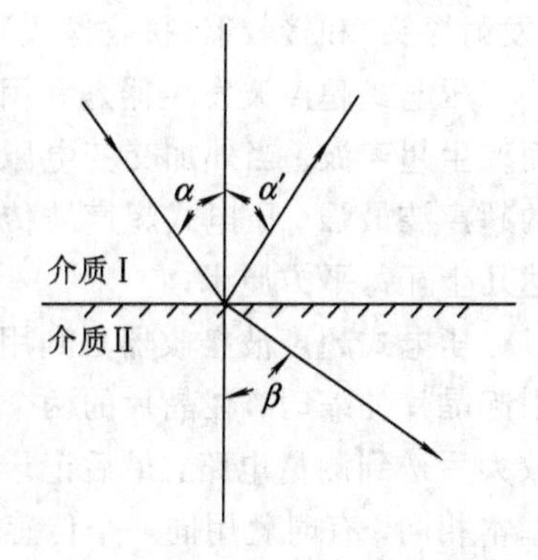

图 7-6　超声波的反射和折射

反射定律：当波在界面上发生反射时，入射角 α 的正弦与反射角 α' 的正弦之比等于入射波波速与反射波波速之比。当入射波和反射波的波形相同、波速相等时，入射角 α 等于反射角 α'。

折射定律：当波在界面处产生折射时，入射角 α 的正弦与折射角 β 的正弦之比等于入射波在第一介质中的波速 c_1 与折射波在第二介质中的波速 c_2 之比，即

$$\frac{\sin\alpha}{\sin\beta}=\frac{c_1}{c_2}$$

4）超声波的衰减

超声波在介质中传播时随着传播距离的增加，能量逐渐衰减。其声压和声强的衰减规律满足以下函数关系：

$$P_x=P_0\mathrm{e}^{-\alpha x}$$

$$I_x=I_0\mathrm{e}^{-2\alpha x}$$

式中：P_x、I_x 分别为声波在距声源 x 处的声压和声强；P_0、I_0 分别为声波在声源处的声压和声强；x 为声波与声源间的距离；α 为衰减系数。

超声波在介质中传播时，能量衰减取决于超声波的扩散、散射和吸收。在理想介质中，超声波的衰减仅来自于超声波的扩散，即随着超声波扩散距离的增加，在单位面积内声能将会减弱。散射衰减是指超声波由于在固体介质中颗粒界面上的散射，或在流体介质中的悬浮粒子上的散射而造成的衰减。吸收衰减是由介质的导热性、黏滞性及弹性滞后等因素造成的，介质吸收声能并将其转换成为热能。吸收随超声波频率的升高而增高。可见，衰减系数 α 因介质材料的性质而异，一般晶粒越粗，超声波频率越高，则衰减越大。衰减系数往往会限制最大探测厚度。通常以 dB/cm 或 dB/mm 为单位表示衰减系数。在一般探测频率上，材料的衰减系数在一到几百分贝每毫米之间。例如衰减系数为 1 dB/mm 的材料，表示每穿透 1 mm 衰减 1 dB。

二、超声波传感器的工作原理

要以超声波作为检测手段，必须能产生并接收超声波。完成这种功能的装置就是超声波传感器，习惯上称为超声波换能器，或超声波探头。

超声波传感器按其工作原理，可分为压电式、磁致伸缩式、电磁式等几种，以压电式最为常用。下面以压电式和磁致伸缩式超声波传感器为例介绍其工作原理。

1. 压电式超声波传感器

压电式超声波传感器是利用压电材料的压电效应原理来工作的。常用的压电材料主要有压电晶体和压电陶瓷。根据正、逆压电效应的不同，压电式超声波传感器可分为发生器(发射探头)和接收器(接收探头)两种。

压电式超声波发生器是利用逆压电效应的原理将高频电振动转换成高频机械振动，从而产生超声波。当外加交变电压的频率等于压电材料的固有频率时会产生共振，此时产生的超声波最强。压电式超声波传感器可以产生几万赫到几十兆赫的高频超声波，其声强可达几十瓦每平方厘米。

压电式超声波接收器是利用正压电效应原理进行工作的。当超声波作用到压电晶片上引起晶片伸缩时，在晶片的两个表面上便产生极性相反的电荷，这些电荷被转换成电压经放大后送到测量电路，最后记录或显示出来。压电式超声波接收器的结构和超声波发生器基本相同，有时就用同一个传感器兼作发生器和接收器两种用途。

典型的压电式超声波传感器的结构如图 7-7 所示。它主要由压电晶片、吸收块(阻尼块)、保护膜等组成。压电晶片多为圆板形，设其厚度为 δ，超声波频率 f 与其厚度 δ 成反比。压电晶片的两面镀有银层，作为导电的极板，底面接地，上面接至引出线。为了避免传感器与被测件直接接触而磨损压电晶片，在压电晶片上黏合一层保护膜(0.3 mm 厚的塑料膜、不锈钢片或陶瓷片)。阻尼孔的作用是降低压电晶片的机械品质，吸收超声波的能量。如果没有阻尼块，当激励的电脉冲信号停止时，晶片将会继续振动，加长超声波的脉冲宽度，使分辨率变差。

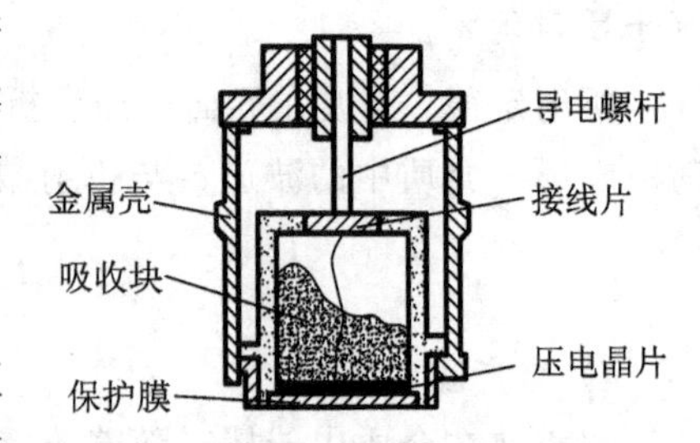

图 7-7 压电式超声波传感器的结构

2. 磁致式超声波传感器

铁磁材料在交变的磁场方向产生伸缩的现象，称为磁致伸缩效应。磁致伸缩效应的强弱即材料伸长缩短的程度，因铁磁材料的不同而各异。镍的磁致伸缩效应最大，如果先加一定的直流磁场，再通以交变电流，则它可工作在特性最好的区域。磁致伸缩传感器的材料除镍外，还有铁钴钒合金和含锌、镍的铁氧体。它们的工作频率范围较窄，仅在几万赫以内，但功率可达 100 kW，声强可达几千瓦每平方毫米，且能耐较高的温度。

磁致伸缩式超声波发生器是把铁磁材料置于交变磁场中，使它产生机械尺寸的交替变化即机械振动，从而产生出超声波。它是用几个厚为 0.1～0.4 mm 的镍片叠加而成的，片间绝缘以减小涡流损失，其结构形状有矩形、窗形等。

磁致伸缩式超声波接收器的原理为：当超声波作用在磁致伸缩材料上时，引起此料伸缩，从而导致它的内部磁场(即导磁特性)发生改变。根据电磁感应，磁致伸缩材料上所绕的线圈便获得感应电动势。此电动势被送到测量电路，最后记录或显示出来。磁致伸缩式超声波接收器的结构与超声波发生器基本相同。

任务二　声控遥控装置

随着微电子技术、无线技术和网络技术的飞速发展以及人们生活水平的大幅度提高，人们对居住环境的安全、方便提出了越来越高的要求，尤其是在智能化住宅中，人们迫切需要一种集安全可靠、使用方便等优点于一体的智能门铃产品，因此本任务设计一款无线遥控音乐门铃系统。要求如下：

- 发射器采用电池供电，静态电流小；
- 主机也可以采用电池供电，方便安装；
- 采用无线电进行遥控，具有一定的遥控距离；
- 在同一区域范围内能有多套系统同时工作而相互间不影响；
- 门铃按键按下有音乐响起；
- 主机有复位按键，可以随时关闭音乐；
- 门铃的音乐为 3 首以上，可以通过程序更改。

内容一　工作原理

1. 系统总体框图

本设计采用 STC89C51 单片机作为主控制器，外部加上三极管驱动放音设备，超再生无线模块实现无线连接。系统总体框图如图 7－8 所示。

遥控器采用 PT2262 编码芯片对信号编码，由超再生无线模块发射信号。遥控器发射信号如图 7－9 所示。

2. 电源电路设计

家用电压为 220 V，而本设计采用的电压是 5 V，如果不用电池，使用家用电的情况下，考虑采用典型的变压器降压、全波整流、电容滤波及集成电路稳压的思路进行设计。

由于单片机及后续的无线接收电路等都用 5 V 作为工作电源，所以在经整流和滤波电路后再用三端集成稳压电路进行稳压，为后续电路提供稳定可靠的 5 V 直流电源，三端稳压集成电路采用 LM7805。具体电路图如图 7-10 所示。

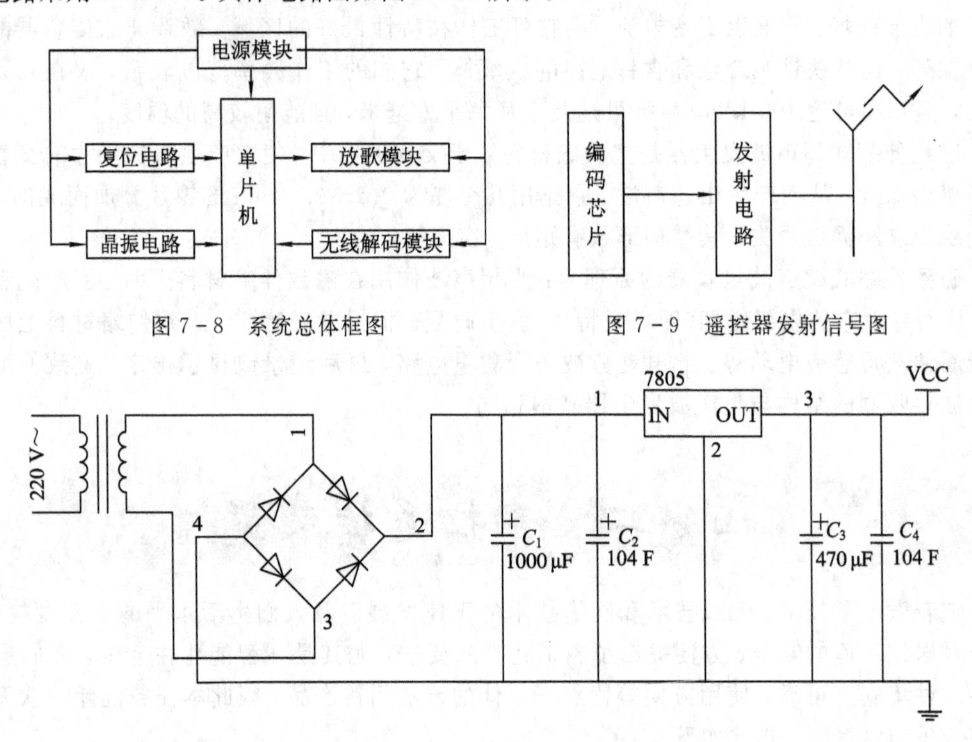

图 7-8　系统总体框图　　　　图 7-9　遥控器发射信号图

图 7-10　电源供电电路图

3. 发射电路设计

由于无线信号容易受外界环境的影响，因此从系统的可靠性考虑，发射的控制信号采用编码的方式进行传送，而且在同一区域内要同时使用多个系统而相互间又不影响，所以无线信号的编码由 SC2262 集成电路完成，该电路具有 8 位地址信号和 4 位数据信号，不同的地址与数据的组合，可以编制上万种编码，完全可以满足同一区域内互不影响地工作。发射芯片地址编码输入有“1”、“0”和“开路”三种状态，数据输入有“1”和“0”两种状态。由各地址、数据的不同接脚状态决定，编码从输出端 D_{out} 输出，通过红外发射管发射出去。

D_{out} 输出的编码信号是调制在 38 kHz 载波上的，OSC1、OSC2 外接的电阻决定载频频率，一般电阻可在 430～820 kΩ 之间选择。

SC2262-IR 是 2262 系列用于红外遥控的专用芯片，它是一种 CMOS 工艺制造的低功耗低价位通用编码电路，SC2262-IR 最多可有 12 位(A0～A11)三态地址端引脚(悬空，接高电平，接低电平)，任意组合可提供 531441 地址码，SC2262-IR 最多可有 6 位(D0～D5)数据端引脚，设定的地址码和数据码从 17 脚串行输出，可用于遥控发射电路。

编码芯片 SC2262-IR 发出的编码信号由地址码、数据码、同步码组成一个完整的码字，当有按键按下时，SC2262-IR 得电工作，其第 17 脚输出经调制的串行数据信号。SC2262-IR 的引脚图如图 7-11 所示，引脚说明如表 7-1 所示。

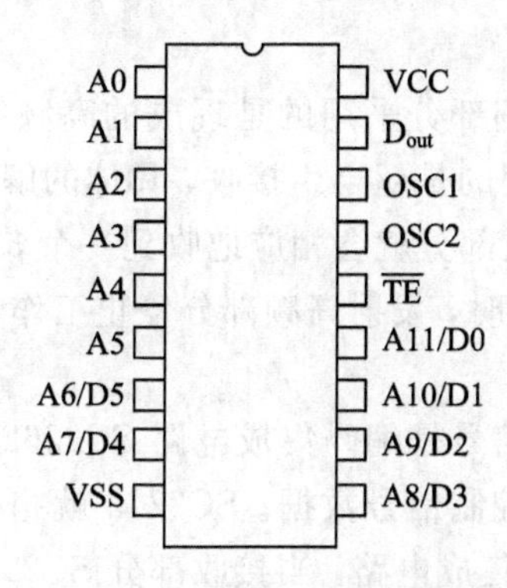

图 7-11　SC2262-IR 引脚图

SC2262-IR 特点：CMOS 工艺制造，低功耗，外部元器件少，RC 振荡电阻，工作电压范围宽：2.6～15 v，数据最多可达 6 位，地址码最多可达 531441 种。应用范围：车辆防盗系统、家庭防盗系统、遥控玩具、其他电器遥控。图 7-11 为 2262 引脚图，表 1 为引脚介绍。

表 7-1　SC2262-IR 引脚说明

名　称	引　脚	说　明
A0～A11	1～8、10～13	地址引脚，用于进行地址编码，可置为“0”、“1”、“f”(悬空)
D0～D5	7～8、10～13	数据输入端，有一个为“1”即有编码发出，内部下拉
VCC	18	电源正端(＋)
VSS	9	电源负端(－)
TE	14	编码启动端，用于多数据的编码发射，低电平有效
OSC1	16	振荡电阻输入端，与 OSC2 所接电阻决定振荡频率
OSC2	15	振荡电阻振荡器输出端
D_{out}	17	编码输出端(正常时为低电平)

SC2262 的电源端与发射模块的电源端受制于热释电模块，一旦发现异常就会开启 SC2262 芯片与发射模块的电源，一旦 SC2262 芯片工作则会把已经固定的编码信号通过发射电路发送出去。其原理图如图 7-12 所示。

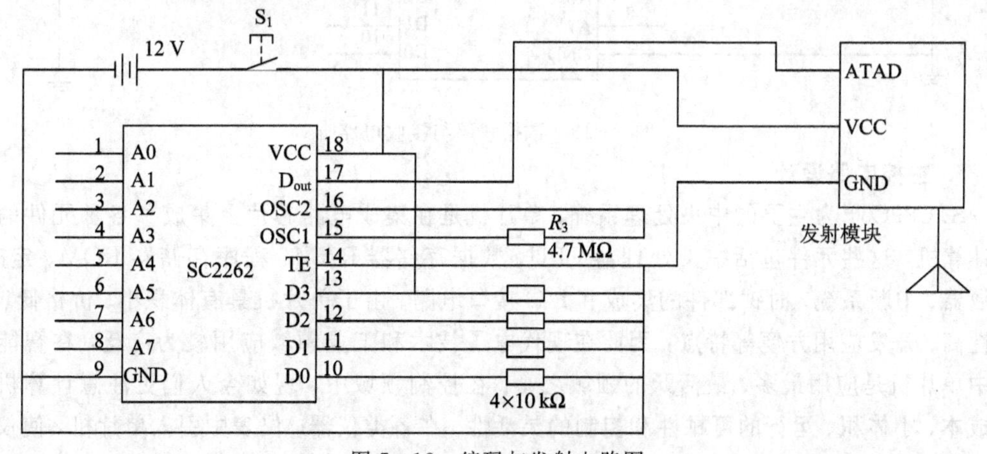

图 7-12　编码与发射电路图

4. 接收电路设计

接收电路的无线接收与解调部分采用的是现成的高频接收模块，可以简化设计工作，而且可靠性较好。接收模块采用的是超再生接收，具体的解调过程为：当发射器发送1时，相应的发射高频电路工作，接收部分就会相应地收到一个315 MHz的高频信号，使模块输出为1，当发射部分发送的是0时，发射高频部分停止工作，接收部分输出为0，这样就实现了无线信号的传输。

经高频接收且解调出来的信号是编码集成电路SC2262编码后的串行信号，必须经相应的解码电路解码才能还原出控制信号数据。SC2272就担任了这个解码任务。SC2262和SC2272是一对专用的编、解码集成电路，当接收部分SC2272的8位地址数据与发射部分的8位地址数据相同时，就会在SC2272的17脚输出一个高电平，表示解码成功，同时在4位数据位上输出相应的数据信号。

SC2272的暂存功能是指当发射信号消失时，SC2272的对应数据输出位即变为低电平。而锁存功能是指当发射信号消失时，SC2272的数据输出端仍保持原来的状态，直到下次接收到新的信号输入。为了能正确解调出调制的编码信号，接收端需加一级前置放大级，保证输入SC2272的信号幅度足够大。SC2272各输出端通过各种接口即可控制相应的负载。数据解码与接收电路如图7-13所示。

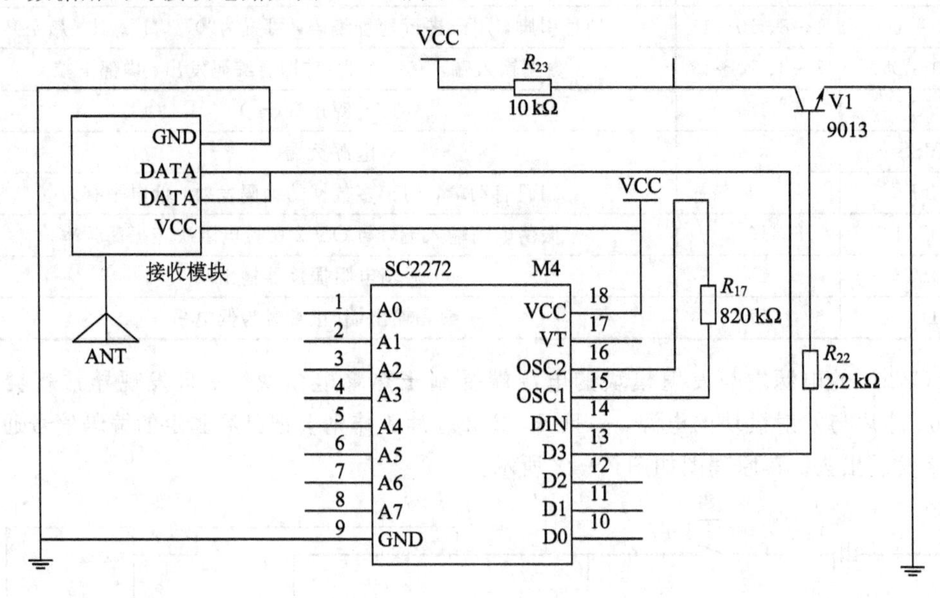

图7-13 数据解码与接收电路

5. 主控电路设计

STC89C51为主要的中央处理系统，单片机是在集成电路芯片上集成了各种元件的微型计算机，这些元件包括中央处理器CPU、数据存储器RAM、程序存储器ROM、定时/计数器、中断系统、时钟部件的集成和I/O接口电路。由于单片机具有体积小、价格低、可靠性高、开发应用方便等特点，因此在现代电子技术和工业领域应用较为广泛，在智能仪表中单片机是应用最多、最活跃的领域之一。在控制领域中，现如今人们更注意计算机的低成本、小体积、运行的可靠性和控制的灵活性。在各类仪器、仪表中引入单片机，使仪器仪表智能化，提高测试的自动化程度和精度，提高计算机的运算速度，简化仪器仪表的硬件结构，提高其性能价格比。关于STC89C51单片机主控电路请参考项目五。

6. 光敏电阻的检测

播放模块是由三极管和电阻驱动构成的，三极管将信号放大，然后传输到喇叭，喇叭几乎不存在噪声，音响效果较好。图7-14所示为声音驱动电路。

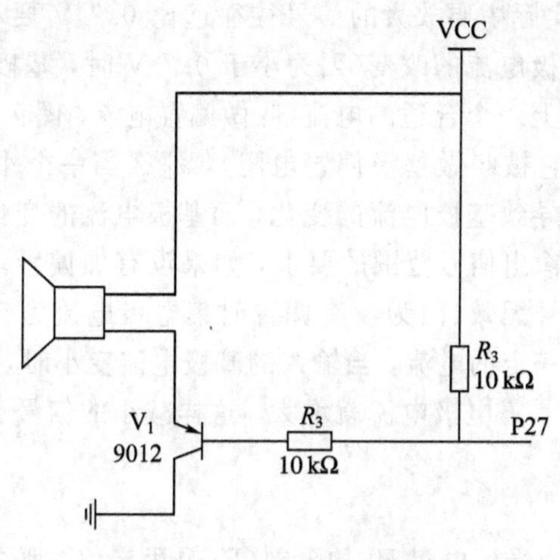

图7-14　声音驱动电路

三极管是电流放大器件，有三个极，分别叫做集电极C、基极B和发射极E。三极管可分为NPN和PNP两种，下面仅以NPN三极管的共发射极放大电路为例来说明三极管放大电路的基本原理。

1）电流放大

如图7-15所示，我们把从基极B流至发射极E的电流叫做基极电流I_b，把从集电极C流至发射极E的电流叫做集电极电流I_c。这两个电流的方向都是流出发射极的，所以发射极E上就用了一个箭头来表示电流的方向。三极管的放大作用是，集电极电流受基极电流的控制(假设电源能够给集电极提供足够大的电流)，基极电流很小的变化会引起集电极电流很大的变化，且变化满足一定的比例关系：集电极电流的变化量是基极电流变化量的β倍，即电流变化被放大了β倍，所以我们把β叫做三极管的放大倍数(β一般远大于1，如几十、几百)。如果将一个变化的小信号加到基极与发射极之间，就会引起基极电流I_b的变化，I_b的变化被放大后，导致了I_c很大的变化。如果集电极电流I_c是流过一个电阻R的，那么根据电压计算公式$U=R*I$可以算得，该电阻上的电压就会发生很大的变化。我们将这个电阻上的电压取出来，就得到了放大后的电压信号了。

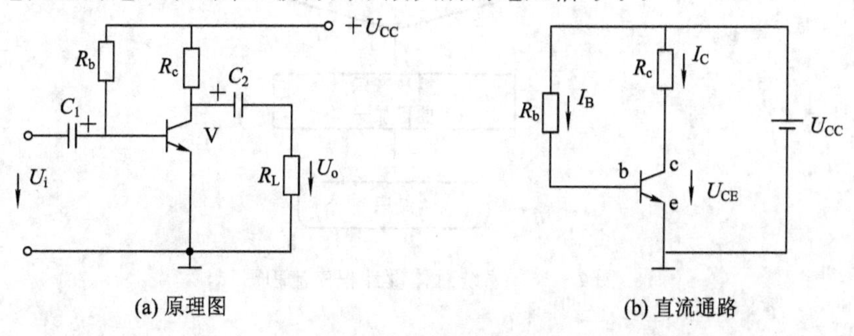

图7-15　三极管放大电路

2）偏置电路

三极管在实际的放大电路中使用时，还需要加合适的偏置电路，这有几个原因。首先是由于三极管 BE 结的非线性(相当于一个二极管)，基极电流必须在输入电压大到一定程度后才能产生(对于硅管，常取 0.7 V)。当基极与发射极之间的电压小于 0.7 V 时，基极电流就可以认为是 0。但实际中要放大的信号往往远比 0.7 V 要小，如果不加偏置，这么小的信号就不足以引起基极电流的改变(因为小于 0.7 V 时，基极电流都是 0)。如果我们事先在三极管的基极上加上一个合适的电流(叫做偏置电流，图 7-15 中的电阻 R_b 就是用来提供这个电流的，所以它被叫做基极偏置电阻)，那么当一个小信号跟这个偏置电流叠加在一起时，小信号就会导致基极电流的变化，而基极电流的变化则会被放大并在集电极上输出。另一个原因就是输出信号范围的要求，如果没有加偏置，那么只有对那些增加的信号放大，而对减小的信号无效(因为没有偏置时集电极电流为 0，不能再减小了)。而加上偏置，事先让集电极有一定的电流，当输入的基极电流变小时，集电极电流就可以减小；当输入的基极电流增大时，集电极电流就增大。这样减小的信号和增大的信号都可以被放大了。

3）开关作用

如图 7-15 所示，因为受到电阻 R_c 的限制(R_c 是固定值，那么最大电流为 U/R_c，其中 U 为电源电压)，集电极电流是不能无限增加下去的。当基极电流的增大不能使集电极电流继续增大时，三极管就进入了饱和状态。一般判断三极管是否饱和的准则是：$I_b \cdot \beta > I_c$。进入饱和状态之后，三极管的集电极与发射极之间的电压将很小，可以理解为一个开关闭合了。这样就可以拿三极管当作开关使用：当基极电流为 0 时，三极管集电极电流为 0(这叫做三极管截止)，相当于开关断开；当基极电流很大，以至于三极管饱和时，相当于开关闭合。如果三极管主要工作在截止和饱和状态，那么一般把这样的三极管叫做开关管。

7. 程序设计

系统总体设计程序流程图如图 7-16 所示。

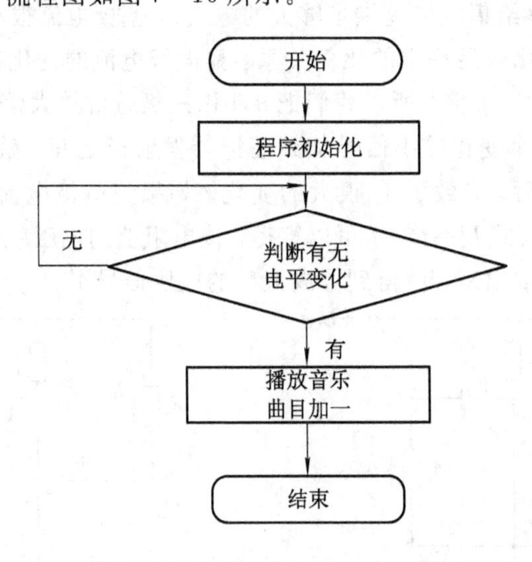

图 7-16　系统总体设计程序流程图

内容二　遥控门铃的制作与调试

按照图 7－17 所示的原理图进行焊接，焊接后的遥控门铃实物图如图 7－18 所示。

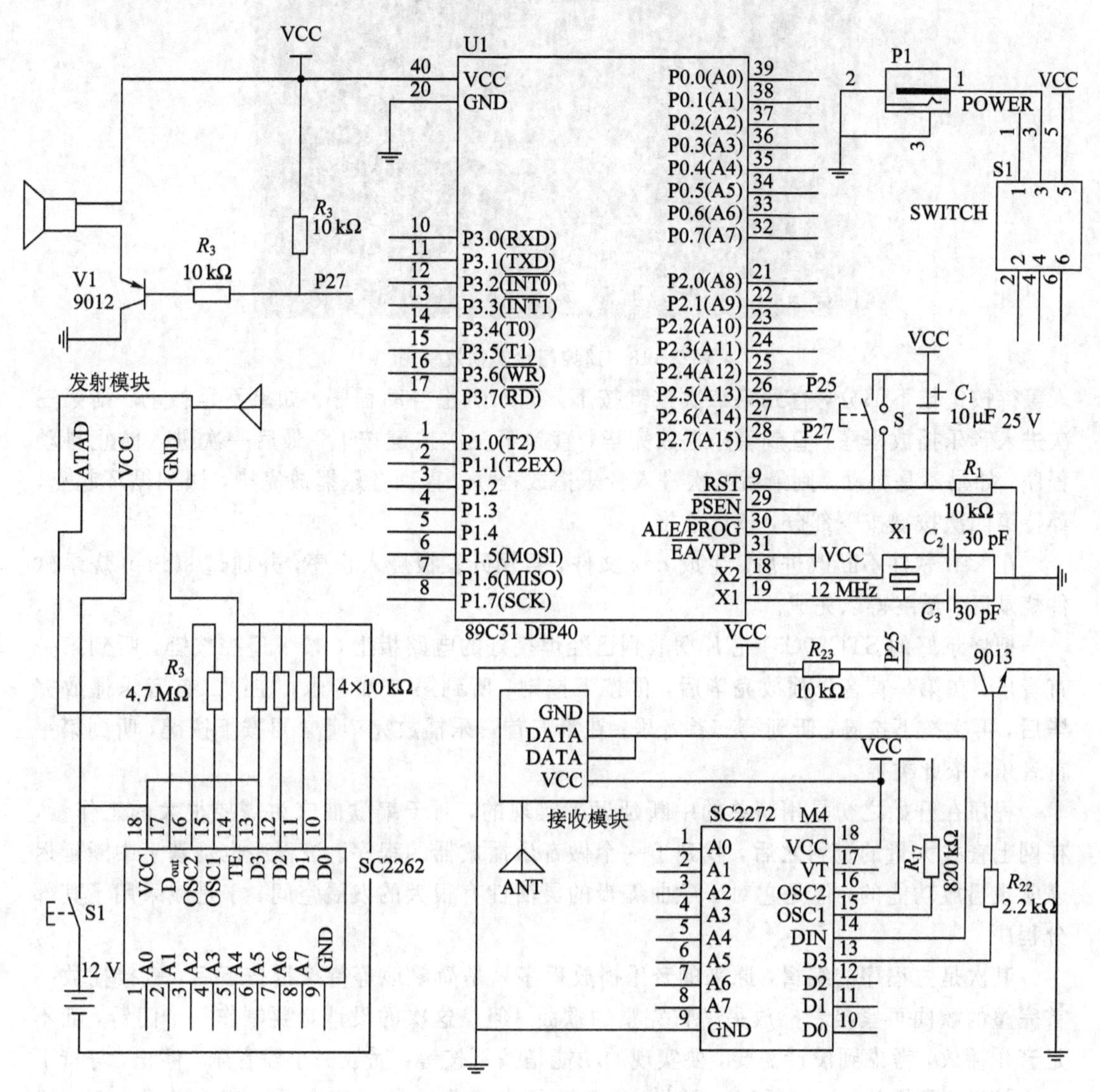

图 7－17　遥控门铃原理图

这是本设计较为困难的一部分，需要经过反复的调试，才能达到理想中的效果，以下将分硬件与软件两部分介绍此次调试的过程以及调试过程中遇到的困难和解决办法。

程序主要取自一个音乐播放程序，但没有功率放大部分，更没有多音乐轮流播放部分和按钮部分。

在此基础之上，首先对其进行一定的修改，在保留原来音乐播放程序的前提下，进行主程序的设计。其次对所有端口进行初始化操作，接着进入不断循环部分，直到按键按下，进入防止抖动程序。如果不是抖动，则进入音乐播放程序，直到音乐播放完毕，第二次进

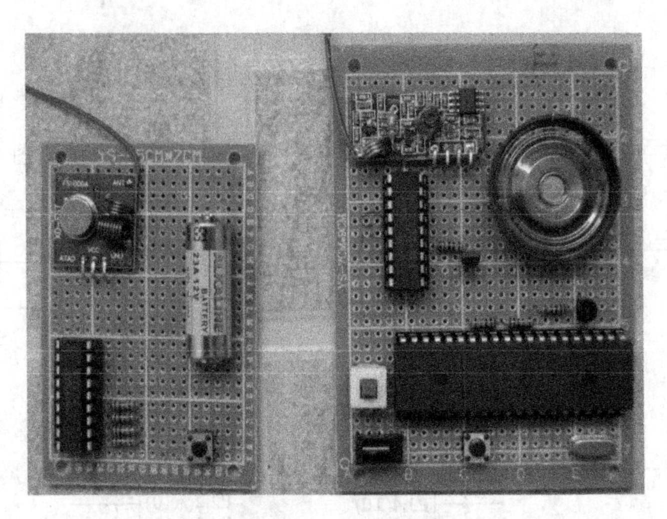

图 7-18 遥控门铃实物效果图

入等待按键按下部分，直到第二次按键按下，进入防止抖动程序。如果不是抖动，则第三次进入音乐播放程序，直到音乐播放完毕，直到第三次按键按下，最后一次进入防止抖动程序。如果不是抖动，则最后一次进入音乐播放程序，直到音乐播放完毕，回到循环起点，等待第四次按键按下部分，依此类推。

在 keil 软件不断改进后，生成 hex 文件，再用开发板烧入程序，并通过 stc-isp 烧录软件烧录后，最终得以完成。

把烧录好的 STC89C51 芯片摆放到已经焊接好的电路板上，按下遥控按键，听到第一首音乐；在第一首音乐播放完毕后，再按下按键，听到第二首音乐；在第二首音乐播放完毕后，再次按下按键，听到第三首音乐；在第五首音乐播放完毕后，再按下按键，听到第一首音乐，依此类推。

程序在开始之初是用简单的中断延迟来实现的，对于编歌曲来讲需要很大的工作量，在网上查找大量的资料之后，找到了一个做音乐播放器的程序。该程序也是基于中断延迟来实现播放功能的，但是它对于歌曲编辑的灵活性有很大的发展空间，于是就采用了其部分程序。

其次是主程序的编辑，原来的音乐播放程序只是简单地等待按键按下后，直接播放一首完整的歌曲再紧接着播放另一首完整的歌曲。但是这次的设计是要制作一个门铃，而不是音乐播放，考虑到设计需要，要实现的功能是按下按键，播放一小段音乐，停止，等待下一个按键，再播放，不断循环。因此，这里主要考虑到的是如何在播放完一首歌曲后，进入在此等待状态。对于该段程序中的主要保护手段，就是按键防止抖动部分，因此在等待按键按下后，采用一小段的延迟程序，再次判定是否有按键按下，然后再进入播放程序。

1. 焊接遇到的主要技术问题

（1）元器件的装插焊接应遵循先小后大、先轻后重、先低后高、先里后外的原则，这样才有利于装配的顺利进行。

（2）在瓷介电容、电解电容及三极管等元件立式安装时，引线不能太长，否则会降低元器件的稳定性；但也不能过短，以免焊接时因过热损坏元器件。一般要求距离电路板面 2 mm，并且要注意电解电容的正负极性不能插错。

(3) 在焊接集成电路时，首先要弄清引脚的排列顺序，并与线路板上的焊盘引脚对准，核对无误后，先固定IC，然后重复检查，确认后再焊接其余脚位。由于IC引线脚较密，焊接完后要检查有无虚焊、连焊等现象，确保焊接质量。

(4) 焊锡之前应该先插上电烙铁的插头，给电烙铁加热。

(5) 焊接时，焊锡与电路板、电烙铁与电路板的夹角最好成45°，这样焊锡与电烙铁夹角成90°。

(6) 焊接时，焊锡与电烙铁的接触时间不要太长，以免焊锡过多或造成漏锡；也不要过短，以免造成虚焊。

(7) 元件的腿尽量要直，而且不要伸出太长，以1 mm为宜，多余的可以剪掉。

(8) 焊完时，焊锡最好呈圆滑的圆锥状，而且还要有金属光泽。

2. 功能的调试方法

调试遥控器的方法是，先给遥控器装上12 V的电池，然后找一个小音箱，将音箱插上电源的同时将声音调到最大，让遥控器与音箱离得近一点，之后按下遥控器的按键。如果音箱发出"滋滋"的干扰声，证明有信号发出，就可以调试主控板了。

主控板装上3节5号电池，首先检测主控板有无焊接短路，然后通电，保持遥控器与主控板比较近的距离，按下遥控按键，看主机有无音乐发出。如果没有，则使P2.5引脚为高电平，看有无音乐发出，如果有则证明接收电路有问题，如果没有则证明放音驱动有问题。

最后都调试好，就开始测试遥控距离。影响遥控的主要因素是天线，分别测试，要有足够的耐心，最终得出接收天线20 cm左右、发射天线35 cm左右的长度是遥控距离比较远的。

思考与练习

1. 什么是热释电效应？热释电效应与哪些因素有关？
2. 红外敏感元件大致分为哪两类？它们的主要区别是什么？
3. 微波的特点是什么？
4. 分析反射式和遮断式微波传感器的工作原理。
5. 微波传感器的主要组成及其各自的功能是什么？
6. 超声波传感器主要有哪几种类型？其工作原理是什么？

项目八　无线传感器

知识学习目标

➤ 了解无线传感器网络的体系结构；
➤ 掌握无线传感器网络的关键技术；
➤ 了解无线传感器网络的应用。

实践训练目标

➤ 掌握 ZigBee 无线传感器节点的工作原理；
➤ 能设计传感器节点硬件电路；
➤ 能进行传感器节点软件系统的设计及调试。

在当今信息技术飞速发展的时代，以 Internet 为代表的信息网络给人们的生活带来了巨大的变化，政府上网、企业上网、家庭上网、电子商务等成了当今的热门话题。通过 Internet，人们能够及时地了解世界各地的新闻，方便地获得许多有用信息，如股市行情、旅游信息、商品介绍等，还可以参与网上的互动游戏等娱乐活动，尝试网上远程教育和购物，发送电子邮件等，互联网已经成为很多人日常活动不可缺少的部分。

微电子技术、计算技术和无线通信等技术的进步，推动了低功耗多功能传感器的快速发展，使其在微小体积内能够集成信息采集、数据处理和无线通信等多种功能。无线传感器网络(Wireless Sensor Network，WSN)就是由部署在监测区域内大量的廉价微型传感器节点组成，通过无线通信方式形成的一个多跳的自组织的网络系统，其目的是协作地感知、采集和处理网络覆盖区域中感知对象的信息，并发送给观察者。传感器、感知对象和观察者构成了传感器网络的三个要素。如果说 Internet 构成了逻辑上的信息世界，改变了人与人之间的沟通方式，那么，无线传感器网络就是将逻辑上的信息世界与客观上的物理世界融合在一起，改变了人类与自然界的交互方式。人们可以通过传感网络直接感知客观世界，从而极大地扩展现有网络的功能和人类认识世界的能力。美国商业周刊和 MIT 技术评论在预测未来技术发展的报告中，分别将无线传感器网络列为 21 世纪最有影响力的 21 项技术和改变世界的十大技术之一。无线传感器网络、塑料电子学和仿生人体器官又被称为全球未来的三大高科技产业。

任务一　项目学习引导

内容一　基本概念

1. 无线传感器网络结构

无线传感器网络结构如图 8-1 所示，传感器网络系统通常包括传感器节点(Sensor Node)、汇聚节点(Sink Node)和管理节点。大量传感器节点随机部署在监测区域(Sensor Field)内部或附近，能够通过自组织方式构成网络。传感器节点监测的数据沿着其他传感器节点逐跳地进行传输，在传输过程中监测数据可能被多个节点处理，经过多跳后路由到汇聚节点，最后通过互联网或卫星到达管理节点。用户通过管理节点对传感器网络进行配置和管理，发布监测任务以及收集监测数据。

传感器节点通常是一个微型的嵌入式系统，它的处理能力、存储能力和通信能力相对较弱，通过携带能量有限的电池供电。从网络功能上看，每个传感器节点兼顾传统网络节点的终端和路由器双重功能，除了进行本地信息收集和数据处理外，还要对其他节点转发来的数据进行存储、管理和融合等处理，同时与其他节点协作完成一些特定任务。目前传感器节点的软硬件技术是传感器网络研究的重点。

汇聚节点的处理能力、存储能力和通信能力相对较强，它连接传感器网络与 Internet 等外部网络，实现两种协议栈之间的通信协议转换，同时发布管理节点的监测任务，并把收集的数据转发到外部网络上。汇聚节点既可以是一个具有增强功能的传感器节点，有足够的能量供给和更多的内存与计算资源，也可以是没有监测功能仅带有无线通信接口的特殊网关设备。

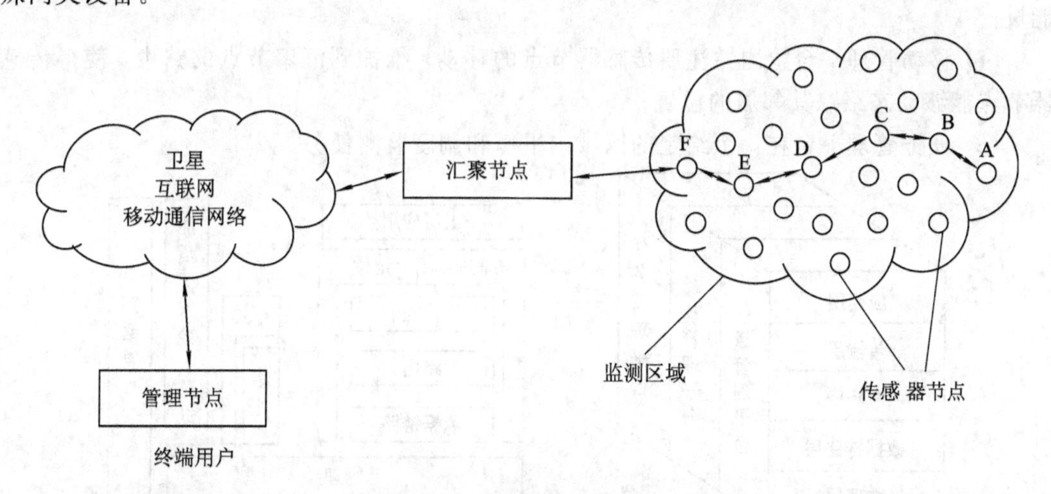

图 8-1　无线传感器网络结构

2. 无线传感器节点结构

无线传感器节点由传感器模块、处理器模块、无线通信模块和能量供应模块四部分组成，如图 8-2 所示。传感器模块负责监测区域内信息的采集和数据转换；处理器模块负责控制整个传感器节点的操作，存储和处理本身采集的数据以及其他节点发来的数据；无线通信模块负责与其他传感器节点进行无线通信，交换控制消息和收发采集数据；能量供应模块为传感器节点提供运行所需的能量，通常采用微型电池。

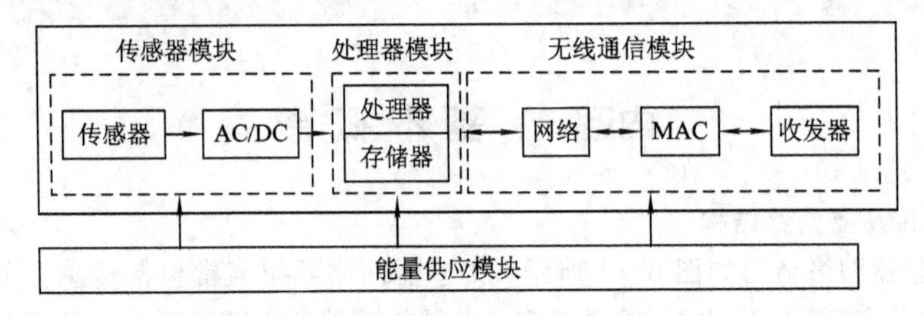

图 8-2　无线传感器节点结构

3. 无线传感器网络协议栈

随着传感器网络的深入研究，研究人员提出了多个传感器节点上的协议栈。图8-3(a)所示是早期提出的一个协议栈，这个协议栈包括物理层、数据链路层、网络层、传输层和应用层，与互联网协议栈的五层协议相对应。另外，协议栈还包括能量管理平台、移动管理平台和任务管理平台。这些管理平台使得传感器节点能够按照能源高效的方式协同工作，在节点移动的传感器网络中转发数据，并支持多任务和资源共享。各层协议和平台的功能如下：

(1) 物理层提供简单但健壮的信号调制和无线收发技术；

(2) 数据链路层负责数据成帧、帧检测、媒体访问和差错控制；

(3) 网络层主要负责路由生成与路由选择；

(4) 传输层负责数据流的传输控制，是保证通信服务质量的重要部分；

(5) 应用层包括一系列基于监测任务的应用层软件；

(6) 能量管理平台管理传感器节点如何使用能源，在各个协议层都需要考虑节省能量；

(7) 移动管理平台检测并注册传感器节点的移动，维护到汇聚节点的路由，使得传感器节点能够动态跟踪其邻居的位置；

(8) 任务管理平台在一个给定的区域内平衡和调度监测任务。

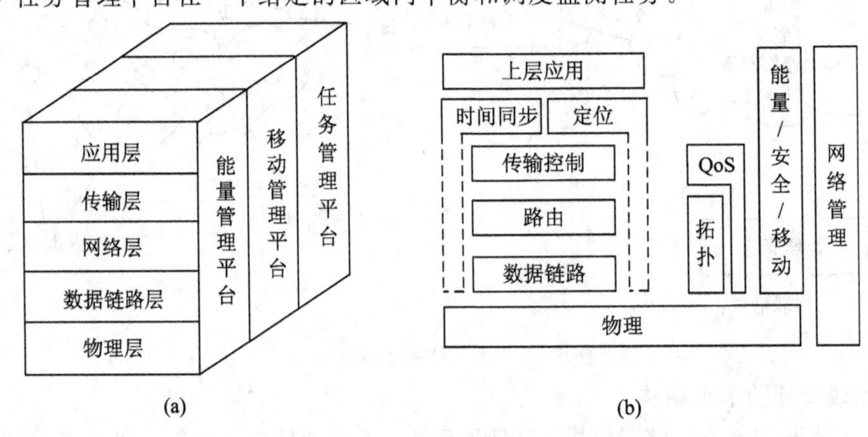

图 8-3　无线传感器网络协议栈

图 8-3(b)所示的协议栈细化并改进了原始模型。定位和时间同步子层在协议栈中的位置比较特殊。它们既要依赖于数据传输通道进行协作定位和时间同步协商，同时又要为网络协议各层提供信息支持，如基于时分复用的 MAC 协议、基于地理位置的路由协议等很多传感器网络协议都需要定位和同步信息。所以在图 8-3 中用倒 L 形描述这两个功能子层。图 8-3(b)右边的诸多机制一部分融入到图 8-3(a)所示的各层协议中，用以优化和管理协议流程；另一部分独立在协议外层，通过各种收集和配置接口对相应机制进行配置和监控。如能量管理，在图 8-3(a)中的每个协议层次中都要增加能量控制代码，并提供给操作系统进行能量分配决策；QoS 管理在各协议层设计队列管理、优先级机制或者带宽预留等机制，并对特定应用的数据给予特别处理；拓扑控制利用物理层、链路层或路由层完成拓扑生成，反过来又为它们提供基础信息支持，优化 MAC 协议和路由协议的协议过程，提高协议效率，减少网络能量消耗；网络管理则要求协议各层嵌入各种信息接口，并定时收集协议运行状态和流量信息，协调控制网络中各个协议组件的运行。

内容二 无线传感器网络的关键技术

无线传感器网络作为当今信息领域新的研究热点，涉及多学科交叉的研究领域，有非常多的关键技术有待发现和研究，下面仅列出部分关键技术。

1. 网络拓扑结构

对于无线自组织的传感器网络而言，网络拓扑控制具有特别重要的意义。通过拓扑控制自动生成的良好的网络拓扑结构，能够提高路由协议和 MAC 协议的效率，可为数据融合、时间同步和目标定位等很多方面奠定基础，有利于节省节点的能量来延长网络的生存期。所以，拓扑控制是无线传感器网络研究的核心技术之一。

传感器网络拓扑控制目前主要的研究问题是在满足网络覆盖度和连通度的前提下，通过功率控制和骨干网节点选择，剔除节点之间不必要的无线通信链路，生成一个高效的数据转发的网络拓扑结构。拓扑控制可以分为节点功率控制和层次型拓扑结构形成两个方面。功率控制机制调节网络中每个节点的发射功率，在满足网络连通度的前提下，减少节点的发送功率，均衡节点单跳可达的邻居数目。目前已经提出了 COMPOW 等统一功率分配算法,LINT/LILT 和 LAIN/LMA 等基于节点度数的算法，以及 CBTC、LMST、RNG、DRNG 和 DLSS 等基于邻近图的近似算法。层次型的拓扑控制利用分簇机制，让一些节点作为簇头节点，由簇头节点形成一个处理并转发数据的骨干网，其他非骨干网节点可以暂时关闭通信模块，进入休眠状态以节省能量。目前已经提出了 TopDi、成簇算法、改进的 GAF 虚拟地理网格分簇算法，以及 LEACII 和 HEED 等自组织成簇算法。

除了传统的功率控制和层次型拓扑控制，人们也提出了启发式的节点唤醒和休眠机制。该机制能够使节点在没有事件发生时设置通信模块为睡眠状态，而在有事件发生时及时自动醒来并唤醒邻居节点，形成数据转发的拓扑结构。这种机制重点在于解决节点在睡眠状态和活动状态之间的转换问题，不能够独立作为一种拓扑结构控制机制，因此需要与其他拓扑控制算法结合使用。

2. 网络协议

由于传感器节点的计算能力、存储能力、通信能量以及携带的能量都十分有限，每个节点只能获取局部网络的拓扑信息，其上运行的网络协议也不能太复杂。同时，传感器拓扑结构动态变化，网络资源也在不断变化，这些都对网络协议提出了更高的要求。传感器网络协议负责使各个独立的节点形成一个多跳的数据传输网络，目前研究的重点是网络层协议和数据链路层协议。网络层的路由协议决定监测信息的传输路径；数据链路层的介质访问控制用来构建底层的基础结构，控制传感器节点的通信过程和工作模式。

在无线传感器网络中，路由协议不仅关心单个节点的能量消耗，更关心整个网络能量的均衡消耗，这样才能延长整个网络的生存期。同时，无线传感器网络是以数据为中心的，这在路由协议中表现得最为突出，每个节点没有必要采用全网统一的编址，选择路径可以不用根据节点的编址，更多的是根据感兴趣的数据建立数据源到汇聚节点之间的转发路径。目前提出了多种类型的传感器网络路由协议，如多个能量感知的路由协议、定向扩散和谣传路由等基于查询的路由协议、GEAR 和 GEM 等基于地理位置的路由协议、SPEED 和 RelnForM 等支持 QoS 的路由协议。

传感器网络的 MAC 协议首先要考虑节省能源和可扩展性，其次才考虑公平性、利用率和实时性等。在 MAC 层的能量浪费主要表现在空闲侦听、接收不必要数据和碰撞重传等。为了减少能量的消耗，MAC 协议通常采用“侦听/睡眠”交替的无线信道侦听机制，传感器节点在需要收发数据时才侦听无线信道，没有数据需要收发时就尽量进入睡眠状态。近期提出了 S - MAC、T - MAC 和 Sift 等基于竞争的 MAC 协议，DEANA、TRAM A、DMAC 和周期性调度等时分复用的 MAC 协议，以及 CSMA/CA 与 CDMA 相结合、TDMA和 FDMA 相结合的 MAC 协议。由于传感器网络是应用相关的网络，应用需求不同时，网络协议往往需要根据应用类型或应用目标环境特征定制，因此没有任何一个协议能够高效适应所有不同的应用。

3. 网络安全

无线传感器网络作为任务型的网络，不仅要进行数据的传输，而且要进行数据采集和融合、任务的协同控制等。如何保证任务执行的机密性、数据产生的可靠性、数据融合的高效性以及数据传输的安全性，就成为无线传感器网络安全问题需要全面考虑的内容。

为了保证任务的机密布置和任务执行结果的安全传递与融合，无线传感器网络需要实现一些最基本的安全机制：机密性、点到点的消息认证、完整性鉴别、新鲜性、认证广播和安全管理。除此之外，为了确保数据融合后数据源信息的保留，水印技术也成为无线传感器网络安全的研究内容。

虽然在安全研究方面，无线传感器网络没有引入太多的内容，但无线传感器网络的特点决定了它的安全与传统网络安全在研究方法和计算手段上有很大的不同。首先，无线传感器网络的单元节点的各方面能力都不能与目前 Internet 的任何一种网络终端相比，所以必然存在算法计算强度和安全强度之间的权衡问题，如何通过更简单的算法实现尽量坚固的安全外壳是无线传感器网络安全的主要挑战；其次，有限的计算资源和能量资源往往需要综合考虑系统的各种技术，以减少系统代码的数量，如安全路由技术等；另外，无线传感器网络任务的协作特性和路由的局部特性使节点之间存在安全耦合，单个节点的安全泄漏必然威胁网络的安全，所以在考虑安全算法的时候要尽量减小这种耦合性。

无线传感器网络 SPINS 安全框架在机密性、点到点的消息认证、完整性鉴别、新鲜性、认证广播方面定义了完整有效的机制和算法。安全管理方面目前以密钥预分布模型作为安全初始化和维护的主要机制，其中随机密钥对模型、基于多项式的密钥对模型等是目前最有代表性的算法。

4. 时间同步

时间同步是需要协同工作的传感器网络系统的一个关键机制。如测量移动车辆速度需要计算不同传感器检测事件时间差，通过波束阵列确定声源位置节点间时间同步。NTP 协议是 Internet 上广泛使用的网络时间协议，但只适用于结构相对稳定、链路很少失败的有线网络系统；GPS 系统能够以纳秒级精度与世界标准时间 UTC 保持同步，但需要配置固定的高成本接收机，同时在室内、森林或水下等有掩体的环境中无法使用 GPS 系统。因此，它们都不适合应用在传感器网络中。

Jeremy Elson 和 Kay Ron 在 2002 年 8 月的 HotNets - I 国际会议上首次提出并阐述了无线传感器网络中的时间同步机制的研究课题，在传感器网络研究领域引起了关注。目前已提出了多个时间同步机制，其中 RBS、TINY/ MIN - SYNC 和 TPSN 被认为是三个基本的同步机制。RBS 机制是基于接收者的时钟同步：一个节点广播时钟参考分组，广播域内的两个节点分别采用本地时钟记录参考分组的到达时间，通过交换记录时间来实现它们之间的时钟同步。TINY/MINT - SYNC 是简单的轻量级的同步机制：假设节点的时钟漂移遵循线性变化，那么两个节点之间的时间偏移也是线性的，可通过交换时标分组来估计两个节点间的最优匹配偏移量。TPSN 采用层次结构实现整个网络节点的时间同步：所有节点按照层次结构进行逻辑分级，通过基于发送者—接收者的节点对方式，每个节点能够与上一级的某个节点进行同步，从而实现所有节点都与根节点的时间同步。

5. 定位技术

位置信息是传感器节点采集数据中不可缺少的部分，没有位置信息的监测消息通常毫无意义。确定事件发生的位置或采集数据的节点位置是传感器网络最基本的功能之一。为了提供有效的位置信息，随机部署的传感器节点必须能够在布置后确定自身位置。由于传感器节点存在资源有限、随机部署、通信易受环境干扰甚至节点失效等特点，因此定位机制必须满足自组织性、健壮性、能量高效、分布式计算等要求。

根据节点位置是否确定，传感器节点分为信标节点和位置未知节点。信标节点的位置是已知的，位置未知节点需要根据少数信标节点，按照某种定位机制确定自身的位置。在传感器网络定位过程中，通常使用三边测量法、三角测量法或极大似然估计法确定节点位置。根据定位过程中是否实际测量节点间的距离或角度，把传感器网络中的定位分为基于距离的定位和距离无关的定位。

基于距离的定位机制就是通过测量相邻节点间的实际距离或方位来确定未知节点的位置，通常采用测距、定位和修正等步骤实现。根据测量节点间距离或方位时所采用的方法，基于距离的定位分为基于 TOA 的定位、基于 TDOA 的定位、基于 AOA 的定位、基于 RSSI的定位等。由于要实际测量节点间的距离或角度，基于距离的定位机制通常定位精度相对较高，所以对节点的硬件也提出了很高的要求。距离无关的定位机制无需实际测量节点间的绝对距离或方位就能够确定未知节点的位置，目前提出的定位机制主要有质心算法、DV - Hop 算法、Amorphous 算法、APIT 算法等。由于无需测量节点间的绝对距离或方位，因而降低了对节点硬件的要求，使得节点成本更适合于大规模传感器网络。距离无关的定位机制的定位性能受环境因素的影响小，虽然定位误差相应有所增加，但定位精度能够满足多数传感器网络应用的要求，是目前人们重点关注的定位机制。

6. 数据融合

传感器网络存在能量约束。减少传输的数据量能够有效地节省能量，因此在从各个传感器节点收集数据的过程中，可利用节点的本地计算和存储能力处理数据的融合，去除冗余信息，从而达到节省能量的目的。由于传感器节点的易失效性，传感器网络也需要数据融合技术对多份数据进行综合，提高信息的准确度。

数据融合技术可以与传感器网络的多个协议层次进行结合。在应用层设计中，可以利用分布式数据库技术，对采集到的数据进行逐步筛选，达到融合的效果；在网络层中，很多路由协议均结合了数据融合机制，以期减少数据传输量；此外，还有研究者提出了独立于其他协议层的数据融合协议层，通过减少 MAC 层的发送冲突和头部开销达到节省能量的目的，同时又不损失时间性能和信息的完整性。数据融合技术已经在目标跟踪、目标自动识别等领域得到了广泛的应用。在传感器网络的设计中，只有面向应用需求设计针对性强的数据融合方法，才能最大限度地获益。

数据融合技术在节省能量、提高信息准确度的同时，要以牺牲其他方面的性能为代价。首先是延迟的代价，在数据传送过程中寻找易于进行数据融合的路由、进行数据融合操作、为融合而等待其他数据的到来，这三个方面都可能增加网络的平均延迟。其次是鲁棒性的代价，传感器网络相对于传统网络有更高的节点失效率以及数据丢失率，数据融合可以大幅度降低数据的冗余性，但丢失相同的数据量可能损失更多的信息，因此相对而言也降低了网络的鲁棒性。

7. 数据管理

从数据存储的角度来看，传感器网络可被视为一种分布式数据库。以数据库的方法在传感器网络中进行数据管理，可以将存储在网络中数据的逻辑视图与网络中的实现进行分离，使得传感器网络的用户只需要关心数据查询的逻辑结构，无需关心实现细节。虽然对网络所存储的数据进行抽象会在一定程度上影响执行效率，但可以显著增强传感器网络的易用性。美国加州大学伯克利分校的 TinyDB 系统和康奈尔(Cornell)大学的 Cougar 系统是目前具有代表性的传感器网络数据管理系统。

传感器网络的数据管理与传统的分布式数据库有很大的差别。由于传感器节点能量受限且容易失效，数据管理系统必须在尽量减少能量消耗的同时提供有效的数据服务。同时，传感器网络中节点数量庞大，且传感器节点产生的是无限的数据流，无法通过传统的分布式数据库的数据管理技术进行分析处理。此外，对传感器网络数据的查询经常是连续的查询或随机抽样的查询，这也使得传统分布式数据库的数据管理技术不适用于传感器网络。

传感器网络的数据管理系统的结构主要有集中式、半分布式、分布式以及层次式结构，目前大多数研究工作均集中在半分布式结构方面。传感器网络中数据的存储采用网络外部存储、本地存储和以数据为中心的存储三种方式。相对于其他两种方式，以数据为中心的存储方式可以在通信效率和能量消耗两个方面获得很好的折中。基于地理散列表的方法便是一种常用的以数据为中心的数据存储方式。传感器网络中，既可以为数据建立一维索引，也可以建立多维索引。DIFS(Distributed Inter-frame Spacing，分布式帧间间隙)系统中采用的是一维索引的方法，DIM 是一种适用于传感器网络的多维索引方法。传感器网络的数据查询语言目前多采用类SQL的语言。查询操作可以按照集中式、分布式或流水线式查询进行设计。集中式查询由于传送了冗余数据而消耗额外的能量；分布式查询利用聚集技术可以显著降低通信开销；而流水线式聚集技术可以提高分布式查询的聚集正确性。传感器网络中，对连续查询的处理也是需要考虑的方面，CACQ(Continuously Adaptive Continuous Queriesoverstreams，自适应技术)可以处理传感器网络节点上的单连续查询和多连续查询请求。

需要说明的是，数据库的术语将一类返回单一值的逻辑函数称为聚集函数(Aggregate Function)，如计数(COUNT)、求和(SUM)、求平均值(AVG)等。这需要与本书中提到的数据融合(Data Aggregation)概念进行区分。虽然均源自相同的英文"aggregate"，但前者专指数据库中的一类操作，后者泛指对数据进行的合并处理，因此本书使用不同的中文区分二者。

8. 无线通信技术

传感器网络需要低功耗短距离的无线通信技术。IEEE 802.15.4标准是针对低速无线个人域网络的无线通信标准，把低功耗、低成本作为设计的主要目标，旨在为个人或者家庭范围内不同设备之间低速联网提供统一标准。由于IEEE 802.15.4标准的网络特征与无线传感器网络存在很多相似之处，故很多研究机构把它作为无线传感器网络的无线通信平台。

超宽带技术(Ultra Wide Band，UWB)是一种极具潜力的无线通信技术。超宽带技术具有对信道衰落不敏感、发射信号功率谱密度低、截获能力低、系统复杂度低、能提供数厘米的定位精度等优点，非常适合应用在无线传感器网络中。迄今为止关于UWB有两种技术方案，一种是以Freescale公司为代表的DS-CDMA单频带方式，另一种是由英特尔、德州仪器等公司共同提出的多频带OFDM(Orthogonal Frequency Division Multiplexing)方案，但还没有一种方案成为正式的国际标准。

9. 嵌入式操作系统

传感器节点是一个微型的嵌入式系统，携带非常有限的硬件资源，需要操作系统能够节能高效地使用其有限的内存、处理器和通信模块，且能够对各种特定应用提供最大的支持。在面向无线传感器网络的操作系统的支持下，多个应用可以并发地使用系统的有限资源。

传感器节点有两个突出的特点。一个特点是并发性密集，即可能存在多个需要同时执行的逻辑控制，这需要操作系统能够有效地满足这种发生频繁、并发程度高、执行过程比较短的逻辑控制流程；另一个特点是传感器节点模块化程度很高，要求操作系统能够让应用程序方便地对硬件进行控制，且保证在不影响整体开销的情况下，应用程序中的各个部分能够比较方便地进行重新组合。上述这些特点对设计面向无线传感器网络的操作系统提出了新的挑战。美国加州大学伯克利分校针对无线传感器网络研发了TinyOS操作系统，在科研机构的研究中得到比较广泛的使用，但其仍然存在不足之处。

10. 应用层技术

传感器网络应用层由各种面向应用的软件系统构成，部署的传感器网络往往执行多种任务。应用层的研究主要是各种传感器网络应用系统的开发和多任务之间的协调，如作战环境侦查与监控系统、军事侦察系统、情报获取系统、战场监测与指挥系统、环境监测系统、交通管理系统、灾难预防系统、危险区域监测系统、有灭绝危险的动物或珍贵动物的跟踪监护系统、民用和工程设施的安全性监测系统，以及生物医学监测、治疗系统和智能维护等。

传感器网络应用开发环境的研究旨在为应用系统的开发提供有效的软件开发环境和软件工具，需要解决的问题包括传感器网络程序设计语言、传感器网络程序设计方法学、传感器网络软件开发环境和工具、传感器网络软件测试工具的研究、面向应用的系统服务（如位置管理和服务发现等），以及基于感知数据的理解、决策和举动的理论与技术（如感知数据的决策理论、反馈理论、新的统计算法、模式识别和状态估计技术等）。

内容三　无线传感器网络的应用

传感器网络的应用前景非常广阔，能够广泛应用于军事、环境监测和预报、健康护理、智能家居、建筑物状态监控、复杂机械监控、城市交通、空间探索、大型车间和仓库管理，以及机场、大型工业园区的安全监测等领域。随着传感器网络的深入研究和广泛应用，传感器网络将逐渐深入到人类生活的各个领域。

1. 军事应用

传感器网络具有可快速部署、可自组织、隐蔽性强和高容错性的特点，因此非常适合在军事上应用，利用传感器网络能够实现对敌军兵力和装备的监控、战场的实时监视、目标的定位、战场评估、核攻击和生物化学攻击的监测和搜索等功能。

通过飞机或炮弹直接将传感器节点播撒到敌方阵地内部，或者在公共隔离带部署传感器网络，就能够非常隐蔽而且近距离准确地收集战场信息，迅速获取有利于作战的信息。传感器网络是由大量的随机分布的节点组成的，即使一部分传感器节点被敌方破坏，剩下的节点依然能够自组织地形成网络。传感器网络可以通过分析采集到的数据，得到十分准确的目标定位，从而为火控和制导系统提供精确的制导。利用生物和化学传感器，可以准确地探测到生化武器的成分，及时提供情报信息，有利于正确防范和实施有效的反击。

传感器网络已经成为军事CAISRT（Conunand，Control，Conununication，Compiling，Intelligence，Surveillance，Reconnaissance and Targeting）系统必不可少的一部分，受到军事发达国家的普遍重视，各国均投入了大量的人力和财力进行研究。美国DARPA（DefenseAdvanced Research Projects Agency）很早就启动了SensIT（Sensor Information Technology）计划。该计划的目的就是将多种类型的传感器、可重编程的通用处理器和无线通信技术组合起来，建立一个廉价的、无处不在的网络系统，用以监测光学、声学、振动、磁场、湿度、污染、毒物、压力、温度、加速度等物理量。

2. 环境观测和预报系统

随着人们对环境的日益关注，环境科学所涉及的范围越来越广泛。传感器网络在环境研究方面可用于监视农作物灌溉情况、土壤空气情况、牲畜和家禽的环境状况和大面积的地表监测等，可用于行星探测、气象和地理研究、洪水监测等，还可以通过跟踪鸟类、小型动物和昆虫进行种群复杂度的研究等。

基于传感器网络的ALERT系统中就有数种传感器用来监测降雨量、河水水位和土壤水分，并依此预测爆发山洪的可能性。类似地，传感器网络可实现对森林环境监测和火灾报告，传感器节点被随机密布在森林之中，平常状态下定期报告森林环境数据，当发生火灾时，这些传感器节点通过协同合作会在很短的时间内将火源的具体地点、火势的大小等信息传送给相关部门。

传感器网络还有一个重要应用就是生态多样性的描述，能够进行动物栖息地生态监测。美国加州大学伯克利分校 Intel 实验室和大西洋学院联合在大鸭岛(Great Duck Island)上部署了一个多层次的传感器网络系统，用来监测岛上海燕的生活习性。

3. 医疗护理

传感器网络在医疗系统和健康护理方面的应用包括监测人体的各种生理数据，跟踪和监控医院内医生和患者的行动，医院的药物管理等。如果在住院病人身上安装特殊用途的传感器节点，如心率和血压监测设备，医生利用传感器网络就可以随时了解被监护病人的病情，发现异常能够迅速抢救。将传感器节点按药品种类分别放置，计算机系统即可帮助辨认所开的药品，从而减少病人用错药的可能性。还可以利用传感器网络长时间地收集人体的生理数据，这些数据对了解人体活动机理和研制新药品都是非常有用的。

人工视网膜是一项生物医学的应用项目。在 SSIM (Smart Sensors and Integrated Microsytems)计划中，替代视网膜的芯片由 100 个微型传感器组成，并置入人眼，目的是使得失明者或者视力极差者能够恢复到一个可以接受的视力水平。传感器的无线通信满足反馈控制的需要，有利于图像的识别和确认。

4. 智能家居

传感器网络能够应用在家居中。在家电和家具中嵌入传感器节点，通过无线网络与 Internet 连接在一起，将会为人们提供更加舒适、方便和更具人性化的智能家居环境。利用远程监控系统，可完成对家电的远程遥控。例如，可以在回家之前半小时打开空调，这样回到家就可以直接享受适合的室温，也可以遥控电饭锅、微波炉、电冰箱、电话机、电视机、录像机、电脑等家电，按照自己的意愿完成相应的煮饭、烧菜、查收电话留言、选择录制电视和电台节目以及下载网上资料到电脑中等工作，还可以通过图像传感设备随时监控家庭安全情况。

利用传感器网络可以建立智能幼儿园，监测孩童的早期教育环境，跟踪孩童的活动轨迹，可以让父母和老师全面地研究学生的学习过程，回答一些诸如“学生 A 是否总是待在某个学习区域内？”、“学生 B 是否常常独处？”等问题。

5. 建筑状态监控

建筑物状态监控(Structure Health Monitoring, SHM)是利用传感器网络来监控建筑物的安全状态。由于建筑物不断修补，可能会存在一些安全隐患。虽然地壳偶尔的小震动可能不会带来看得见的损坏，但是也许会在支柱上产生潜在的裂缝，这个裂缝可能会在下一次地震中导致建筑物倒塌。用传统方法检查，往往要将大楼关闭数月。

作为 CITRIS (Center of Information Technology Research in the Interest of Society)计划的一部分，美国加州大学伯克利分校的环境工程和计算机科学家们采用传感器网络，让大楼、桥梁和其他建筑物能够自身感觉并意识到它们本身的状况，使得安装了传感器网络的智能建筑自动告诉管理部门它们的状态信息，并且能够自动按照优先级进行一系列自我修复工作。未来的各种摩天大楼可能就会装备这种类似红绿灯的装置，从而建筑物可自动告诉人们当前是否安全、稳固程度如何等信息。

6. 其他方面的应用

复杂机械的维护经历了"无维护"、"定时维护"和"基于情况的维护"三个阶段。采用"基于情况的维护"方式能够优化机械的使用，保持过程更加有效，并且保证制造成本仍然低廉。其维护开销分为设备开销、安装开销和人工收集等几部分。

采用无线传感网络能够降低机械状态数据的开销，特别是能够去掉人工开销。尤其是目前数据处理硬件技术的飞速发展和无线收发硬件的发展，新的技术已经成熟，可以使用无线技术避免昂贵的线缆连接，采用专家系统自动实现数据的采集和分析。

传感器网络可以应用于空间探索。借助于航天器在外星体撒播一些传感器网络节点，可以对星球表面进行长时间的监测。这种方式成本很低，节点体积小，相互之间可以通信，也可以和地面站进行通信。NASA 的 JPL (Jet Propulsion Labratory)实验室研制的 Sensor Webs 就是为将来的火星探测进行技术准备的。该系统已在佛罗里达宇航中心周围的环境监测项目中实施测试和完善。

任务二　无线传感器节点制作

无线传感器网络是由部署在监测区域内大量的廉价微型传感器节点组成的，通过无线通信方式形成的一个多跳的自组织网络系统，其目的是协作地感知、采集和处理网络覆盖区域中感知对象的信息，并发送给观察者。

内容一　基于 ZigBee 的无线传感器节点工作原理

1. 传感器节点

传感器节点通常是一个微型的嵌入式系统，它的处理能力、存储能力和通信能力相对较弱，通过携带能量有限的电池供电。从网络功能上看，每个传感器节点兼顾传统网络节点的终端和路由双重功能，除了进行本地信息收集和数据处理外，还要对其他节点转发来的数据进行存储、管理和融合等处理，同时与其他节点协作完成一些特定任务。图 8-4 所示为两种传感器节点的实物图，图中右边是一枚五角硬币，左边是两个实物，通过比较，可以看出传感器节点的体积是比较小的。

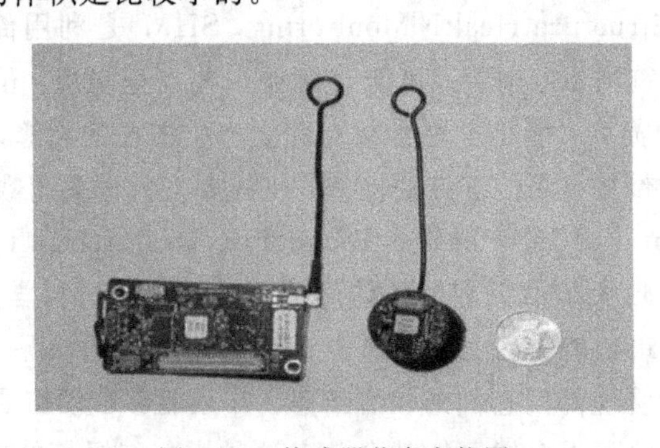

图 8-4　传感器节点实物图

1）节点中常用的处理器和射频通信模块

在传感器节点各单元模块中，核心部分为处理器模块以及射频通信模块。处理器决定了节点的数据处理能力、路由算法的运行速度以及无线传感器网络形式的复杂程度，同时不同处理器工作频率不同，在不同状态下功率也不相同，因此不同处理器的选用也在一定程度上影响了节点的整体能耗和节点的工作寿命。目前在大多数实际应用中，不同处理器的选用一般根据处理器工作频率、功率、内部程序存储空间大小、内存大小、接口数量以及数据处理能力是否能够满足实际应用的要求来进行。目前问世的节点大多使用以下几种处理器：ATMEL公司AVR系列的ATMega128L处理器，TI公司的MSP430系列处理器，少部分节点根据特殊要求采用了功能强大的ARM处理器，以及根据节点面向更加广泛用户的8051内核处理器。无线传感器网络节点中采用的处理器性能比较见表8-1。

表8-1 无线传感器网络节点中采用的处理器性能比较

性能参数/处理器	ATMega128L	MSP430F1611	CC2430内核
总线带宽/bit	8	16	8
工作电压/V	3.3	3.3	2.0～3.6
工作电流/A	20 m	600 μ	27 m
休眠电流/μA	25	4.3	0.9
内部FLASH/B	128 K	48 K+256	128 K
内部SRAM/KB	4	10	8

在无线传感器网络节点中，核心部分除包括CPU外，另外一个重要的部分就是射频通信部分。由于传感器网络应用的特殊性，使用像802.11这样的复杂协议，在该领域并不十分合适，主要是由于协议的复杂性会带来很大的能量消耗，同时节点的处理功能并不是十分强大，而使用这样复杂的协议要占用大量的处理器资源。因此，各大公司以及研究机构并不采用802.11无线通信协议作为无线传感器网络的无线通信底层部分。在无线传感器网络中，广泛应用的底层通信方式包括使用ISM波段的普通射频通信以及具有802.15.4协议和蓝牙通信协议的射频通信，射频模块性能比较见表8-2。

表8-2 表2无线传感器网络节点中采用的射频模块综合比较

性能参数/射频模块	Nrf903	CC1000	CC2420	CC2430
通信频率/ MHz	433/868/915	300～1000	2400	2400
工作电压/V	2.7～3.3	2.3～3.6	2.1～3.6	2.0～3.6
最大输出功率/dBm	10	10	10	10
灵敏度/dBm	−104	−110	−99	−94
传输速度/(kb/s)	76.8	76.8	250	250
协议	无	无	802.15.4/ZigBee	802.15.4/ZigBee

2）传感器节点的设计原则

在节点的设计过程中，主要应考虑以下几个因素：

(1) 节点的硬件成本要低廉。无线传感器网络的规模一般比较大，在目标环境系统中，所布置的节点数量基本上在数百个到数千个以上，在如此大规模的布撒情况下，单个节点的成本问题就显得尤为突出。因此，要求在能够满足系统需求的条件下，将节点的硬件成本降到足够低。

(2) 节点具有足够的数据处理及存储能力。无线传感器网络节点主要担负两项功能，一是进行环境数据的采集，二是进行数据传输。数据采集过程一般由处理器直接控制完成，但在数据采集之后通常要对所采集的数据进行必要的处理及存储等工作，在此要占用一部分处理器与存储器资源。同时，由于节点要将所采集的数据进行无线发送，所以要对数据进行进一步加工，即将数据组成能够满足网络要求的数据包格式，由处理器将数据送往无线通信模块部分。另外，传感器网络节点所担负的另外一项重要工作是路由功能，即将所接收到的数据包向下一级网络节点进行转发，路由功能也会消耗节点一部分处理器和存储器资源。因此，无线节点要具有足够的数据处理和存储能力，能够同时完成数据采集与数据传输的功能。

(3) 节点具有低功耗设计。无线传感器网络节点一般采用电池供电，并且大多数工作在野外环境或者人员不宜到达的地方，因而无线节点的电池不能够被随时更换，这就要求节点能够在有限的电源供电的情况下工作的时间尽可能长，以延长网络的寿命，除采用大容量的电池以及像太阳能这样可以自己供电的方案之外，节电本身就应具有低功耗设计技术，从而达到延长节点寿命的目的。

(4) 根据不同应用场合的需要，无线传感器节点应具有不同的传感器接口，能与不同的传感器相结合，进行灵活的配置。

综上所述，CC2430 芯片内部资源丰富，数据处理和存储能力较强，功耗低，传输速度快，并且处理器内核和无线射频模块集成在一起既可降低成本又能减小体积，所以选用 CC2430 芯片为最佳方案。

2. CC2430 芯片

1) CC2430 芯片概述

CC2430 芯片是 Chipcon 公司生产的首款符合 ZigBee 技术的 2.4 GHz 射频系统单芯片，适用于各种 ZigBee 或类似 ZigBee 的无线网络节点，包括调谐器、路由器和终端设备。ZigBee 采用 IEEE802.15.4 标准，利用全球共用的公共频率 2.4 GHz，应用于监视、控制网络时，其具有非常显著的低成本、低耗电、网络节点多、传输距离远等优势，目前被视为替代有线监视和控制网络领域最有前景的技术之一。

CC2430 芯片沿用了以往 CC2420 芯片的架构，在单个芯片上整合了 ZigBee 射频(RF)前端、内存和微控制器。它使用 1 个 8 位 MCU(8051)，具有 128 KB 可编程闪存和 8 KB 的 RAM，还包含模拟数字转换器(ADC)、几个定时器(Timer)、AES128 协同处理器、看门狗定时器(Watchdog-timer)、32 kHz 晶振的休眠模式定时器、上电复位电路(Power-on-Reset)、掉电检测电路(Brown-out-Detection)以及 21 个可编程 I/O 引脚。

CC2430 芯片采用 0.18 μm CMOS 工艺生产，工作时的电流损耗为 27 mA；在接收和发射模式下，电流损耗分别低于 27 mA 或 25 mA。CC2430 的休眠模式和转换到主动模式的超短时间的特性，特别适合那些要求电池寿命非常长的应用。

CC2430 芯片的主要特点如下：

① 高性能和低功耗的 8051 微控制器核。

② 集成符合 IEEE802.15.4 标准的 2.4 GHz 的 RF 无线电收发机。

③ 优良的无线接收灵敏度和强大的抗干扰性。

④ 在休眠模式时仅 0.9 μA 的流耗，外部的中断或 RTC 能唤醒系统；在待机模式时小于 0.6 μA 的流耗，外部的中断能唤醒系统。

⑤ 硬件支持 CSMA/CA 功能。

⑥ 较宽的电压范围(2.0～3.6 V)。

⑦ 数字化的 RSSI/LQI 支持和强大的 DMA 功能。

⑧ 具有电池监测和温度感测功能。

⑨ 集成了 14 位模/数转换的 ADC。

⑩ 集成 AES 安全协处理器。

⑪ 带有两个强大的支持几组协议的 USART，以及 1 个符合 IEEE 802.15.4 规范的 MAC 计时器、1 个常规的 16 位计时器和两个 8 位计时器。

⑫ 强大和灵活的开发工具。

2）CC2430 芯片的引脚

CC2430 芯片采用 7 mm×7 mm QLP 封装，共有 48 个引脚。全部引脚可分为 I/O 端口线引脚、电源线引脚和控制线引脚三类，引脚图如图 8-5 所示。

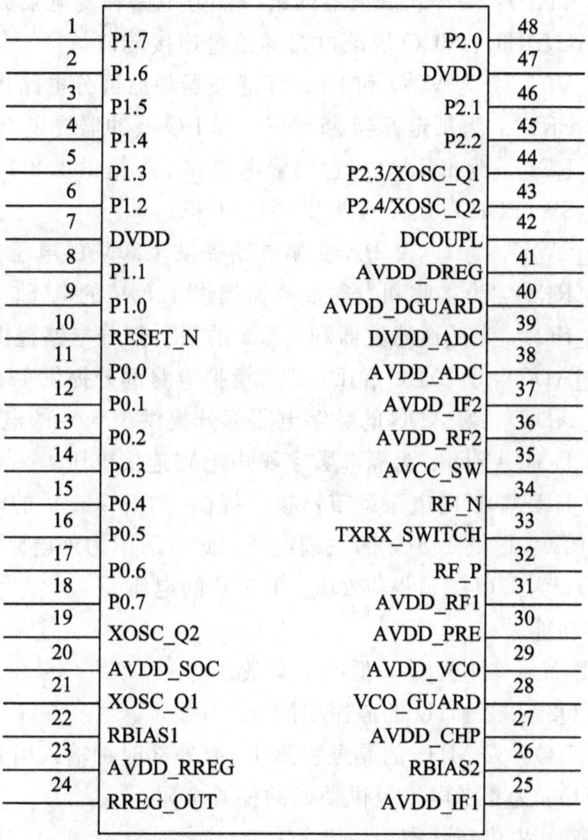

引脚	名称	名称	引脚
1	P1.7	P2.0	48
2	P1.6	DVDD	47
3	P1.5	P2.1	46
4	P1.4	P2.2	45
5	P1.3	P2.3/XOSC_Q1	44
6	P1.2	P2.4/XOSC_Q2	43
7	DVDD	DCOUPL	42
8	P1.1	AVDD_DREG	41
9	P1.0	AVDD_DGUARD	40
10	RESET_N	DVDD_ADC	39
11	P0.0	AVDD_ADC	38
12	P0.1	AVDD_IF2	37
13	P0.2	AVDD_RF2	36
14	P0.3	AVCC_SW	35
15	P0.4	RF_N	34
16	P0.5	TXRX_SWITCH	33
17	P0.6	RF_P	32
18	P0.7	AVDD_RF1	31
19	XOSC_Q2	AVDD_PRE	30
20	AVDD_SOC	AVDD_VCO	29
21	XOSC_Q1	VCO_GUARD	28
22	RBIAS1	AVDD_CHP	27
23	AVDD_RREG	RBIAS2	26
24	RREG_OUT	AVDD_IF1	25

图 8-5　CC2430 引脚图

(1) I/O 端口线引脚功能。CC2430 有 21 个可编程的 I/O 口引脚，P0、P1 端口全是 8 位的，P2 端口只有 5 个引脚。通过软件配置相关 SFR 特殊功能寄存器，可使引脚作为通用输入/输出引脚、片内外设使用引脚或外部中断使用引脚。I/O 口关键特性如下：

① 可设置为通用 I/O 口，也可设置为片内外设使用的 I/O 口。

② 在输入时，可设置为上拉、下拉或三态状态。

③ 全部 21 个 I/O 引脚都具有响应外部的中断能力，中断可以用来唤醒休眠。

· 1～6 脚(P1_2～P1_7)：具有 4 mA 输出驱动能力。

· 8，9 脚(P1_0，P1_1)：具有 20 mA 的驱动能力。

· 11～18 脚(P0_0 ～P0_7)：具有 4 mA 输出驱动能力。

· 43，44，45，46，48 脚(P2_4，P2_3，P2_2，P2_1，P2_0)：具有 4 mA 输出驱动能力。

(2) 电源线引脚功能。

· 7 脚(DVDD)：为 I/O 提供 2.0～3.6 V 工作电压。

· 20 脚(AVDD_SOC)：为模拟电路连接 2.0～3.6 V 的电压。

· 23 脚(AVDD_RREG)：为模拟电路连接 2.0～3.6 V 的电压。

· 24 脚(RREG_OUT)：为 25、27～31、35～40 引脚端口提供 1.8 V 的稳定电压。

· 25 脚（AVDD_IF1）：为接收器波段滤波器、模拟测试模块和 VGA 的第一部分电路提供 1.8 V 的电压。

· 27 脚(AVDD_CHP)：为环状滤波器的第一部分电路和充电泵提供 1.8 V 的电压。

· 28 脚(VCO_GUARD)：VCO 屏蔽电路的报警连接端口。

· 29 脚(AVDD_VCO)：为 VCO 和 PLL 环滤波器最后部分电路提供 1.8 V 的电压。

· 30 脚(AVDD_PRE)：为预定标器、Div-2 和 LO 缓冲器提供 1.8 V 的电压。

· 31 脚(AVDD_RF1)：为 LNA、前置偏置电路和 PA 提供 1.8 V 的电压。

· 33 脚(TXRX_SWITCH)：为 PA 提供调整电压。

· 35 脚(AVDD_SW)：为 LNA/PA 交换电路提供 1.8 V 的电压。

· 36 脚(AVDD_RF2)：为接收和发射混频器提供 1.8 V 的电压。

· 37 脚(AVDD_IF2)：为低通滤波器和 VGA 的最后部分电路提供 1.8 V 的电压。

· 38 脚(AVDD_ADC)：为 ADC 和 DAC 的模拟电路部分提供 1.8 V 的电压。

· 39 脚(DVDD_ADC)：为 ADC 的数字电路部分提供 1.8 V 的电压。

· 40 脚(AVDD_DGUARD)：为隔离数字噪声电路连接电压。

· 41 脚(AVDD_DREG)：向电压调节器核心提供 2.0～3.6 V 的电压。

· 42 脚(DCOUPL)：提供 1.8 V 的去耦电压，此电压不为外电路所使用。

· 47 脚(DVDD)：为 I/O 端口提供 2.0～3.6 V 的电压。

(3) 控制线引脚功能。

· 10 脚(RESET_N)：复位引脚，低电平有效。

· 19 脚(XOSC_Q2)：32 MHz 的晶振引脚 2。

· 21 脚(XOSC_Q1)：32 MHz 的晶振引脚 1，或外部时钟输入引脚。

· 22 脚(RBIAS1)：为参考电流提供精确的偏置电阻。

· 26 脚(RBIAS2)：提供精确电阻，43 kΩ，±1%。

· 32 脚(RF_P)：在 RX 期间向 LNA 输入正向射频信号；在 TX 期间接收来自 PA 的输入正向射频信号。

· 34 脚(RF_N)：在 RX 期间向 LNA 输入负向射频信号；在 TX 期间接收来自 PA 的

输入负向射频信号。

• 43 脚（P2_4/XOSC_Q2）：32.768 kHz XOSC 的 2.4 端口。

• 44 脚（P2_3/XOSC_Q1）：32.768 kHz XOSC 的 2.3 端口。

3) CC2430 芯片的典型应用电路

CC2430 芯片需要很少的外围部件配合就能实现信号的收发功能。图 8－6 为 CC2430 芯片的典型硬件应用电路。

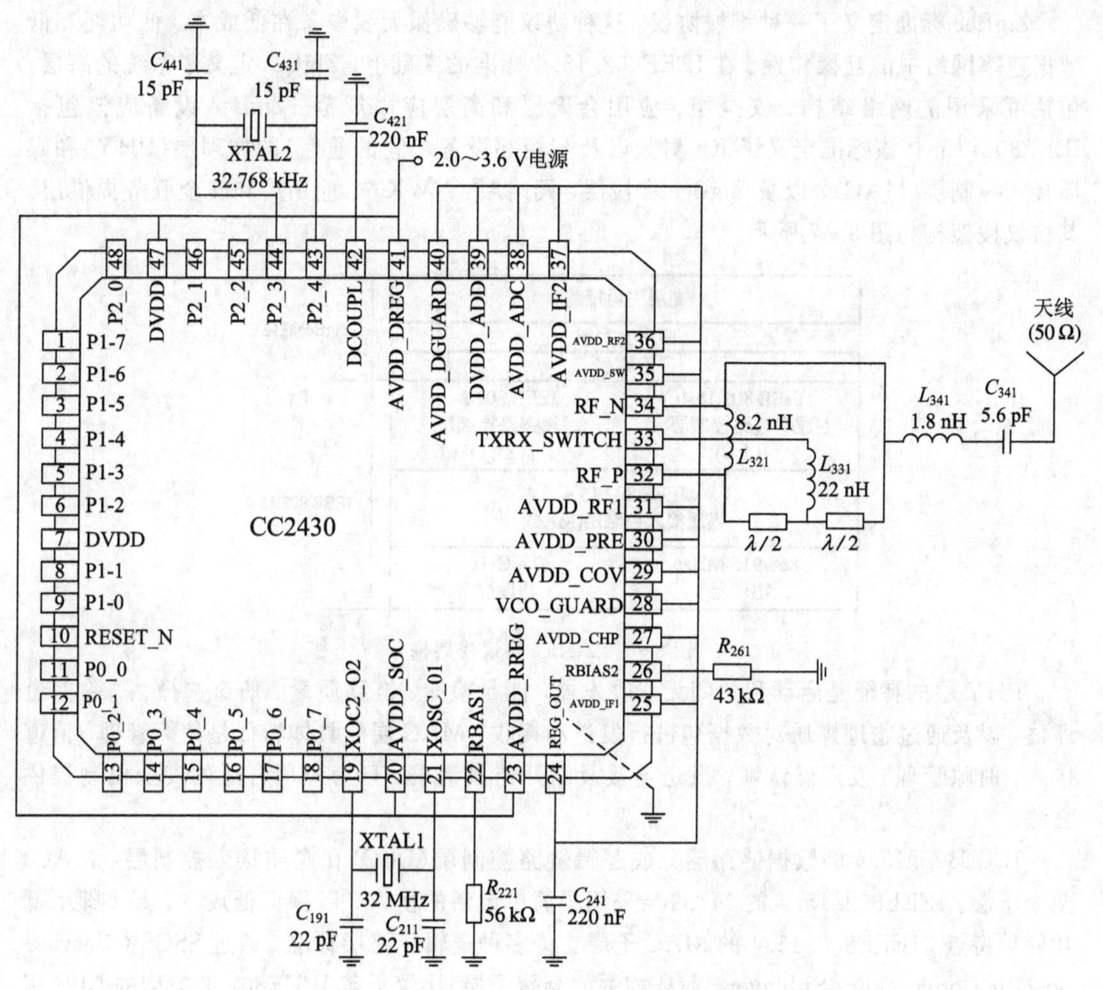

图 8－6　CC2430 芯片的典型硬件应用电路

电路使用一个非平衡天线，连接非平衡变压器可使天线性能更好。电路中的非平衡变压器由电容 C_{341} 和电感 L_{341}、L_{321}、L_{331} 以及一个 PCB 微波传输线组成，整个结构满足 RF 输入/输出匹配电阻(50 Ω)的要求。内部 T/R 交换电路完成 LNA 和 PA 之间的交换。R_{221} 和 R_{261} 为偏置电阻，电阻 R_{221} 主要用来为 32 MHz 的晶振提供一个合适的工作电流。用 1 个 32 MHz 的石英谐振器(XTAL1)和 2 个电容(C_{191} 和 C_{211})构成一个 32 MHz 的晶振电路。用 1 个 32.768 kHz 的石英谐振器（XTAL2）和 2 个电容（C_{441} 和 C_{431}）构成一个 32.768 kHz的晶振电路。电压调节器为所有要求 1.8 V 电压的引脚和内部电源供电，C_{241} 和 C_{421} 电容是去耦合电容，滤除输出信号的干扰，提高芯片工作的稳定性。

3. ZigBee 技术

ZigBee 是 IEEE 802.15.4 标准的扩展集，IEEE 802.15.4 工作组主要负责制订物理层及 MAC 层的协议，ZigBee 联盟负责高层应用、测试和市场推广等工作，定义了应用层和安全方面的规范，使得来自不同厂商的设备可以相互对话。IEEE802.15.4 满足国际标准化组织(ISO)开放系统互连(OSI)参考模型，其 MAC 层单一，物理层多样。

1）ZigBee 协议架构

ZigBee 标准定义了一种堆栈协议，这种协议能够确保无线设备在低成本、低功耗和低数据速率网络中的互操作性。在 IEEE802.15.4 标准的基础上，ZigBee 定义了系统的高层，包括可采用的网络结构、安全层、应用会聚层和高层应用规范。ZigBee 设备应该包括 IEEE802.15.4(该标准定义了 RF 射频以及与相邻设备之间的通信)的物理层(PHY)和媒质接入控制层(MAC)，以及 ZigBee 堆栈层、网络层（NWK）、应用层和安全服务提供层。其协议栈架构如图 8-7 所示。

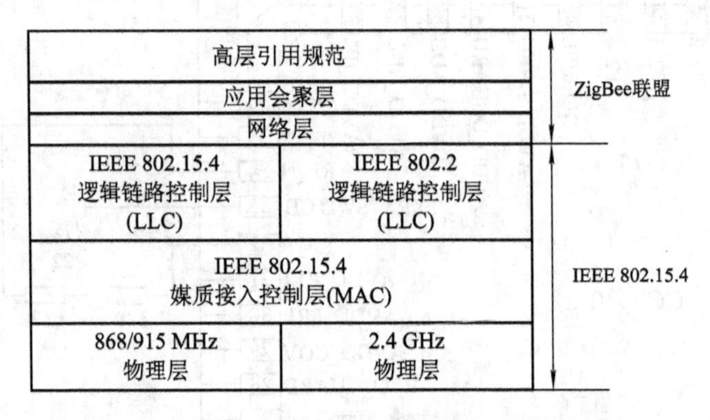

图 8-7　ZigBee 协议栈架构

PHY 层的特征是启动和关闭无线收发器，能量检测、链路质量、信道选择、清除信道评估，以及通过物理媒质对数据包进行发送和接收。MAC 层的具体特征是信标管理、信道接入、时隙管理、发送确认帧、发送连接及断开连接请求，且为应用合适的安全机制提供方法。

IEEE802.15.4 的数据链路层分成逻辑链路控制层(LLC)和媒质接入控制层(MAC)两个子层。IEEE802.15.4 的 MAC 层采用了简单灵活的协议，以保证低成本、易实现、低功耗等特点。IEEE802.15.4 的 MAC 子层支持多种逻辑链路层标准，通过 SSCS (Service-Specific Convergence Sublayer，业务相关的会聚子层)协议承载 IEEE802.2 类型的 LLC 标准，同时也允许其他 LLC 标准直接使用 IEEE802.15.4 的 MAC 层的服务，MAC 层与硬件联系紧密，依赖于不同的物理层而实现。其中 LLC 在 IEEE802.6 标准中定义，为 IEEE802 标准所共用。IEEE802.15.4 的 MAC 层为了增加灵活性，支持 64 bit 的 IEEE 地址和 16 bit 的短地址两类地址。ZigBee 网络中所有设备都被分配以唯一的 64 bit 的 IEEE 地址，此地址的分配是动态的。16 bit 的局部地址处理起来更方便，节约功耗。一旦网络建立，可以使用短地址使网络支持超过 65 000 个节点。

2）ZigBee 的技术参数及优势

ZigBee 是为建立一种可靠的、高性价比的、低功耗的、可以实现监测和控制的无线网络而制定的，是一套完整的、开放的、全球统一的标准，是被全球公认的具有互操作性的解决方案，适用于家庭自动化与远程控制领域，其主要技术参数如表 8-3 所示。

表 8-3　ZigBee 技术参数

参　数	说　明
传输距离	可达 10～75 m，依赖功率输出和环境特性
通信延时	15～30 ms(典型搜索时延 30 ms，休眠激活时延 15 ms，活动接入时延 15 ms)
寻址方式	64 bit IEEE 地址，16 bit 本地网络地址
网络容量	一个 ZigBee 网络可容纳一个主设备和 254 个从设备；一个区域内可同时存在一百多个 ZigBee 网络，由此最大容量可达 25 400
网络拓扑	星型，点对点，网状
安全机制	提供了数据完整性检查及鉴权功能，加密算法采用 AES-128，同时各个应用可灵活确定采用何种安全机制
成本估算	模块初始成本约 6 美元，随着市场成熟，会很快降至 1.5～2.5 美元，并且 ZigBee 协议免专利费
耗电情况	非常低的占空因数(或称忙闲度)，可以小于 0.1%；具有工作周期短、收发功耗低的特点，并且有休眠模式，一般情况下两节五号电池可工作 6 个月至两年左右

ZigBee 的技术优势如下：

(1) 协议简单。ZigBee 采用基本的主—从结构配合静态的星型网络，因此更加适用于使用频率低、传输速率低的设备。

(2) 功耗低。由于工作周期很短，收发信息功耗也较低，并且采用了多种节能方式，电池的使用时间最终取决于不同的网络应用。通常情况下，ZigBee 两节五号电池可以支持长达六个月到两年的使用时间。

(3) 时延短。设备搜索时延典型值为 30 ms，休眠激活时延典型值为 15 ms，活动设备信道接入时延为 15 ms，这对某些时间敏感的信息至关重要，另外还节省了能量消耗，能够满足大多数情况下应用的时延要求。

(4) 可靠。由于 ZigBee 采用了防碰撞机制，同时对需要固定带宽的通信业务采用预留专用时隙的策略，避免了发送数据时的竞争和冲突。在接入层采用确认的数据传输机制，每个发送的数据包必须等待接收点的确认信息，才可发送下一个数据包。

(5) 成本低。低数据速率、简单的协议和小的存储空间大大降低了 ZigBee 的成本，每块芯片的价格约为两美元，另外 ZigBee 协议不需要支付专利费。

(6) 网络容量大：每个 ZigBee 网络最多可支持 255 个设备，也就是说每个 ZigBee 设备可以与另外 254 台设备相连接，一个区域内可以同时存在最多 100 个 ZigBee 网络。

(7) 安全。ZigBee 提供了数据完整性检查和鉴权功能，采用 AES-128 加密算法，同时不同的应用可以依据各自的具体要求灵活确定其安全属性。

(8) 工作频段灵活：使用的频段分别为 2.4 GHz、868 MHz(欧洲)及 915 MHz(美国)，均为免执照频段。

内容二　无线传感器节点硬件电路设计

1. 系统总体设计

CC2430 芯片采用 ZigBee 技术和 IEEE802.15.4 标准，利用全球共用的公共频率 2.4 GHz，应用于监视、控制网络时，其具有非常显著的低成本、低耗电、网络节点多、传输距离远等优势。CC2430 在单个芯片上整合了一个高性能 DSSS(直接序列扩频)射频收发器核心和一颗工业级小巧高效的 8051 控制器，并且片内集成有温度传感器。因此，无线传感器网络节点中的传感器模块、处理器模块和射频通信模块选择单芯片 CC2430，可实现一片式解决方案。

系统的实现可简化为以下几部分内容：温度传感器检测环境温度、从节点温度数据的发送、主节点对温度数据的接收及上传给上位机显示。整个系统需要三类设备：温度采集节点、网络中心节点以及监测中心。温度采集节点和网络中心节点都可以采用 CC2430 来实现，而监测中心可以是一台个人电脑(PC)。网络中心节点通过 IEEE 802.15.4 协议与温度采集节点组成一个星型网络。温度采集节点每隔一定时间便采集温度并将温度值发送给网络中心节点，网络中心节点将温度采集节点发送过来的温度值收集在一起，每隔一定时间便将数据通过串口传输到 PC，由 PC 对数据做进一步的处理，例如显示各个节点的温度等。整个系统的简化模型如图 8-8 所示。

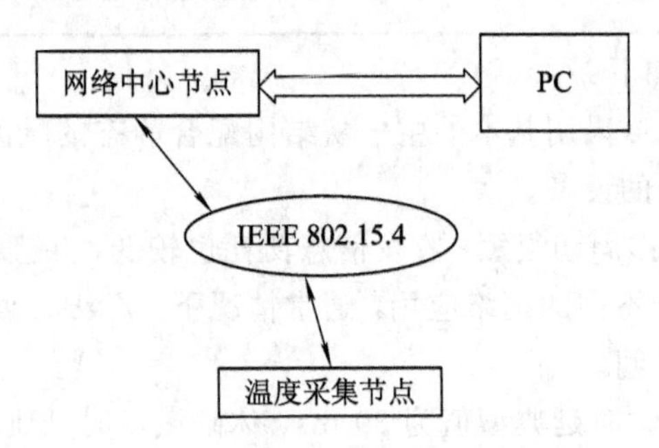

图 8-8　无线温度传感器网络监测系统

2. 硬件设计

从硬件角度来说，无论是网络中心节点还是温度采集节点，都可以使用 CC2430 来实现。其框图如图 8-9 所示，系统原理图如图 8-10 所示。

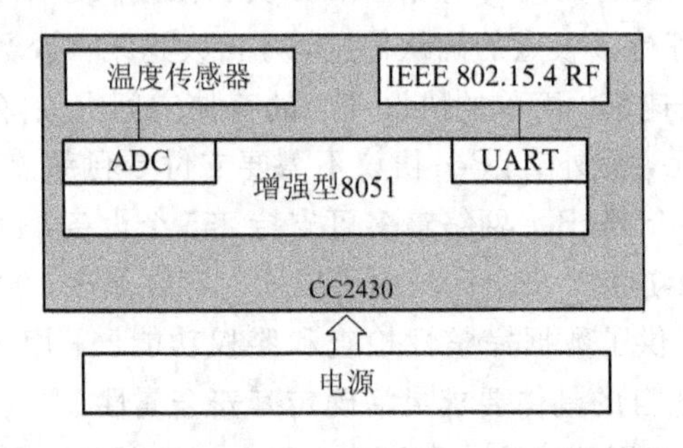

图 8-9　网络中心节点和温度采集节点的硬件框图

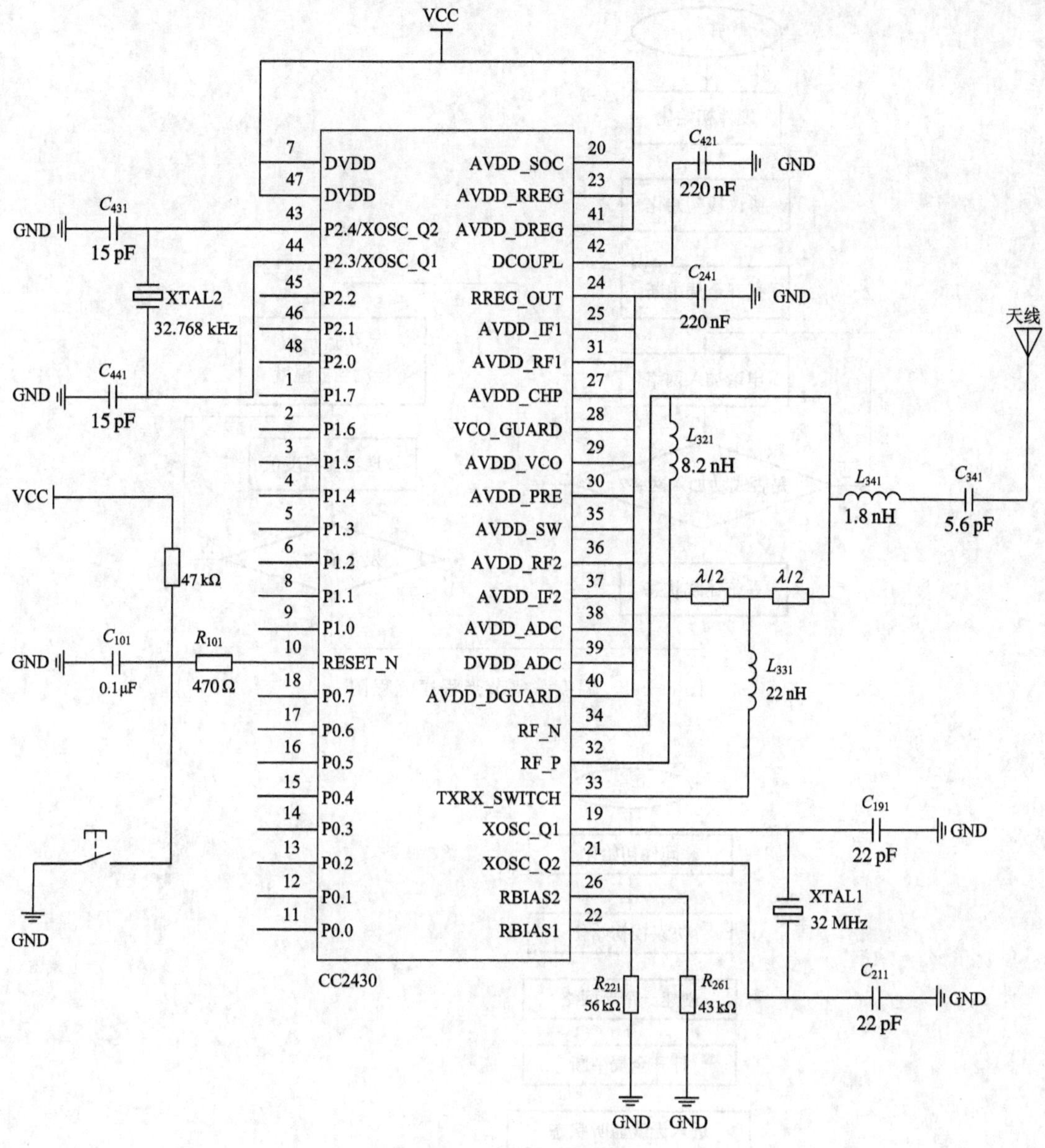

图 8-10 系统原理图

内容三 无线传感器节点软件系统设计

整个系统的软件实体分为PC端的监测中心软件、网络中心节点软件以及温度采集节点软件。其中，网络中心节点和温度采集节点的常驻软件只需要直接在LRWPAN平台上添加用户任务即可。PC端监测中心软件通过串口接收网络中心节点传送的数据，将相应温度采集节点的温度值显示出来。图8-11、图8-12所示分别为温度采集节点和网络中心节点的程序流程图。

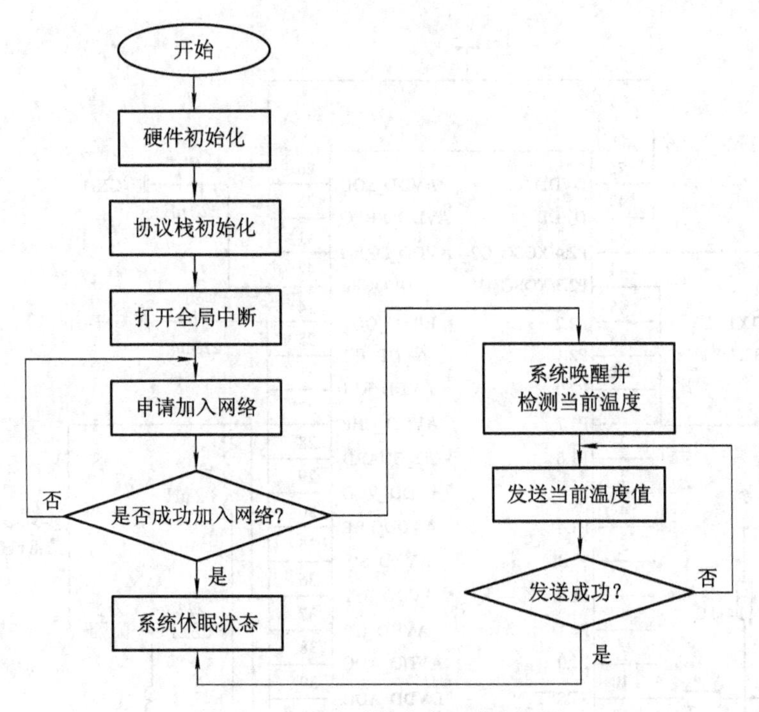

图 8-11 温度采集节点程序流程图

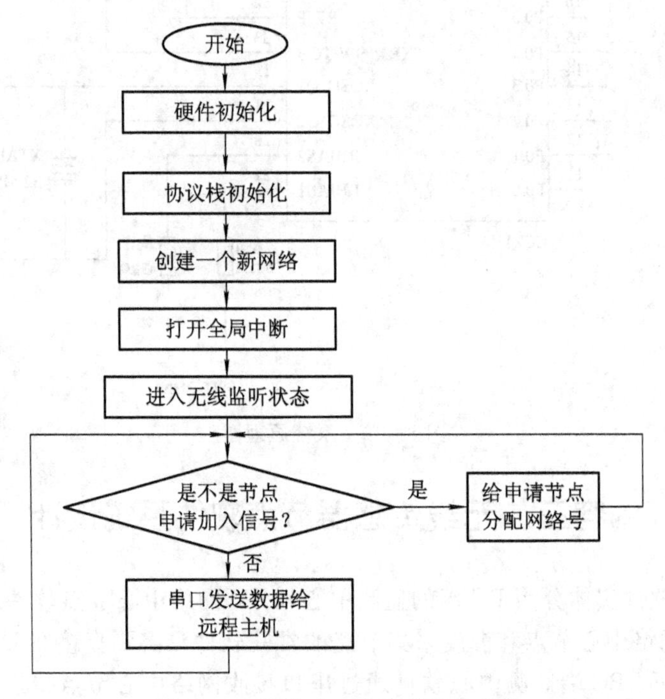

图 8-12 网络中心节点程序流程图

思考与练习

1. 试述传感器网络体系结构。
2. 试述传感器节点的组成及各模块的作用。
3. 试述无线传感器网络在智能家居中的应用。
4. 无线传感器网络的关键技术包括哪些？

参考文献

[1] 谢文和. 传感器技术及应用[M]. 北京：高等教育出版社，2005.
[2] 孙建民，杨清梅. 传感器技术[M]. 北京：清华大学出版社，2005.
[3] 宋文绪，杨帆. 传感器与检测技术[M]. 北京：高等教育出版社，2004.
[4] 谢志萍，林金泉. 传感器与检测技术[M]. 北京：电子工业出版社，2004.
[5] 黄贤武，郑筱霞. 传感器原理与应用[M]. 成都：电子科技大学出版社，2004.
[6] 孙利民. 无线传感器网络[M]. 北京：清华大学出版社，2005.
[7] 何道清，张禾. 传感器与传感器技术[M]. 北京：科学出版社，2009.
[8] 陈杰，黄鸿. 传感器与检测技术[M]. 北京：高等教育出版社，2008.
[9] 胡向东，刘京城，余成波. 传感器与检测技术[M]. 北京：机械工业出版社，2013.
[10] 苏红富. 传感器与遥控装置的制作[M]. 北京：人民邮电出版社，2012.
[11] 金发庆. 传感器技术与应用[M]. 北京：机械工业出版社，2013.
[12] 王迪，徐志成，林卓彬，等. 传感器电路制作与调试项目教程[M]. 北京：电子工业出版社，2011.